区域规划编制方法概论

周国富 著

科学出版社

北 京

内 容 简 介

本书是一部关于区域规划方法论的著作，共分 4 个部分：第一章介绍区域规划的基本内容和工作范畴；第二至第六章介绍区域规划基础研究内容，按规划工作展开的顺序逐步设置；第七至第十二章介绍区域规划方案构建；第十三章介绍区域规划成果编制的技术与方法。本书打破以往强调知识的完整性和系统性的特点，从规划编制工作实际需要出发，按照区域规划工作开展的逻辑顺序进行章节设置和内容编排，即工作流程展开时将相应的知识和能力按编制一项区域规划工作时涉及的先后顺序进行组织，强调编制规划的实际需要，方便读者学习和掌握区域规划所需的知识与技能，更好地与区域规划的实际接轨。

本书可作为地理学、建筑学等相关专业的教材，也适合从事广义区域规划专业的规划设计人员、规划管理人员阅读参考。

图书在版编目（CIP）数据

区域规划编制方法概论/周国富著. —北京：科学出版社，2021.9
ISBN 978-7-03-069834-6

Ⅰ. ①区⋯　Ⅱ. ①周⋯　Ⅲ. ①区域规划-研究　Ⅳ. ①TU982

中国版本图书馆 CIP 数据核字（2021）第 190318 号

责任编辑：薛飞丽　周春梅 / 责任校对：马英菊
责任印制：吕春珉 / 封面设计：东方人华平面设计部

科 学 出 版 社 出版
北京东黄城根北街 16 号
邮政编码：100717
http://www.sciencep.com

北京九州迅驰传媒文化有限公司 印刷
科学出版社发行　　各地新华书店经销

*

2021 年 9 月第 一 版　　开本：B5（720×1000）
2021 年 9 月第一次印刷　　印张：15 1/4
字数：307 000

定价：126.00 元
（如有印装质量问题，我社负责调换〈九州迅驰〉）
销售部电话 010-62136230　编辑部电话 010-62135397-2039

前　　言

区域规划是关于区域的资源开发利用、环境保护、生态治理、区域经济社会发展等诸多方面的重大安排与部署，是人类管理区域的一项重大决策活动。区域规划涉及面广，需要规划安排的事项多，规划编制的难度也较大。

一般而言，关于区域规划的著作较为关注如何展开规划调查研究、如何进行规划方案构建及规划过程中要做哪些事情等。鉴于此，笔者寄希望于撰写一部与以往著作不同的书，为读者提供基本的规划编制技术知识与方法。为此，本书从实际出发，为满足读者学习和掌握规划编制技术方法的需要，着重从技术和方法层面，为读者提供一种开展区域规划编制的思路，使读者明白规划每一环节需要进行的工作，按照区域规划的技术流程进行章节编排，并将从事区域规划必需的知识和技能融入各章节，从而方便读者学习和掌握相关知识。

本书分为十三章，其中：第一章是对区域规划的基本内容和工作范畴的总体介绍，包括区域规划的概述，规划与区域规划的类型、区域规划的基本内容、区域规划的程序与步骤；第二至第六章属于区域规划基础研究内容，按规划工作展开的顺序逐步设置，包括区域规划问题诊断、区域自然和社会经济等区域规划条件、国内外政治经济与科学技术等规划环境的调查、分析与评价，以及区域规划条件、社会经济环境及规划对象的未来变化的预测；第七至第十二章是区域规划方案构建，涉及规划目标的提炼、目标实现途径与方案的选择、项目和重点项目规划、区域空间布局及优化、规划实施进度安排等方面的内容与方法；第十三章是区域规划成果编制的技术与方法，包括区域规划报告、图件及表格编制等内容。

本书的撰写得到了笔者的家人、同事（特别是蔡雄飞老师）和单位的鼓励与帮助，他们在资料收集整理、图件的编绘、书稿的编排整理等方面给予大力支持，在此一并表示衷心的感谢！

本书的出版得到贵州省国内一流建设学科"贵州师范大学地理学"（黔教科研发〔2017〕85号）的支持，以及贵州师范大学环境科学与工程（硕）学术学位授权点建设项目、贵州省地理科学一流学科建设项目的联合资助，在此特别感谢！

本书的撰写历时较长，从最初提出构想到最终成果，跨越了将近十年的时间，并且笔者在写写停停的过程中，总有不断的思考，也不断产生新的想法。直至本书最终成稿，笔者始终觉得尚有许多待完善之处。基于各种需要，本书暂且作为一个阶段性的成果来出版，因此难免有不足之处，恳请读者批评指正。

目　　录

第一章 区域规划概述

第一节 区域规划的概念与内涵

一、区域

（一）区域的概念

区域又称地域，与其相近的概念还有地区、空间等。区域是地理学的一个基本概念，也是区域规划、区域经济学等区域科学的核心概念。地理学是研究区域的最古老学科，长期以来地理学都将区域作为研究对象，并赋予区域"地球表面特定空间单元"的理解。与地理学紧密相关的资源、环境科学等，也基本对区域持相同理解。经济学尤其是区域经济学，则把"区域"理解为在经济上相互作用、紧密联系的一个地区统一体——经济功能区，其中较有影响的是美国区域经济学家埃德加·M. 胡佛（1990）的说法："区域就是对描写、分析、管理、规划或制定政策来说，被认为有用的一个地区统一体"。行政管理等社会学则把"区域"作为具有某种相同或相似人文特征（语言、宗教、民族、文化）的人类聚集区域。

区域是一个空间概念，它既是与特定的地理位置相联系、由一定的坐标拐点围成的规则或不规则的地表，也是地球表层的一定空间范围。地表即地球表层，在地理学中有明确的空间范围界定——地壳的沉积岩石圈上部与大气圈的对流层下部相接触的上下约 200 m 的地表空间，既包括陆地表面，也包括海洋，还包括一部分大气层。地球是人类和生物的主要活动场所，也是各种物质的密集之地。固体、气体、液体三相物质交互融合，相态变换频繁，形成了各种各样的气候、水文现象和不同的地形地貌、植被、土壤，也形成了不同的生产力和生态环境，为丰富多彩的人文、社会、经济区的形成打下自然地理基础。

区域不仅是空洞的几何空间，还是充满着不同物质、事物的"实体"，因而区域是实实在在的客观存在。区域的"充填物"既有自然要素和物质，也有人文要素和经济实体，因而区域可以分为自然区和社会区或经济区等。区域是一个复杂的、多层次的空间系统。因此，一般应从区域系统的角度，通过系统分析来认识和了解区域。

（二）区域的特点

区域具有五个基本特点，即位置的唯一性、范围的有限性、内容的特定性、结构的层次性及系统的动态性。

1. 位置的唯一性

位置的唯一性是指区域在地球表面空间上的位置和边界是确定的，某个区域在地球表面的空间位置上是唯一的，如中国占据的地球表面属于中国，即这个范围就不会再属于其他国家，这在地球表层这一特定空间内是唯一的。区域一经命名和划定，其位置和边界就固定下来，除非再次进行区域划分。

2. 范围的有限性

范围的有限性与位置的唯一性直接关联，即位置的唯一性产生了范围的有限性。区域是有范围的，拐点坐标框定了区域的地表空间范围，也确定了区域的面积。

3. 内容的特定性

从区域划分的角度来看，内容的特定性是指区域特定的充填物确定了区域的类型和性质。某个空间范围称为某某区域，与特定的充填物相关。如前所述，若充填物为自然要素，则称为自然区（如气候区）；若充填物为人文要素，则称为人文区（如文化区）。

4. 结构的层次性

结构的层次性是指理论上区域从大到小可进行不断的划分，具体划分多少层次是根据不同的需要来进行的，但级别太多或太少都不好。一般地，三级区划已经足够。

5. 系统的动态性

系统的动态性是指区域的组成、结构和空间范围等并不是一成不变的，而是随着时间的推移不断变化的。区域系统的物资组成——特定的充填物会发生从少到多或从多到少的演变；区域的结构会发生从简单到复杂、从低级到高级的变化或者相反的变化；区域的空间范围也会随着区域的成长而扩大，随着区域的衰亡而缩减。

（三）区域的组成与结构

1. 区域的组成

区域是一个空间地理系统，由一定的物质要素组成，并在系统驱动力的作用下形成特定的地域结构与地理功能。

区域是由自然要素和人文要素组成的整体。

（1）自然要素

自然要素包括大气、水、岩石、土壤和生物五大要素。

1）大气是区域的重要组分，不仅是区域的物质组成，还是区域的气象、气候的基础。大气中的能量分布使区域形成地表不同的冷热区域，形成热带、温带、寒带等差异；大气中的水分含量则影响大气的干湿状况，使区域形成湿润、半湿润、干旱、半干旱区域；大气运动和相态变化形成各种大气现象，如风、云、雨、雪、雾等。

2）水是自然要素中的活跃分子，也是串联固、气、液三相物质，生物与非生物之间的桥梁，还是各种自然现象的载体；水的三相变化是区域各种天气现象的基础；水是生命之源和社会经济发展的物质基础；水受地形和气候的影响，呈现出多种存在形式，如河流、湖泊、冰川、地下水等。

3）岩石是区域的底板，也是支撑区域的骨架，还是土壤矿物质、水等的来源地；岩石受水、气等的作用，呈现出不同的岩体外貌，表现为不同的地形地貌，如山脉、丘陵、盆地、平原等，这些都是区域的重要外貌特征。

4）土壤是岩石与水、气和生物相互作用的产物，也是植物生长的基础。

5）生物是区域的灵魂，也是人类生存的重要保障。人是生物之一，也是区域中重要、关键的因素。

（2）人文要素

人文要素是在自然要素基础上演化而形成的，包括由人类加工、组合而成的房屋、桥梁与道路等结构、建筑物，即物质实体，以及政治、经济、文化、艺术、宗教等非物质实体组成的综合体。人文要素在区域中是由自然要素衍生出来的，具有决定性作用，是区域与区域之间主要的区别。

2. 区域的结构

区域是由自然要素和人文要素相互作用形成的综合体。由于组成要素的不同，要素组合、搭配不同，空间分布也有差异，从而形成了不同区域的结构，如盆地区的同心环带结构、沿河流上中下游形成的城镇的串珠状结构、山地河谷区的从分水岭到谷底的阶梯条带状地形结构、平原地区农业和村镇等的棋盘式结构等。

区域的构成单元和要素按一定的联系构成特定的空间搭配，从而产生区域空间结构，如地貌结构、河流水系结构、城镇体系结构、区域产业结构等。区域的结构具有层次性（如大区、地区、小区等，具有自上而下的逐级控制的特性）、自组织性（区域结构一旦产生，将按其发展规律进行演化）和稳定性（即结构一旦形成，在相关影响因素不发生大的改变的情况下，区域的结构一般不会发生大的改变）。区域的稳定性与区域内部的整体性相关，即没有稳定的结构就没有区域的一致性和整体性。由于区域功能不同，所处的发展阶段不同，区域自然社会经济要素情况不同，因此区域的结构也不相同。

（四）区域的类型

根据划分的依据和角度，区域可以分为不同的类型，具体如下。

1. 按总体依据划分

区域按总体依据可分为功能区和均质区两大类。

1）功能区又称为结节区，是从区域的功能属性方面对空间进行的划分，强调区域内部的功能特性和相互联系性，也就是所划分出来的每个区域内部的各子区域均存在某种功能上的联系性，彼此之间不可分割。区域是由区域内的核心区域及与其在功能上紧密相连、具有共同利益的外围地区所组成的区域整体。例如，城市区即为以城市为中心、其集聚和辐射能力达到的地区，如北京市即为北京市的行政管理覆盖区域，在行政管辖方面，区域（市）内各处都受北京市政府管理和控制。又如，经济区即为根据区域经济的联系性划分的地区，如长江三角洲经济区等，强调在经济上的联系性和功能分担，由经济中心及其辐射带动区域——经济腹地所构成，在经济上相互联系、相互依托。

2）均质区是从区域的组成属性即组成要素及空间分布的一致性进行划分，强调区域组成在空间分布的一致性，即空间一致性均质。很多区域都是均质区，以区域组成物的"空间一致性"为区域划分的基础，所划分出来的区域在组成要素和空间结构上具有明显的一致性、相似性特征。例如，各种地貌区（山区、丘陵区、平原区等）、气候区（干旱区、半干旱区、湿润区、半湿润区，热带、亚热带、温带、寒带等）、文化区（闽南文化区、江浙文化区、巴蜀文化区等），都是按均质的要求进行的区域划分。

2. 按组成要素属性划分

区域按组成要素属性可分为自然区和人文区。自然区和人文区是以区域的组成物质的属性来划分的区域，自然区以自然组成物质来界定，人文区以人文要素来界定。

1）自然区根据组成物质又可以分为气候区、地貌区、流域（水文区）、植被区等（二次划分）。其中，气候区又可以按热量条件、水分条件进行分区，如按热量条件可以分为热带、亚热带、温带、寒带等（三次划分）。其他同样如此。依此类推，可以逐步细化分区。

2）人文区则同样可以按照组成物质分为文化区、宗教区、经济区、学区、军事区（防区）等（二次划分）。

3. 按物质组成划分

区域按物质组成可分为综合分区和单要素分区。

1）综合分区是指按各种综合因素进行区域划分。例如，自然区划可以将气候、植被、土壤等要素综合考虑进行地理综合分区，得到的区域为综合自然地理区，如亚热带常绿阔叶林红黄壤地区、温带落叶阔叶林黄棕壤地区等。其中，气候区可以将气温和降雨等结合起来进行分区，即气候综合区划，如亚热带湿润季风气候区、温带大陆性气候区、热带雨林气候区等。人文区划同样可以进行综合分区，得到发达地区、落后地区等综合区域。此外，也可以将自然组成物质和人文要素结合起来进行综合分区，得出温带干旱半干旱牧业区、热带农作区，内陆经济区、海洋经济区等自然与经济等综合区域。

2）单要素分区是指按气温、水分条件等单个要素进行区域划分。

4. 按地理方位划分

区域按地理方位可分为北方地区、南方地区、东部地区与西部地区。

5. 按相对位置划分

区域按相对位置可分为沿海地区与内陆地区、中心（核心）区与边缘区、上游地区与下游地区等。

6. 按划定时间划分

区域按划定时间可分为历史区、现状区、规划区等。

区域划分根据科学研究、开发利用的需要进行，可以单独分类，也可以交叉分类，但每次分区时必须严格按照划分的逻辑规则进行，既要做到内涵准确，又要确保外延周全。区域划分的标准、依据和等级不能混乱，也不能越级。

（五）区域的发展与演变

区域不是一成不变的，而是有"生"有"灭"且不断变化的"生命体"。区域的发展过程会从无到有、从小到大，也会从简单到复杂；区域会逐渐衰退，也会从繁华演变成荒凉，即从组成要素众多、结构复杂的区域系统，退化到要素越来越少、结构越来越简单、功能越来越单一的境地。前者称为区域的发展，后者称为区域的衰退，合在一起统称为区域演变。一个区域究竟会如何演变，受多种因素影响。

1）从区域的形成过程看，最初，地球表层在相当长的时间内的组成要素仅是自然要素，各地之间的差异主要体现在自然地理的差异上。最基本的区域是大陆与海洋，这是自然地域分异的结果。在此基础上，叠加气候因素后，区域形成了不同热量带、湿润与干旱等气候区域。这时人文要素和经济要素尚未出现，各区域的区别仅由自然要素的区别界定，并长时间保持这一状态。随着人类的出现和社会化进程的开启，区域中开始出现城镇、农田、工厂、学校等人文和社会经济要素，即区域开始了迅速和复杂的演变，真正进入区域系统时代。

2）从区域发展状态来看，早期，各区域的社会经济等人文要素的组成种类、数量及区域结构和功能差不多，少而简单，处于低水平均衡阶段；而后，在自然资源丰富、自然条件优越的区域，农业等迅速发展，人口数量增加，人口的社会化和地域的组织化（系统化）逐步开始，因此区域中有了民族、语言文字、宗教、艺术、产业、生产力等的分异，区域进入快速非均衡发展阶段；最后，随着区域要素的扩散和区域间相互作用的加强，区域间开始一体化进程，区域社会经济差异逐步缩小，进入难分彼此、结构趋同的高水平均衡发展阶段，如城市圈、城市群等。此时，经过长期发展演化形成的区域，是高度繁荣的人文因素占主导地位的区域。已经处于高度发展状态的区域，未来会如何演变受到多种因素影响，且演变方向和进程复杂多变。有的一路繁荣，长盛不衰；有的则盛极而衰，逐渐荒凉；有的在衰退过程中枯木逢春，再度发展；有的则会经历"繁荣—衰退—再繁荣—再衰退"的过程。

地球上，各地、各区域受资源禀赋、区位条件和历史进程等众多因素的影响和制约，存在明显的区域差异。欧洲、美国等地发展速度较快，已进入发达地区之列，其区域社会经济要素不断涌现，区域社会化、城镇化十分明显，形成了巴黎、伦敦、纽约等大都市区域；非洲、南美洲等地发展速度较慢，拥有大面积的荒凉之地，长期处于自然状态；中国等地则经历了繁荣—衰退—繁荣等不断更替的发展过程。

二、规划

（一）规划概念

规划是人类的一种自主行为，是对未来重大问题所做的科学部署与合理安排。规划既是一个过程，也是一种结果。作为过程，规划是一门技术，强调的是做事的方法，即如何对未来的发展做出合理、科学的安排和部署；作为结果，规划通过规划安排得到文本、图件等技术成果，强调的是执行。规划往往涉及重大问题，一般的小问题无须进行规划。规划只针对未来，对现状已经存在的东西谈不上规划。规划也可以称为计划，但规划更强调长期的、整体的、方向性的谋划，是一种战略安排；计划则更强调执行，是对规划的深入与细化，是短时间内对具体事务的安排与部署。规划与计划两者相辅相成，构成人类主动调整自身行为以达到更好目标、取得更好效果的基本手段。

规划对人类行为起到指引、约束作用。从指引看，规划的制定，能够明确未来的努力方向和行动路线，指引个人或群体的行动方向，避免盲目行动和漫无目的，提高行动效率；从约束来看，规划的制定规定了需要做什么、不能做什么，从而约束了人们的行为，避免了随心所欲、恣意妄为，减少了无效或负效作为。

（二）规划的类型

作为人类社会经济管理的一项重大活动，规划涉及各个方面，类别繁多，可从以下几个方面进行分类。

1）规划按功能可以分为认知型规划和应用型规划。认知型规划偏向于认知、了解，规划更多的是一种科学研究活动；应用型规划以解决实际问题为出发点，是规划的主流，大多数规划属于应用型规划。因此，规划应具有强烈的实用性和可操作性。

2）规划按内容的侧重点可以分为策略性规划、物质性规划和二者相结合的综合性规划。策略性规划偏向确定规划对象的发展方向与实现目标的对策，是一种全局性、总体性思考，属于战略研究和战略规划范畴，如区域发展规划、区域旅游发展规划等；物质性规划强调项目的部署与安排，更多的是考虑如何规划项目并落实项目，如城市建设规划、土地整治规划、区域水污染治理规划等；综合性规划兼具策略性和物质性的内容，如国民经济发展总体规划等。

3）规划按对象可以分为区域规划、部门（行业）规划、家庭规划、个人规划等。区域规划的对象是区域，即区域既可以是综合性的区域，也可以是某要素构成的区域；部门规划是指行业、经济部门的发展规划和综合性规划，虽然也涉及区域，但更多的是强调行业发展问题，如旅游规划、经济发展规划等。

4）规划按空间范围可以分为国家规划、省区规划、市县规划、社区规划、城市规划、乡村规划等。

5）规划按详略程度可以分为概念性规划、总体规划、详细规划等。概念性规划只是一个宏观的、初步的构想，更多的是指明一种方向，缺乏事项性安排和部署；总体规划也是宏观的规划，是指全面、总体地考虑和部署安排相关问题，既要从战略上考虑发展问题，也要有相应的具体事项规划；详细规划在总体规划的基础上进行，与总体规划相比，其规划事项更具体、更细致，操作性更强。

6）规划按其要解决的问题和目的可以分为发展规划、开发利用规划、保护规划等。发展规划要解决的是发展问题，其目标是促进发展；开发利用规划主要是针对资源而言，强调如何开发利用，规划开发利用的时序、程度、方式等；保护规划则着重解决如何保护的问题，最终目标是使规划对象得到保护。

7）规划按内容涉及的方面可以分为综合性规划、单项规划。综合性规划涉及面广，包括各种各样的规划事项；单项规划只涉及某个方面，只包括单一的事项。

8）规划按时间长度，可以分为近（短）期规划（5～10 年）、中期规划（11～20 年）和远（长）期规划（20 年）。

当然，除了以上分类外，还可以继续对规划进行划分。分类是认识的深化，可以通过分类揭示规划的性质、特点和要求等。

（三）规划需要明确的几个问题

好的规划会取得引领、事半功倍的效果；不好的规划则会产生方向性错误，易南辕北辙，导致巨大损失。因此，规划需要明确和解决以下几个问题。

1. 规划的目的

规划的目的是指规划要解决的问题、达到的目标。没有目的就没有指引，没有方向就无法行动。只有明确了目的、确定了方向，人类才能发现所面临和需要解决的问题；只有找到了问题，人类才能去寻找解决问题的方法和途径。因此，做规划，首先要明确规划的目的，并将目的细化为方向与指标，然后再去制订解决问题的方案，最终选出最优的方案并加以实施。

2. 规划的条件和环境

规划是在一定时空范围内展开的，解决的是一定时空范围的事情，因此会涉及规划对象本身拥有的先天条件、资源禀赋与社会经济基础等规划的条件，以及进行规划时所处的时代、社会背景、历史文化、科学技术发展阶段等规划的环境。

规划的条件是指规划对象本身拥有的东西。对于个人来说，规划的条件是指自己的身高、体重和相貌等身体条件，文化、知识、技术等能力条件，工作、收入和已有财产等经济条件，以及亲朋好友等社会关系条件。对于区域来说，规划的条件是指区域的自然条件、自然资源和已有社会经济基础、文化、科学技术等积累。对于产业规划来说，规划的条件是指已有的产业基础，包括劳动力、生产设备、资金、技术等。简单来说，规划的条件就是规划对象的"人、财、物、时间"四个要素的有机组合情况。

规划的环境是指规划对象之外，由时代等条件所决定的外部环境，包括国际关系、法律法规、国家政策、科学技术、发展阶段、经济周期等。规划的环境对规划的影响较大，不容忽视。规划的环境虽然不直接对规划产生影响，但对规划的目标制订、规划的事项安排与部署等均产生重大制约。有时，规划对象的自身条件很好，但受限于时代环境，不得不做出很多重大的调整和改变。例如，人生的发展规划受环境的影响是十分巨大的，相对于生活在现代的同年龄、同条件的青年，处于 20 世纪 60 年代的青年，其人生发展可能受环境的影响而放弃很多选项，发展的规划也简单得多。

搞清楚规划已有的条件，可以为规划打下坚实基础；搞清楚规划的环境，可以增强规划的现实性和可操作性。

3. 规划的方案

规划的方案是指为实现规划目标而制订的具体解决规划问题的对策和措施的总体，也可以称为途径、方法、措施的集合。复杂问题、重大问题的解决方案往往较复杂，涉及多条路径、多种方法、若干措施的组合。规划方案涉及时间、顺序、步骤、方法、途径、投入等要素。例如，规划从 A 地到达 B 地，其涉及一些前置条件（也可以称为规划的约束条件）：首先是时间，即多少时间之前到达或不超过多少时间到达；其次是交通，即可不可以使用交通工具或有无交通工具限制；最后是费用，即有多少钱可用；等等。弄清楚规划条件后，还要弄清楚有哪些交通方式（如航空、航海、陆路交通等）可供选择、有多少条道路可以从 A 地到达 B 地、各条道路的通过能力如何等；然后弄清楚有多少种交通工具（如飞机、轮船、汽车、马车、摩托车、自行车等）可以选择、有多少种"通路+交通工具"的组合方式等。

规划的方案是指在有关规划条件约束下，构建实现目的的有效路径与方式，优选实现目的的最优方案。例如，如果没有任何条件限制，那么上述例子中可选的交通方式就有多种，如步行、骑自行车、坐出租车、自己驾车、骑马、坐飞机、坐船等。每种交通方式都涉及时间、费用、便捷程度等问题。若要求最快到达，则最优方案将是坐飞机去；若要求费用最低，则最优方案是步行去；等等。若对时间和费用都有一定要求，则需要进行调查、研究，经分析计算后，优选方案。

规划方案从比较全面的内容来看，包括规划的目标方案、实现目标的总体方案（战略策略）、规划事项方案、空间布局方案、时间安排方案等，可以理解为一个规划由目标规划、战略规划、项目规划、时间规划等具体的规划构成。区域规划还包括空间规划（布局）。一个完整的规划由这些子规划有机整合而成。

三、区域规划

（一）区域规划概念

区域规划是指以区域为对象的规划或者涉及区域事项的规划。对于区域规划的理解，不同学者的理解各异，因此区域规划有不少的定义与解释。笔者认为，区域规划是人类为了有效利用区域的资源、整合区域优势，对区域未来在一定时期内的资源开发、空间利用、社会经济发展和环境保护等所做的整体部署与安排。

区域规划是人类有意识的行为，其目的是调整人类区域资源开发利用、社会经济活动等的行为和节奏，优化城市体系和产业空间布局，协调区域关系，从而实现区域社会经济的可持续发展。从本质上说，规划是人类自我调控的一种方法和过程，而区域规划则是针对区域所进行的调控。

区域规划有两种作用：一是"防患于未然"，即通过规划提前安排好人类对区域的开发利用活动，避免因开发利用不当而产生各种难以解决的问题，阻碍区域的可持续发展；二是"亡羊补牢"，即对已经进行的不当行为进行调整，以改变错误的做法，优化已有的格局，将步入歧途的发展重新引导到可持续发展的正途。

区域规划是各种规划中较复杂的一项。区域规划的对象是区域，既可以是区域整体，即区域的综合性规划，也可以是只针对区域中的某个行业或领域展开的规划，如区域旅游规划、城镇体系规划等。换句话说，区域规划既可以是涉及区域的规划，即广义的区域规划，也可以是跨行政区域的社会经济发展规划，即狭义的区域规划。

（二）区域规划的类型

1）从规划的范围看，区域规划可以分为广义的区域规划和狭义的区域规划两种。

广义的区域规划是指涉及区域的各种规划，该规划以协调区域关系为核心内容和目的，包括区域的综合规划及区域各要素规划，如区域社会经济发展规划、区域旅游规划、区域土地利用规划、区域环境保护规划、区域水土保持规划等。

狭义的区域规划即跨行政区域的区域规划，包括区域总体建设规划（如《贵安新区总体规划（2013—2030 年)》)、区域协调发展规划（如《京津冀协同发展规划纲要》)、资源开发利用规划（如《攀西—六盘水地区资源综合开发规划》)等。狭义的区域规划的共同特征是跨行政区域，规划安排涉及的区域协调问题较多，规划的目的是以解决区域共同问题、促进区域一体化或协调发展和区际平衡为主。

2）从规划的对象看，区域规划可以分为区域经济规划、区域社会规划、区域资源规划、区域环境规划等。其中，区域经济规划又可以进一步划分为区域综合经济规划、区域农业规划、区域工业规划、区域旅游规划、区域交通规划等；区域社会规划则可以进一步划分为区域人口规划、区域文化规划、区域医疗卫生规划、区域教育规划等。

3）从规划的区域类型看，区域规划可以分为自然区域规划（如流域规划）、社会区域规划（如文化区规划、宗教区规划）、经济区域规划（如农业区规划、旅游区规划）。

4）从规划的性质看，区域规划可以分为建设规划、发展规划、利用规划、保护规划等。

当然，区域规划同样也可继续往下分类，但考虑到分类的目的和意义，区域规划不宜分类过多。

（三）区域规划的起源与发展

区域规划的思想起源很早，但现代意义上的区域规划起源于第二次世界大战以后，经历了三个不同的时期，即 20 世纪初至 50 年代、20 世纪 60—70 年代、20 世纪 80 年代至今。

1. 20 世纪初至 50 年代

随着区域经济的不断发展，西欧等出现了以巴黎、伦敦等为中心的大都市经济区，区域经济发展十分迅速，城市范围逐步扩大，导致一系列区域问题的出现，区域之间的差异开始变大。为解决以上问题，德国等少数国家开始进行区域规划尝试。第二次世界大战后，北美和欧洲地区的经济开始迅速复苏，区域规划作为解决区域发展矛盾的重要手段，开始逐步在区域管控中得到应用。法国的巴黎、波兰的华沙、德国的汉堡等工矿区都进行了相应的区域规划，日本也进行了全国性的国土规划。从特点和内容看，当时的区域规划的重点是以工矿城市为核心，强调在资源开发利用的基础上进行新的生产力布局，从而推动经济发展和区域平衡。

2. 20 世纪 60—70 年代

20 世纪 60—70 年代，以法国、德国为代表，为加快落后地区发展、加强地方城市建设、解决区域发展不平衡问题，区域规划广泛开展，其规划体系逐步完善，如增长极理论、核心-边缘理论等各种区域经济发展理论逐渐成熟，并成为指导区域规划的重要依据。苏联、中国等计划经济地区和国家，也在以生产力布局为核心的区域经济协调发展方面不断地进行区域规划实践。

3. 20 世纪 80 年代至今

20 世纪 80 年代，新技术、信息化开始在区域规划中得到逐步应用，规划软件、计算机辅助决策系统等开始在区域规划中得到普遍应用。目前，卫星遥感、地理信息系统、数据库、规划辅助决策软件等新技术与新方法广泛应用于区域规划，以全球化为背景、以可持续发展为目标的新规划理念也深入区域规划各个方面。

第二节　区域规划的基本内容

区域规划的内容包括区域规划的行政工作内容和区域规划编制的技术工作内容两方面。二者有重叠部分，但针对的对象不同。行政工作内容针对规划的组织者、安排者，技术工作内容则针对编制单位和规划编制人员。

一、区域规划的行政工作内容

区域规划从其工作开展过程来说，主要包括以下工作内容。

（一）提出规划

任何区域规划的开展，从工作程序上来说，首先是酝酿、提出规划，也就是从提出需要进行区域规划或需要对原有的区域规划进行修编的想法和方案。提出规划任务是开始进行规划的第一步。定期开展相关区域规划，是国家相关法律法规的规定，也是社会经济发展的需要。根据国家法律法规的规定和要求，结合区域社会经济发展实际，及时提出和开展规划编制，既是相关行政管理的重要工作内容，也是促进社会经济可持续发展的重要保障。

（二）明确规划问题

提出规划任务后，需要进行初步研究，明确规划的目的、任务等规划基本问题，包括规划目的、规划性质、规划范围（区域）、规划时段、规划基期、规划成果数量和形式、研究专题设置等。这不仅是完成规划的需要，也是进行规划经费预算的需要。

（三）开展规划调研

开展规划调研即开展规划的区域、行业和部门的调查研究，听取各区域、各行业和各部门对规划编制的相关意见和要求。由于区域规划一般涉及面较广，规划问题比较复杂，因此，需要开展规划的前期调研工作，以弄清规划涉及的相关区域、行业和部门的规划需求以及对规划的要求等问题，只有这样才能有针对性地进行规划设计，解决区域发展的各种问题。开展规划调研，可以进行规划调研设计，有针对性地设置调研事项和问题，事项和问题的设置既与区域规划的具体要求和任务有关，也与部门性质和管理内容有关，不同时期、不同地区、不同行业和不同部门，区域规划调研问题设置均有所不同。

从规划的工作组织方面来说，规划调研不是规划编制中的规划专题研究，更多的是确定规划的必要性、主要的规划研究选题，初步明确规划内容和思路等，为编制工作方案和确定规划技术路线等提供服务。

（四）编制规划工作方案

编制规划工作方案主要是编制规划的大纲，包括提出开展规划的理由，明确编制依据，确定规划内容和成果形式、结构等。比较详细一点的工作方案，对规划专题研究的专题设置、研究内容、成果等有明确规定与要求，对规划报告的内容、结构等也都会做出明确的要求。很多时候，会以"××规划工作方案"或"××规划大纲"的形式出现。

（五）组织规划编制

通过招投标等选择、确定规划编制单位，或者抽调相关人员组成规划编制小组。规划管理单位或者委托单位对规划的编制进行监督管理，督促规划编制单位或者编制人员按计划开展相应的规划研究、编制规划。

（六）组织规划评审

规划完成后，需要经过技术评审。技术评审是规划的专业审查，一般由相关专家组成技术评审专家组，经会议评审或函审方式，对规划的内容、技术方法，以及技术成果的科学性、合理性、实用价值进行分析、评价，提出相应的技术评审结论和修改意见。技术评审是规划的重要环节和工作内容。

（七）进行规划报批

规划通过技术评审并修改完善后，可按程序进行规划报批。区域规划属于重大规划问题，国家规定了相应的审批机关和审批程序，一定要按相关规定进行报批。经审批机关批准后，规划方可组织实施。

（八）组织实施规划

规划的组织实施包括编制规划实施方案、年度计划和规划实施监督检查等工作内容。

二、区域规划的技术工作内容

区域规划从技术角度看，主要包括三大部分：一是规划的基础调研，二是规划方案的构建，三是编制规划成果。具体内容如下。

（一）已有规划实施情况分析评价

主要弄清楚已有规划实施中存在的问题，回答需要进行新的规划的必要性，并明确本轮规划的工作重点和要解决的主要问题。

（二）规划条件和规划环境分析评价

规划条件就是规划区域本身拥有的自然条件和社会经济条件，包括地形地貌、气候等自然条件和矿产、土地、水、生物、气候等自然资源，人口与劳动力、基础设施等社会条件，现有产业及产业结构、经济总量和发展阶段水平等经济水平与条件。规划的条件是规划的基础，也是实现规划目标的基本保障。分析研究区域的规划条件，弄清区情，对科学进行区域规划和规划的顺利实施具有十分重要的作用，是规划研究的重要内容，也是规划编制的前置条件。同时，规划条件还是规划文本等成果的有机组成部分。

规划环境也就是区域以外的政治、经济和技术水平、发展态势等的综合。政策环境、技术进步和国际关系等区域环境对区域规划有十分重要的影响和作用。规划只能在一定的环境条件下编制，也在特定的环境中实施。分析研究区域所处的大环境，识别技术、经济和国际关系等未来的发展演变趋势，可以为区域发展设定特定的环境，顺势而为地开展规划，对于科学规划、顺利实施规划会起到积极的作用。

（三）规划预测

开展规划研究，除了对规划条件进行现状分析、评价之外，还要对规划条件、规划对象的未来变化进行分析、预测，尤其是对各种资源条件的变化趋势进行预测。从现状出发，在分析研究区域发展的自然资源条件、社会经济条件等规划条件，国内外经济、技术和法律法规、政策等背景的发展变化的基础上，预测规划期内这些条件的可能变化，分析研究规划期内规划条件和环境变化对规划的影响，从而做出科学合理的部署与安排，是规划的基本要求，也是规划的重要内容。

　　同时，对规划对象自身的发展变化也要进行预测分析。事物都有自身的发展变化规律，规划对象也不例外，如区域经济发展、土地利用、基础设施建设、城镇体系等均会随着时间的变化而变化，其形成、发展受多种因素影响，也有自己的规律。根据规划对象形成发展的基本规律，分析、预测规划期可能的发展变化趋势，是进行规划安排的重要依据和前提。

　　（四）规划目标的确定

　　规划目标是规划方案的重要内容，也是指引规划的重要方向。研究和确定规划目标是区域规划的核心内容之一。确定科学合理的目标是区域规划的重要任务，是做好规划的关键。

　　所谓目标就是规划想要达到的一种理想状态或结果，是通过一定的努力可以实现或可以达成的愿景。目标一般通过指标来反映。规划目标可以是单一的目标，也可以是由一系列目标组成的目标体系。从区域规划角度看，规划目标往往涉及区域发展的总目标和分项目标及近期目标和远期目标等。

　　规划目标的确定既早于规划又贯穿规划始终。规划目标设定的好坏直接关系到规划的科学性和区域发展的大局。

　　（五）空间布局与优化

　　系统科学研究显示，位置具有功能意义，称为区位，在系统中，同样的事物居于不同的位置将产生不同的功能和效果。从区域经济角度看，不同的产业和经济活动对区位有不同要求，因而对布局的需求也不同。

　　空间布局是人们为了更好地利用空间资源和充分发挥区位优势而进行的一项规划活动，是对产业或者资源开发利用、环境保护等社会经济活动和载体在空间上的安排和部署。空间布局是区域规划不同于其他规划的重要内容，也是区域规划不可或缺的基本任务。产业布局、基础设施布局、城镇体系布局等构成了区域规划的基本框架。规划布局是在进行空间结构分析基础上，运用空间经济理论和区划原理与方法等所进行的一项有意识的人类活动。布局与区域有关，也与位置相关联，是将人类的经济活动或社会活动安排到特定的区域范围的特定地理位置上，形成预想的社会经济要素的空间分布状态和空间结构形式，以期达到优化空间结构、平衡区域发展、合理利用资源环境，从而实现经济效益、社会效益和生态效益的有机统一和效益最大化的目标与结果。

　　进行规划布局和对已有布局进行优化是区域规划的十分重要的任务，也是规划的核心内容。

（六）确定规划重点

区域规划的重点就是对规划影响较大的关键或瓶颈，是规划需要重点解决的问题。确定规划的重点包括两个方面的含义：一是分析确定开展规划需要解决的重大事项，二是规划重点项目、重点区域。前者主要是为规划编制服务，后者则是规划本身的内容。

规划要解决的重大问题，实际也就是规划的重点，主要在原规划实施评价的基础上针对规划对象的实际情况而定，往往落在规划目标、发展战略等方面。规划的重点项目和重点区域，是为落实规划而考虑的重点问题，也就是规划实施中的一种推进策略。受制于人力、物力、财力等的影响，人们往往通过确定重点项目和重点区域来优化规划实施进程，从而起到四两拨千斤的作用。

确定规划要解决的重大问题在规划开始前进行，确定规划重点项目、重点区域则在规划中完成。

（七）规划实施进度和时序安排

规划的实施进度安排是规划的时间方案，是规划的主要内容之一。规划实施进度安排看起来简单，但要科学、合理地安排好规划的实施进度其实很难。在进行相关规划时，人们往往对规划实施进度安排不太重视，随意性太强，这是对规划的理解不够深入的表现。规划实施进度安排在规划内容中十分重要，是规划水平的重要体现。

规划事项实施的先后顺序称为时序。对规划事项实施的先后顺序进行安排，在规划安排中不可或缺，是区域规划的两大任务（空间布局与时序安排）之一，也是时间安排的重要组成部分。

（八）提出规划实施保障措施

规划的保障措施是规划的基本内容，也是保证规划得以顺利实施的前提条件。规划的实施保障包括法律保障、政策与制度保障、资金保障、技术保障等。编制规划时，应根据区域实际，针对规划实施条件，提出和制定规划实施保障措施并独立成章。

（九）规划协调与统筹

区域不同规划之间的协调是区域规划的不可或缺的重要内容，无论进行的是哪方面的规划，都必须考虑本规划与其他规划之间的相互协调问题。长期以来，我国的区域土地利用规划、城镇建设规划等规划之间的矛盾十分突出，因此，进行规划协调是区域规划的重要任务和有机组成部分。规划的协调既涉及前后规划

（同类但不同时的规划）的协调，也涉及左右规划（不同类型的规划）的协调。从时间上来看，后面的规划要尽量与前面的规划相协调；从类型上看，其他的规划要与土地利用规划等具有制约性的资源类规划相协调。

（十）投资估算

规划的实施需要资金支持，因此，编制实施规划所需资金是规划的重要一环。需要在规划中分析投资需求，明确资金来源，并进行规划实施的效益分析与评估。

第三节　区域规划的程序与步骤

一、区域规划的基本程序

就编制规划的过程看，区域规划一般分三个阶段：准备阶段、规划阶段和实施阶段。准备阶段就是提出开展规划的想法（立项），明确规划任务和要求等规划问题，编制规划工作方案，落实规划资金、规划单位和人员，制定编制技术路线等。规划阶段就是实际进行规划编制的阶段，包括开展规划调研、进行规划设计、规划部署安排、完成规划成果编制、组织规划评审报批等。实施阶段就是在规划得到相关行政管理机关批准后，编制规划实施方案，组织规划实施，监督检查规划实施情况等，贯穿整个规划期。

一般来说，规划的程序大多只考虑规划编制问题，包括第一、第二阶段，即准备阶段和编制阶段，实施阶段不纳入规划编制之列。

二、区域规划工作步骤

（一）明确规划问题

明确规划问题包括明确规划的区域、范围、期限、目的、性质、类型等基本的规划问题，其中重点是规划目的。

规划目的实际上可以分为两个部分：一是规划本身的目的，二是当地政府部门编制规划的目的。从理论上讲，二者应该一致，并无区别。但由于规划的任务来源的多样性，以及地方政府和中央政府等的利益的不一致性，往往会出现规划目的的分歧。例如，土地利用规划，规划本身的目的是弄清当地土地资源及其利用状况，通过规划，调整土地开发利用结构，合理安排土地供给，保护耕地资源等，从而实现土地资源可持续利用和土地资源供给与社会经济发展的协调。但很多时候，地方政府开展土地利用规划的目的却与此不完全一致，从以往的规划情况看，其目的是通过规划，调整用地结构和空间布局等，满足城镇建设等建设用地需求，至于耕地保护等则不太重视（当然，现在已经大不一样了）。这样，就可能出现当地政府对规划的目的要求与规划本身的目的要求不一致的情况，从而导致规划的科学性的丧失，达不到资源可持续利用的目的。但无论如何，规划目的是多样的、难以完全统一的，因此，弄清规划的各方目的，尽量将各方利益协调一致，统一目标，对规划编制和实施具有重要作用。

（二）进行规划准备

规划准备阶段，也可以说是规划的前期工作阶段，包括规划立项和规划准备两个环节，涉及规划修编工作的方案制定、规划资金的落实、规划技术单位的选聘、规划技术准备等内容。

1. 规划立项

规划的立项，包括规划修编想法的提出、确定（以规划修编工作方案为基本标志）和规划审批机关对规划方案的审批（以批准文件为标志）。立项文件可以是政府的批准文件，也可以是会议纪要，但无论哪种，一定要有领导和审批机关的批复意见和财政部门的拨款意见。没有批复意见或者没有财政部门的意见，无法立项。如果是部门规划，至少要有部门领导的批准意见和明确的资金安排意见。批准文件下发，立项成功，该阶段结束。

规划修编的提出，基于两种渠道：一是法律法规的规定，二是领导的意愿。前者是规划修编的法律依据和主要源头。我国的各行各业的法律规章规定，全国和各级区域应该定期进行规划的修编。例如，土地管理法、水土保持法、城乡规划法等，均对相关区域规划修编做出了规定。因此，各级政府会按照法律的要求，定期提出规划修编任务，并纳入年度考核目标任务中。

对规划进行立项，首先必须编制规划修编的工作方案。规划修编工作方案一般由政府相关部门组织人员进行编制。具体内容如下。

（1）修编的理由

任何规划修编必须有充分的理由和依据。编制规划修编相关请示报告、工作方案等的时候，需要对规划修编的理由进行充分说明和论证。如果是上级部门的安排和年度任务，则必须有相关上级的文件或会议纪要。如果是某领导的动议，则除会议纪要外，还需要补充完善法律法规等方面的依据。

进行规划修编往往是在过去的规划实施结束或者实施中存在较大制约，或者与社会经济发展的趋势等已经完全不符，需要进行调整、优化的时候提出。原有规划的实施评价就是新规划修编的重要依据，需要在立项阶段开展研究，并提供不能继续实施或者已经结束，需要修编的相应评价结论。

（2）修编的工作内容和要求

规划修编的工作内容，需要明确规划研究专题设置，规划对象、范围、期限和主要的专项规划安排等，还要提出和明确对规划编制的技术要求、时间要求和成果要求等。

专题设置对规划的各方面影响都较大，需要慎重考虑。如果经费充足、时间允许，规划研究专题可以多设置一些，以便从各方面对规划问题进行深入研究，从而更好地提高规划的科学性；反之，则安排少一些。正常情况下，2～5 个专题比较合适。对于一些相对简单、规划事项关系清楚的规划，不设置规划研究专题也是可以的。

技术要求既可以结合大纲编制，也可以单独提出，主要是对规划报告等整体的质量要求、所应达到的技术标准和水平的要求。其中，时间要求是指提交成果的时间要求，成果要求包括提交成果的形式、数量以及成果使用等的规定、要求，有时候还需要对保密等进行约定。

（3）组织方式和实施办法

规划的编制，可以由行政部门作为年度工作进行安排，由相关行政人员进行编制，也可以委托第三方专业机构进行编制。随着我国行政改革的不断推进，行政部门的职能逐步发生改变，向社会购买服务已经成为主要趋势，行政部门自己编制相关规划的情况越来越少，尤其是工作量大、技术要求高、涉及面广的区域规划，一般委托第三方组织实施。目前，比较常见的实施办法是，行政部门作为规划的业主，委托具有相应资质的单位进行具体编制，县级以上政府进行审核、公告。委托方式可以采用公开招投标、邀请招标、竞争性谈判、直接委托等形式，具体根据财政部门对经费管理、使用的规定和招投标管理的要求来选择。

（4）经费预算

规划的经费预算要严格按财政资金使用管理的规定进行。

从规划经费的构成看，需要明确以下几个方面的经费需要：一是规划的总经费，二是规划专题研究经费，三是规划编制经费，四是规划办公管理经费。总经费是编制规划所需的总的费用，由规划专题研究经费、规划编制经费、规划办公管理费等多个方面构成，其中，规划专题研究经费一般要单列，也可以归入规划编制经费中。规划编制经费就是委托相关单位开展规划的编制费用，一般是经费的控制性上限，不一定是最终成交经费。当然，有的时候，预算经费就是实际经费。规划办公管理经费必须列出，否则后续规划编制的组织管理将面临没有经费使用的尴尬。

（5）技术大纲

技术大纲是规划的纲领性文件，对规划编制的内容构成、技术要求、主要考核指标、技术路线、时间进程等都要有详细的规定和说明。编制规划修编的技术大纲，可以从规划技术规范中调用，稍做修改即可。如果没有技术规范，则参考相关规划进行编制。如果行政部门不能编制，可委托技术单位编制，作为规划前期工作，其费用可以从规划经费中的前期费用中列支。技术大纲一般在规划工作方案中编制完成，但有时候可以在立项后进行编制。

2. 规划准备

规划准备包括规划的组织准备、规划的经费准备和规划的技术准备等。

（1）规划的组织准备

规划的组织准备就是相应规划组织、管理、审核等机构的成立，以及宣传发动。

规划的组织准备的第一步，是成立一个规划领导小组，由相应的区域行政领导担任组长，各职能部门的分管领导任副组长或成员。涉及成员单位和成员（人）。领导小组组长一般是该区域的最高分管领导，如县级规划，分管副县长即为领导小组组长，相关科局的分管领导即为领导小组副组长或成员。此外，规划需要设定办公机构和相应的负责人员，一般由现有的行政机构、事业单位作为组织实施单位，在该单位设立规划办公室，抽调相关人员作为日常办公管理人员。例如，某县的水土保持规划，组织单位是县水务局，具体实施部门是水土保持科，原水土保持科的工作人员即为规划组织实施的办公室人员，明确具体负责人员即可。

规划的组织准备的第二步，是进行宣传、发动，也就是广而告之，动员各区域、各行业和各部门参与、支持规划工作。

（2）规划的经费准备

规划的经费准备包括编制预算、申请资金、落实经费来源等环节，需要按照规划涉及的相关项目经费进行预算，然后报请主管领导审核、批准，明确资金来源和出处，并由财政列入当年的财政支出范围，然后，按计划进行申请使用。

落实规划经费，在规划准备阶段是最重要的任务，也是对后续工作影响最大的事项。没有经费，其他工作无法推进。在落后地区，有时候规划任务已经到了，但却没有相应经费支撑，有时出现垫资、欠款等情况，不仅影响规划的编制，而且对政府形象产生不利影响。严格来说，没有落实经费，不应该开始规划编制。

（3）规划的技术准备

规划的技术准备涉及两个阶段：第一是项目立项中的工作方案阶段，第二是规划编制单位落实后的规划准备阶段。前者主要是编制工作方案，涉及技术大纲和规划其他技术要求，前面已有介绍，不再赘述；后者则包括仪器设备配置、技术路线设计、调研方案设计、制图方案和表格等的设计，以及人员培训等。

技术路线可以以技术大纲的形式出现，也可以在技术大纲之外，再增加分项目规划的技术流程。技术路线应将规划工作要求进行和开展的事项与规划技术方法相结合，并分析设定规划环节和步骤，构建流程框图，直观地反映规划工作的内容和流程、方法。

规划的技术准备还包括相关调查表格、工作底图准备。有的规划，技术规范比较详细，已将调查表格、制图要求等进行了规范，有现成的表格范式，不用再进行设计，可直接引用。如果技术规范没有相应的空表就需要自行设计。调查表格的设计要求调查项目清楚，内容简明，大小合适，便于携带和实地填写。调查表不是成果表，仅供实地调查使用，室内还需要进行整理、总结，所以，其内容、格式等不一定严格按照规划表格的范式来设计。工作底图的准备主要是选用合适比例尺的地图作为基础图，常用的规划底图有地形图和土地利用现状图等，可直接使用或按需要进一步调整、编绘后作为工作底图，其渠道是购买后自己调整、打印。工作底图要注意成果图和调查图的大小的区别。用于调查的图幅要大，当然，太大也不方便携带和使用，一般用标准地图幅面或 A0 幅面。有时候，为减少工作环节，实地调查可直接使用电子版的图、表，带手提电脑在实地现场填写、绘制，无须再用纸质版。随着大数据、云计算和互联网技术的发展，目前，已有相关公司开发出相应的依托于互联网、大数据的平板电脑和相关软件，实现了野外调查、室内成图一次成型，室内、野外同步的效果，大大减少了后期工作，也减少了纸质图表的使用。

技术准备还涉及仪器设备的准备，既包括调查设备，也包括制图设备等。仪器设备的准备包括购买、调试等。如果单位没有相应的仪器设备，就需要购买补充；如果已有相应的仪器设备，则需要进行检测、调试至可用、合格。规划涉及的仪器设备不多，主要属于办公设备和调研仪器，如计算机、打印机、扫描仪、GPS、无人机等设备和相应软件。在准备阶段，要清楚规划所需仪器设备的种类、型号、数量，并复核落实来源，对于需要购买的要落实卖方和交货时间等。实地调研前，要进行仪器设备的调校。

规划技术路线设计的工作流程如图 1-1所示。

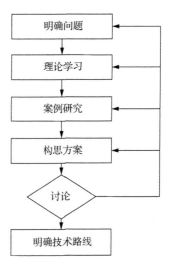

图 1-1　规划技术路线设计的工作流程

（三）开展规划研究

从时间上看，规划研究包括现状研究和规划预测两大部分；从内容上看，规划研究包括区情研究和具体内容研究，具体内容研究又包括上轮规划实施评价、规划目标提炼、目标实现的途径和策略研究、规划布局研究、规划实施时序研究、规划保障研究等。从类别上看，规划研究包括规划调查、分析、预测、决策四个方面。

规划研究阶段，就是规划准备期后，开始进行规划的第一个阶段，其相关研究在规划工作中起到十分重要的作用，是规划的核心。

从规划研究的环节上看，规划研究阶段包括技术准备、实地调研、室内分析研究、编写研究报告四个阶段。其中，技术准备有的在前面的环节中已经完成，有的需要在现阶段进行。例如，研究专题的设定等，在前面的环节中已经确定，但具体如何开展研究，则在该阶段进行考虑、设计。该阶段主要就是根据规划方案设定的相关专题，分析设计研究的整体技术路线、技术成果要求等，以及调研方案设计、仪器设备调教、技术培训等。

（四）进行规划编制

规划编制是在规划研究的基础上进行规划部署、安排，并按照规划报告编制的技术大纲要求以及设定的章节结构，编制规划文本报告、表格和图件等，最终形成规划成果的过程。

规划的编制，虽然已经有规划研究作为基础，但尚有很多规划内容需要进一步细化和完善，也需要对规划报告、表格、图件等进行更深更细的设计和调整，以便规划成果更好地将规划内容和规划研究体现出来。

规划编制阶段主要为室内工作，对规划研究成果进行整理、提炼和归纳，但有时候，在前期规划研究中有些规划问题没有得到解决或者没有发现从而没有加以解决，在编制规划的时候才发现问题，也需要再次进行规划调研和开展相关研究。

（五）规划审查报批

规划编制完成以后，进入规划审批阶段。规划审批阶段的工作包括规划的技术评审和规划的行政审批两个事项。前者是规划行政审批的前提，只有通过技术评审，才能进行行政审批。

技术评审的形式有会议评审和函审两种形式。会议评审是通过召开规划技术评审会，将聘请的专家和相关人员召集到一起，在会上对规划成果进行技术审查，发表修改意见，并形成审查结论和意见。函审不需要将专家集中，而是规划编制单位将规划成果分别送到聘请的专家手中，由相关专家进行审查，然后提出书面的评审意见。两种方式各有优缺点。会议评审因专家和编制人员等集中在一起，专家之间、专家与编制人员之间，均面对面进行交流，可以更好地交换意见，也能更好地传达和接受评审信息，便于规划的修改完善；缺点是大家面对面坐在一起，一方面会顾忌人情关系，另一方面，专家之间容易相互干扰和影响各自的独立判断，有时候甚至会因为某个专家的权威而导致评审意见由个别人说了算的情况出现，从而影响评审的公正性和科学性。函审的方式，因专家不知道其他专家是谁，也不见面，大家各自独立进行审阅，因此，评审的相互影响较小，可以做出独立的评判，而且因为时间相对较长，阅读和评审时间可灵活安排，专家审阅的时候可以更仔细、更深入，因此，评审结论更科学；缺点是，评审意见交换比较困难，沟通渠道不畅，不利于规划的修改，需要采取一定的措施进行弥补。

规划的行政审批是规划实施的必要前提。规划的行政审批一般由县级以上人民政府组织审查，同级审批或上级审批下级规划，个别的直接由国务院审批。例如，城市建设规划、省会城市的土地利用规划等，均由国务院审批。

（六）组织规划实施

规划的实施阶段是规划的最关键环节。规划做得再好，实施不力或者实施过程出了问题，规划最终得不到落实，也会失去应有的作用和效果。为了更好地实施规划，往往需要编制规划实施方案和年度计划，分析研究规划目标任务和事项，并分解落实到相应部门和时间段，确定责任单位和负责人，落实规划实施经费，同时，实施过程中还需要进行监督检查，督促规划实施，确保按时完成规划任务和目标。

规划实施阶段在规划编制过程中不属于其中的一个环节、阶段，是在规划编制公告之后的阶段，可以叫后规划阶段。

规划实施阶段可以分为初期、中期和后期三个阶段。各阶段的任务和事项有所不同。规划实施初期，重点在编制规划实施方案、拟定近期的工作任务和实施目标；规划实施中期，在常规的实施组织之外，还需要开展中期检查，以便承上启下，及时修正规划实施中出现的问题，以利于规划的后续实施。规划实施后期，除正常的规划实施组织工作外，还需要开展规划实施的总结工作，及时提出和启动下一轮规划修编工作。

区域规划就是这样一个"提出规划任务、编制规划、实施规划"的不断循环往复的工作。区域的社会经济也正是在规划的不断循环中得以发展和进步，各项区域问题也是在规划的编制和实施过程中不断被解决。

区域规划的一般工作流程如图1-2所示。

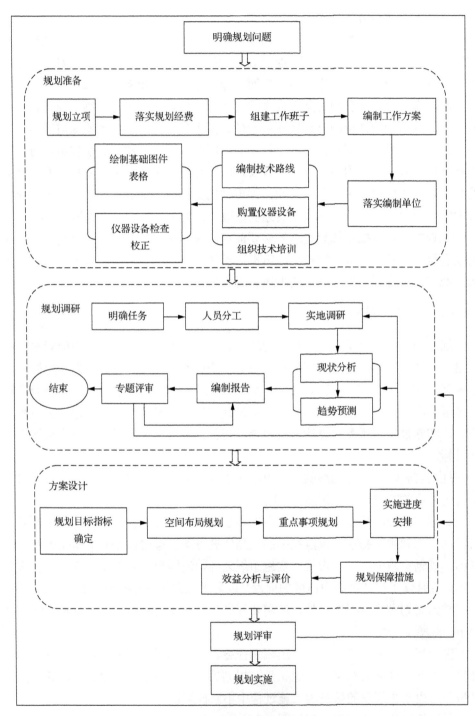

图 1-2　区域规划的一般工作流程

第二章 区域规划实施情况评价与问题诊断

第一节 区域规划实施情况评价

如果需要进行新一轮的规划修编，就必须对已经实施或者正在实施的规划（统称已实施规划）进行分析，评价规划实施效果，发现并明确规划实施存在的问题，为开展新一轮规划的提出和规划研究提供依据。

一、规划报告分析

首先，开展规划实施评价需要熟悉规划内容，了解规划安排，为此，需要收集已经批复的规划报告，包括文本、图件和相关附件。由于规划多少都具有一定的保密性，并不是所有规划内容都能公开，因此，获取规划的全部报告材料，需要走一定的程序，完成一定的手续，一定要严格按照相关规定进行申请、审批，并严格按照规定使用，不要轻易公开所获得的材料和内容。收集规划报告材料，需要注意收集渠道的正规性，做到来源可靠；要注意所收集材料的完整性、合法性。从非正规渠道获得的规划报告等材料，在未经规划批准部门认可的情况下，不能作为规划实施分析评价的对象。

其次，根据收集到的规划报告等材料，提取规划的对象、范围、期限、基准年、目标、任务、规划事项及其空间布局、时间安排等规划内容，同时要全面了解资金来源和投资估算。阅读和提取规划报告内容时，需要仔细、认真、全面，一定不能断章取义。必要时，需要与规划编制单位、人员进行座谈，充分了解其规划思路、规划设计过程和目标任务确定的依据和相关内容取舍安排的过程和想法，从而更全面、更深入地了解和理解规划。

最后，结合规划实施情况和社会经济现状等，对规划目标、任务、事项及空间布局、时间安排等进行分析，评判规划安排的合理性、科学性，分析评价规划报告中存在的缺陷和不足，从源头上寻找和明确影响规划实施的规划编制方面的问题和原因。分析评价规划报告，可以进行简单的定性分析，也可以做一些表格等定量分析。

二、规划实施情况调查

规划实施情况涉及规划实施的组织管理情况、规划事项实施情况、规划投资情况、规划目标的实现情况等，进行规划实施情况调查时需要逐项展开。

1. 规划实施的组织管理情况

规划实施的组织管理直接影响规划的实施和规划目标的实现。规划实施评价需要调查规划实施的组织管理情况，主要包括以下四个方面的内容。

1）是否有规划实施组织管理机构，组织管理是否权威、有效。规划实施组织管理机构是组织规划实施的单位、部门和人员的统称。规划是复杂的重大的社会经济事项，其实施过程涉及各方面、历时较长，因此，权威的组织管理机构的建立是十分必要的，也是保障规划实施的重要举措。规划实施评价需要对规划组织管理情况进行调查，弄清楚是否组建有权威的规划实施组织管理机构，了解该机构所在单位、部门和人员构成，工作是否正常开展。

2）是否编制规划实施方案，实施方案的执行情况如何。规划实施方案是规划实施阶段的重要技术文件，也是指导规划实施的重要支撑性文件。编制规划实施方案，尤其是年度实施方案，对规划的顺利实施有重要影响。因此，调查了解是否编制规划实施方案，以及实施方案的内容和具体安排，可以从一个侧面看出相关部门对规划的重视程度，也是组织管理是否完备的重要体现。编制规划实施方案并按方案组织规划实施是规划顺利实施的重要保障。调查了解规划组织管理部门编制规划实施方案情况，以及方案的执行情况，对正确评估规划实施情况十分重要。

3）是否构建规划实施保障机制。规划的实施需要从规章制度、人员、资金等方面予以保障。为保证规划的顺利实施，需要在国家、地方政府的现有政策、规章制度基础上，出台保障规划实施的相应法规和规范性文件，落实规划实施的资金来源，构建规划实施保障措施体系，并在年度经济计划等政府工作计划中安排相关规划事项。调查了解规划实施过程中是否构建规划实施保障机制，出台并落实相关措施，是正确分析评价规划实施情况的重要组成部分。其中，资金安排是各项保障措施的核心。因此，调查是否构建规划实施保障机制，要重点考察财政、金融政策、措施，尤其是看是否有明确的资金来源安排和落实资金的财政计划。同时，这也是规划实施方案的重点内容。

4）是否开展规划实施监督检查工作。监督检查是督促工作开展、保证规划顺利实施的重要举措，是规划实施组织管理部门和当地政府监督管理部门的重要职责。国家已经在制定并落实规划实施监督管理制度和政策方面出台了许多重要文件，在落实规划事项、确保规划顺利实施方面对相关职能部门提出开展规划实施监督管理的要求。调查相关职能部门是否严格执行规划实施监督管理的相关政策、措施，以及在监督检查中是否发现问题、后续是否解决问题等，是判断和评价规划实施是否正常、顺利的重要依据。

2. 规划事项实施情况

规划任务的完成取决于规划事项的实施和完成情况。逐项调查规划事项的实施情况，了解规划事项实施进度、完成程度以及影响实施的因素及其影响程度，对正确开展规划实施评价十分重要。调查时既要查看各规划项目的实施进度表，又要召开座谈会，还要进行实地考察，综合各方面情况，获取全方位的数据。规划事项实施情况有两种：一是实施情况正常，进度符合规划目标任务的进度安排，也符合实施方案相关计划，这种情况是最理想的情况，也是规划实施的最佳状态；二是规划事项的实施不符合规划和规划实施方案的进度安排，滞后甚至完全未实施，属于异常情况。如果调查中发现规划实施出现异常情况，则应将其作为调查的重点，详细进行调查，并进一步开展原因调查分析，追索项目实施进度滞后或者未实施的原因。规划编制完成后，随着社会经济的不断发展和规划环境的不断变化，规划事项实施过程中难免会出现各种不符合规划安排的情况，这是不可避免的情况。如果经过合法的程序确定项目延后实施或者不再实施，或者调整为其他项目、调整到其他区域实施等，均属常见情况，不违反相关规定，但要在后续工作中认真分析评价规划安排的合理性和科学性，明确问题产生的原因，并将其作为今后开展规划的重要注意事项。如果是领导不重视、随意决策等造成规划事项实施进度滞后等，则属于不正常情况，应在监督管理方面查找原因并加以问责。

3. 规划投资情况

规划投资情况调查就是调查资金投入和使用情况，了解规划资金安排和实际投入与规划设计的差距及其原因。资金是决定规划事项实施的重要影响因素，如果按照规划和规划实施方案正常进行资金投入，规划实施将十分顺利，一般不会产生问题。但如果资金投入出现问题，规划实施一定会出现问题。前者无须详细调查，但如果是后者则应开展详细调查，弄清楚原因所在。如果调查发现是规划方案不合理，则需要进行规划调整；如果调查发现是规划实施期间政府资金不足或另有安排，则需要进一步调查具体的原因及其对规划的影响，并寻求解决的办法。

4. 规划目标的实现情况

调查规划目标的实现情况，就是以规划报告为依据，分析影响目标实现的因素及其作用，弄清楚问题所在。

　　规划目标包括总目标和分项目标、终期目标和阶段目标，进行分析评价时需要逐项对照、计算、比较，并测算其实现程度。通过测算，弄清楚规划目标实现的情况，分析是否符合规划进度安排。如果分析发现规划目标未能如期实现，则需要进一步分析规划目标未能如期实现的原因及其主要影响因素。影响规划目标实现的相关因素可能来自规划本身，也可能来自规划实施过程的组织管理、资金投入等方面，有的还可能是外部环境变化所致。在分析评价时，要从不同的方面、不同的角度去分析、揭示影响规划目标实现的因素及其作用。

　　规划目标实现情况的分析和问题分析评价是开展下一步规划的重要依据，也是科学规划的重要支撑。只有原有规划的规划目标已经实现、规划已经到期，或者规划虽然尚未到期、规划目标尚未实现，但继续实施原有规划已经不可能再实现原来的愿景，才需要停止原有规划的实施，开展新一轮规划的修编。同时，只有对原有规划设计中存在的问题及实施过程中影响规划目标实现的因素和作用有充分的了解和认识，才能有针对性地在新一轮规划中进行处理、规避、解决，从而产生更科学的规划思路、更合理的规划目标及更科学的解决办法，使新一轮规划的实施更加顺利。

　　除以上四种情况外，还需要对规划调整情况进行调查。任何规划都有局限性，这是不可避免的技术问题，但规划一经批复，规划内容就已经固定，除非必要不能进行更改。如果实施过程中发现规划存在问题，或者区域条件发生变化，就需要对规划进行修正，具体的做法是根据实际和需要进行"调规"，即对规划进行有针对性的局部性的调整、修改。如果"调规"的频次不多，则说明规划编制本身的问题不大；如果"调规"过多、过频，则说明规划编制不科学、不合理。

三、规划实施评价

　　一般而言，规划实施评价从两个方面去考虑：一是规划实施对区域的促进作用，分析评价规划实施对区域社会、经济、生态等的作用，计算规划实施前后相关指标并分析其变化，一般评价规划实施正面效果；二是针对规划本身进行评价，即评价规划实施是否符合规划设计、规划的目标任务是否达到。在规划领域，长期以来形成了"一致性"（Conformance）和"绩效"（Performance）评价两种路径和学派。基于"一致性"理念的规划实施评价是以探讨"效果"为主的评价，强调规划实施前后的"一致性"；基于"绩效"理念的规划实施评价是以探讨"过程"为主的评价，强调规划在决策过程中是否发挥了推动性的"绩效"（谭文垦等，2019）。

　　规划实施评价的对象不完全是规划实施完毕的规划，也包括正在实施的规划。开展规划实施评价的目的是为规划修编提供依据、检验已经实施的规划是否按照规划方案进行、规划目标任务是否完成，从而判断是否需要进行新的规划修编。显然，规划实施评价更多是一致性评价，但也需要考虑规划实施的绩效，是一种综合性的评价。

本章的规划实施评价更多的是为新规划的编制提供依据，因此，从内容上看，根据调查材料，对照规划报告，分析评价规划实施情况，包括规划事项的实施情况、规划目标任务完成情况、规划实施效果等，是规划实施评价的主要内容和任务。

规划实施评价需要编制规划实施评价报告，并向主管领导等进行汇报，评价结论要得到上级认可。

（一）规划事项实施情况评价

规划事项实施情况，如前所述包括两种：一是正常情况，一是异常情况。如果实施情况正常，则分析评价重点在总结经验方面；如果实施情况异常，则重点在原因分析方面。

正常情况下，规划事项实施在进度、空间布局等方面都符合规划，开展规划事项实施评价主要总结规划事项实施的组织管理的经验，特别是组织领导、资金来源、监督检查等方面的经验，提炼各种有利于规划实施的做法和保障措施。

异常情况又包括两种：一是全部或部分规划事项实施进度滞后，二是部分规划事项未能实施。从相关规划实践看，更多的情况是规划的部分项目实施进度滞后，个别或少数项目未能实施。

规划事项实施进度滞后绝大多数是因为资金不足导致当地政府在资金使用上有所侧重，从而在规划事项上的投资不足，从而影响规划事项的实施，导致规划事项实施进度滞后。

至于部分规划事项未能实施，主要是以下几种原因的一种或几种共同作用所致。

1）规划的事项不合理，无法实施。对于这种情况，如果不合理的规划事项较少，整个规划还可以继续实施，则只需对规划的少数项目进行调整，仍属于原规划实施过程中的正常情况，可以通过个别项目的修改，继续实施原规划；如果不合理的项目较多，则应立即终止规划的实施，重新编制新的规划。

2）由于其他规划的实施导致本规划的实施条件发生了变化，本规划的安排部署难以落实。这种情况的出现源于规划之间的协调不够，这可能是规划编制本身的问题。有时，在规划编制阶段已经进行了规划之间充分的协调，各规划之间也没有太多的冲突，但由于种种原因（如其他规划的调整），在规划实施期间仍出现了规划之间的不协调，这种情况在规划实施中是难以完全避免的。为此，在编制规划时，一方面，在规划项目数量、实施时间、地点上要尽量留有余地，也就是即使有部分项目不能实施，也不影响规划目标的实现；另一方面，要编制备用方案或次优方案，以确保即使出现这种情况也能通过备用方案或次优方案的实施，保证规划目标的顺利实现。

3）资金筹措出现问题，无费用保障规划实施。这种情况在规划实施过程中经常会出现。在资金方面，规划编制的投资估算确定的实施规划所需资金在后期落实过程中由于种种原因无法筹集、不能足额筹集或者物价上涨超出预期，导致在规划实施过程中缺乏足够的资金支持，只能有选择地实施部分项目或者调整、减少项目规模、范围等。这种情况的出现会导致规划的目标难以完成，因此需要就规划目标进行调整、修改。

4）出现了新技术、新政策等，原来规划安排的事项已经落后或不符合政策，需要废止或调整。在政策方面，各种社会经济形势不断变化，政策也会随之发生变化，但只要不是颠覆性变化，那么这种变化即使对规划实施有一定影响，也不会导致规划实施的中断。但有时，人为干预或颠覆性的政策变化会导致规划事项难以继续实施。技术方面的变化和影响往往要小得多，一般可以预见，因此，在规划实施过程中技术变化导致规划项目终止的情况并不多见。

（二）规划目标任务完成情况评价

规划目标任务是规划的关键指标，规划实施情况的好坏主要看规划目标任务是否完成。规划目标任务完成情况的评价可以是定性的，也可以是定量的。前者给出模糊的、较粗的判断，如完成、基本完成、基本未完成、未完成；后者用数字进行反映，一般采用百分比。百分比是常用的定量方式，如果全部完成，则写完成 100%；如果部分完成，则按完成的百分比计算，如完成 70%、完成 50%。判断和评价定性目标任务的完成情况比较困难，如"全面改善生态环境质量""全面提高人民生活水平"等，因此，可将定性目标任务转变为定量指标，通过计算规划前后的指标值，反映规划实施后目标任务的完成情况。例如，规划时未定量，但评价规划实施情况时可以初步定量：一是将"全面"分解成具体的各方面的指标；二是将"生态环境质量""人民生活水平"指数化，通过对比规划实施前后的计算指数来反映完成情况。

规划目标任务完成情况评价有两种常见的思路。一种是对比法，即将规划实施后的目标任务完成值与规划报告值（不一定是具体数值）进行对比，给出是否完成或完成程度的评价；划分的等级及标准视实际情况、实际需要而定。可以将完成的百分比对应于采用前述的各等级，如 90%以上为完成、70%~90%为基本完成、30%~70%为基本未完成、30%以下为未完成。另一种是叙述法，只叙述完成情况，不与规划目标任务进行逐项对比。前者比较正规，是比较规矩的规划目标任务完成情况评价路径。后者比较简单，但也比较常用。

从目标任务完成情况评价程序看，首先，统计计算规划实施后各项目标任务值；其次，根据完成情况，将规划目标任务情况分为"完成"和"未完成"两类。如果规划目标任务全部完成，则判断为"完成"，不用再进行更细致的分析评价。如果未完成，则需分析评价完成程度，进行完成程度等级划分，明确划分标准，给出完成程度的评价结论。

规划目标有定性目标和定量目标。定性目标大多定性评估完成情况，但也可以用定量方式进行反映；定量目标完成情况一般通过定量反映。规划任务亦然。定量目标任务的完成情况比较好评后，可通过计算规划目标值，然后直接与规划报告设定的目标任务进行对比，做出完成度的评价。例如，规划的目标是"GDP增长5%"，则按 GDP 计算公式计算规划实施后的 GDP 值，如计算结果为4.5%，然后用规划实施后的 GDP 增长率4.5%除以规划设定的5%，即可得出规划目标实现程度（4.5/5×100%=90%）。评价结果是：未完成规划目标，规划目标实现程度是90%。

在实际操作中，并不需要对规划方案中所有的目标任务都进行一对一的评价，而只需对主要的、重要的指标完成情况进行评价即可。一些定性的目标任务，在编制规划方案的时候，就因为其相对不重要而采用定性的方式，因此在规划实施评价时，也不需要进行详细的计算、评价，有的甚至不需要进行评价。

（三）规划实施效果评价

规划实施效果评价主要是分析评价规划实施对区域的社会经济发展的影响，但也需要从整体分析评价规划实施中规划的调整情况，即最终实施的规划事项等是否与规划方案相一致。

1. 规划实施对区域的影响评价

规划实施对区域的影响可以从规划实施导致的区域要素结构、空间格局、经济发展等方面展开。区域任何方面规划的实施，一定会对区域的要素结构、空间格局、经济发展等产生影响，导致区域组成、布局等发生变化。规划实施效果评价就是采用合适的方法，分析揭示这种变化及其变化幅度，度量这种变化对区域影响的程度。规划实施对区域的影响评价一要分析其变化，二要评价其影响，可以通过计算规划实施的社会效益、经济效益和生态效益来展现。

规划实施的影响包括直接影响和间接影响。直接影响是规划实施直接对规划涉及的要素对象的影响，间接影响是规划实施对规划实施带动的相关行业、产业经济活动的影响。例如，城市规划的实施既会对城市土地开发、基础设施建设、房屋建筑等产业产生直接影响，也会对家电、家具、家政、运输、设计等行业的发展产生间接影响。

（1）变化分析

规划的实施会增加区域某方面的要素特别是规划对象的数量、规模，有时候甚至直接新增某些区域要素（从无到有），如很多产业园区规划都是在原来的农村地区进行，规划实施后会新增各类园区道路、厂房、工业企业及其生产活动、商贸等，且均是规划实施后才新增的。规划实施在增加某些区域要素的同时，也会导致另外一些区域要素的减少。例如，城市规划实施后，会促使城市道路、房屋等区域要素数量规模的增加，但同时也会导致规划实施区域的耕地、林草地等要素的面积、规模减小，有时甚至完全消除（土地城市化）。要素数量的增减，会导致区域要素种类、数量结构的变化。规划实施效果评价，不仅要分析评价这种变化，还要评价这种变化对区域发展的影响、贡献。

规划实施后，随着区域要素在空间上的增减，区域要素的空间分布情况将发生变化，因此，区域空间格局也将发生变化。规划实施效果评价需要对区域空间格局变化引起的社会、经济和景观效益进行分析评估，评估规划实施对区域空间结构优化的促进作用。

规划实施还会对区域经济发展产生影响。经济发展是数量增加和质量改善的有机统一，体现在规模变大、结构优化、效益变好等方面。经济的发展首先是经济体量的增长，包括企业、从业人员、设备等的数量增加，总产量、总产值等的增长。分析区域经济发展首先从区域经济体量变化开始。区域经济结构的优化，是指区域产业结构从单一、低级向多元、高级的提升转变，它是区域经济发展的标志。单一的产业结构是不稳定、不利于区域发展的。产业越多、产业链越长、产业层次越复杂，区域经济结构的稳定性越好、发展潜力越大。低级的产业结构不仅意味着生产力低下，经济缺项较多，也代表着规模不大、效益不高。经济越发达，产业结构高级化表现越明显。分析对比规划实施前后的区域经济的发展情况，可以看出规划实施对区域经济的影响，是规划实施效果评价的重要方面。

（2）效益计算

规划实施对区域的影响大小，最终体现在规划实施的效益方面。规划实施的效益一般从社会、经济和生态三方面进行评价。

规划实施的效益包括直接效益和间接效益。直接效益是规划实施直接产生的经济、社会、生态方面的影响。例如，城市规划的实施不仅会对城市土地开发、基础设施建设、房屋建筑等产业产生直接影响，带来土地出让收入、房屋销售收入等直接经济效益，居民生活改善、交通便利等直接社会效益，以及绿地面积增加、空间配置优化等生态效益。间接效益是规划实施带动的相关行业、产业经济活动的经济效益。例如，城市规划实施，除前述直接影响外，也会促进家电、家具、家政、运输、设计等行业的经济活动，产生间接经济效益，以及增加相关行业就业等间接社会效益。规划实施效益的计算应与规划报告效益估算指标对应，按实际产生的数值，计算规划实施后的效益指标值，然后与规划实施前的效益指标值进行对比分析，得出规划实施效益的评价结论。

规划实施的社会效益比较复杂，不同的规划涉及的社会效益差异也较大。一般地，可以从公众满意度、区域基础设施改善情况、民生改善情况等方面进行评价。公众对规划实施的满意度是直接反应规划实施社会效益的重要方面，公众对规划实施的满意度越高，规划实施的社会效益越高，反之亦然。区域基础设施是关乎区域经济、社会运转、居民生活的重大因素，不仅有道路、供水供电、医疗卫生、教育等方面的硬件设施，也涉及相关方面的政策、制度、人员、管理等软条件，规划实施应能改善基础设施，这是其社会效益的重要体现。规划实施后基础设施改善的程度越高，规划实施的社会效益越高。当然，某些区域规划不涉及区域基础设施问题，规划实施社会效益可以不考虑该方面。民生问题涉及面较宽，生活保障、居住环境、休闲娱乐、美化绿化等都属于民生问题，区域规划的实施多多少少都会对其产生影响。根据具体规划涉及的社会民生问题，从改善民生的角度评价其实施的社会效益，也是不可或缺的一个方面。

规划实施产生的经济效益，既有直接经济效益又有间接经济效益，二者都应进行计算。规划实施效益计算根据规划报告中关于经济效益预测分析指标逐项进行计算。

规划实施产生的生态效益主要体现改变土地利用状况和景观格局，导致绿地面积、生物多样性改变等方面，可使用生物多样性指数、景观多样性指数等进行计算。

规划实施效果评价可采用定性定量相结合的方法进行，单纯的定性评价或定量评价都不太合适。定量评价常用的是指标法，包括单因素指标法和综合指数法。单因素指标法只针对某方面、某要素，直接使用指标值反映规划实施的效果。综合指数法则将多个因素指标值通过特定的方式（如加权）集成为一个综合指标，并用综合指标值反映规划实施的效果。单因素指标法和综合指数法各有优缺点：前者直观，揭示的效果能较清楚地反映出规划实施在某方面的作用效果，但不能整体评判实施效果；后者可综合地评价规划实施的整体效果，但不够清晰，不能揭示规划实施的具体影响。由于行业的差异，规划实施效果评价方法和涉及的因素、指标很多，要注意其适用范围和使用条件。

2. 规划实施的一致性评价

规划实施的一致性评价相对较简单，可采用对比法，将前述调查得到的规划实际实施的情况与规划报告安排的情况进行逐一对比，即可得出结论。对于规划实施过程中的调规情况，除了分析规划调整情况外，还需要进一步分析调整的原因。

四、规划实施存在问题分析

在规划实施过程中难免会出现各种问题。有的问题是规划设计阶段产生的，在规划实施过程中逐步暴露出来；有的问题是在实施过程中才产生的。规划实施评价需要归纳、总结规划实施存在的问题，为新一轮规划提供依据。

通常来看，规划实施存在的问题主要集中在以下几方面。

1）规划调整过多，实际建设的内容与规划内容出入过大。在规划实施过程中，难免会对规划目标任务和规划事项、空间布局等有所调整，如果调整内容和数量不大，则属于正常情况，但如果出现较大调整，则说明规划实施出现了问题，对此，应该进行分析总结。导致规划调整的原因无外乎规划设计不合理、领导或相关部门不尊重规划、规划实施条件发生重大变化等几方面。如果是规划设计不合理，导致规划确实难以实施或无法实施，需要认真分析规划设计过程和组织管理、审批等，找出导致不合理规划出台的各方面原因，提出保障规划编制科学合理的措施和制度安排。如果是领导或者相关部门不尊重规划，随意调整规划安排，则应该加强问责机制，并加强制度建设，从制度上禁止相关行为。规划实施条件发生重大变化主要指国内外社会经济形势变化、技术进步、国家政策变化等方面，对规划实施影响较大的主要是国家政策变化，这方面的变化可直接导致规划实施的终止。社会经济形势的变化、技术进步对规划实施的影响最终也是通过政策变化起作用的。

2）规划资金来源出现问题，规划实施进度滞后。规划过程中如果资金来源出现问题，就会导致规划实施进度滞后甚至终止。规划实施过程中资金出现一些问题属正常现象，但出现重大缺口导致规划实施进度严重滞后或不能实施，则需要引起重视，应认真分析研究问题产生的原因，特别是规划方案编制方面的原因，这对做好新一轮规划具有十分重要的意义。如果是社会经济发展问题导致资金来源出现问题，则应在规划中加强预测研究，尽量避免规划实施遇到的这类问题。

3）规划保障措施不力，规划实施得不到切实保障。这两种情况：一是缺制度，二是有制度但不严格执行。如果是缺制度，则新一轮规划应完善规划实施保障制度建设。如果是执行问题，则需要将规划实施情况纳入考核机制，加大追责力度和处罚力度。很多规划实施情况不尽如人意，往往是执行落实规划实施相关制度不力所致。

4）不同规划之间难以协调，规划项目落地实施困难。出现这种情况既有规划方案编制问题，也有行政管理条块分割、各自为政的问题。近年来，国家和地方政府高度重视规划协调问题，出台了多项政策措施予以保障，也提出了多规划合一的规划思路，因此，由这种原因导致的规划协调问题已逐步减少。如果是规划方案编制时考虑不周导致规划实施过程中规划之间的协调出现问题，则应在新一轮规划编制时加强这方面的工作力度，尽量避免再次出现这方面的问题。

以上问题是规划实施可能产生的一般性问题，在开展具体的规划实施评价时，应根据规划实施的具体情况，深入分析和总结规划实施存在的问题，细化和完善分析的内容，有针对性地总结存在的具体问题。

第二节　区域规划问题诊断

根据规划实施情况的调查、分析，结合区域实际，可以进一步诊断规划对象或事项当前面临的问题，为新一轮规划提供依据。规划问题诊断是根据已实施规划的分析评价结论，对新一轮规划可能面临的各种问题的认知和确定的过程。它是针对新一轮规划所进行的规划问题研究。区域规划问题的诊断，要紧紧围绕规划对象来展开。例如，对区域资源开发利用规划，规划问题诊断便是对该区域目前资源开发利用方面存在的、需要在规划中加以解决的问题的调查、确认过程；又如，对于区域经济发展规划，规划问题诊断就是对区域经济发展进行调查、分析，明确区域经济发展中存在的问题，评判区域经济发展面临的、需要加以解决的各种问题。

规划问题诊断需要明确问题所在，弄清问题关键，分析产生问题的原因，以便提出解决办法和方案。

一、明确问题所在

进行规划问题诊断，首先必须明确所在区域、规划对象目前面临的需要规划解决的问题有哪些；其次，需要将规划问题明确固定下来，并准确表述，形成规划事项。

发现问题是解决问题的关键，规划亦是如此。发现问题往往比较困难，需要经过深入调研，细致分析。有些规划问题比较明显，发现和明确的过程相对简单；有的则比较复杂隐晦，发现和明确问题的过程会比较复杂。例如，区域资源开发利用面临的问题可能涉及资源禀赋情况、资源开发方式、资源利用等方面，但对于本次规划到底面临哪方面的问题，还需要通过调查、分析来确定。如果已经发现在资源禀赋方面存在问题，就需要进一步调查和分析研究规划究竟面临什么问题，如规划问题可能与区域内资源的种类不全、储量过低、质量不好、分布不均、赋存条件差等有关。同样，如果规划问题出现在资源开发方面，则涉及开发程度、开发方式、开发效益、开发条件等事项，其中开发效益包括经济效益、社会效益和生态效益，需要对开发方式、技术水平、规模、投入产出等做出分析、诊断，才能弄清问题所在。在资源利用方面，涉及产业链的长短、利用的程度和效益等，也需要进行分析、诊断。

明确规划问题，关键在于归纳提炼，也就是将调查研究发现的各种现象、分散的问题，通过归纳提炼，用正确的语言表述出来。这个过程看似简单实则困难，需要规划编制人员高度重视。规划问题的表述要简明扼要，用词准确。如果问题较多，可分别归纳提炼，可以多写几条；如果规划问题较少，则写一条或两三条即可。

明确规划问题可以采用多次分析研讨的，不必追求短时间、一两次就完成。调研对象也可以宽一点，调研过程可以复杂一些。

二、弄清问题关键

明确问题所在后，需要对问题进行深入分析，弄清目前存在的问题及需要在新规划中加以解决的具体问题，尤其是规划的关键问题。例如，对于前述资源利用规划，假如通过初步分析，发现在区域资源禀赋方面存在一定问题，接下来就要深入分析究竟是什么问题，是区域资源种类有所缺失、种类不匹配导致不能深化利用、产业链延长、经济效益低下等问题，还是质量不好、空间分布不合理等问题，又或者是交通不便等问题，抑或是各方面原因综合引起的资源开发程度、产业链、经济效益、环境等问题。

通过调研和认真分析，找准规划问题关键，对于下一步寻找解决问题的办法、构建规划方案、确定规划重点有重要作用。

从规划整体来看，区域规划问题的关键往往是全局性、制约性、急需解决的重大问题。影响不大、细枝末节的问题，一般不要作为规划问题。

三、分析产生问题的原因

找准问题后，还需要进一步分析研究问题产生的原因。例如，对于前述资源利用规划，如果是资源种类不全、不匹配问题，则规划需要针对短缺品种问题，分析产生问题的原因、问题的大小和对区域资源开发利用等的影响程度，探索可能的解决办法。这个分析研究过程可能较复杂。对于复杂的问题，需要进行调查研究的工作量较大，一般应设置规划研究专题开展专题调研。

第三章　区域规划条件

区域规划条件即区域基本情况,简称区情,包括区域的区位条件(地理位置)、自然条件、自然资源条件和区域社会经济条件。

区域规划条件是区域自身拥有的自然和社会经济要素及在发展变化中展现出来的特征,是区域规划的基础,也是因地制宜发展区域社会经济的关键。区域规划条件是长期发展和演化积累下来的,因此短期内一般不会变化,尤其是自然条件。区域规划条件也是客观存在的,不因我们的喜好而改变。为此,全面了解区域基本情况,认识区域基本特征,明确区域规划条件,对于科学进行区域规划十分重要。

第一节　区　位　条　件

区位条件与区域在地球表面的地理位置有关,但又不等同于位置,区位是具有功能意义的位置,对区域的资源环境、社会经济发展具有十分重要的作用。

位置可以分为两种类型:第一种是几何位置,这是位置概念的最初理解,反映的是事物之间的空间几何关系;第二种是功能位置,是从原来的几何位置演变而来的一个概念,建立在系统论基础上,反映事物之间的功能或相互作用关系。

几何位置又称空间位置,是几何坐标系中点的坐标。几何位置反映该点相对于坐标原点的方位和距离,涉及两个基本要素,即距离和方向。最常用的几何位置是地理学中的地理位置。

功能位置是在几何位置的基础上衍生出来的一种位置概念。从系统科学、管理学等角度看,位置具有功能意义,可以反映事物之间相互联系、相互作用的功能关系,不同的位置具有不同的功能,因此将位置称为功能位。功能位是从系统关系的角度来看待位置,赋予位置以功能。例如,中医学中的穴位、管理学中的职位、生态学中的生态位、地理学中的区位等,都属于功能位,均是从功能的角度去理解位置和认识位置。

位置是相对的,是相对于某个比较的“点”或“面”的空间方位、地位、层级等,不管从空间上看还是从功能上看,均是如此。几何位置相对于坐标原点(零点），位置反映某个事物或要素距离原点的方向、距离；功能位置相对于功能层级（地位），反映某人、某事或某单位等距离中心、领导等的距离和方向（上、下级等）。

一、地理位置

地理位置属几何位置，是对地球表面有关事物间的空间关系的描述，水平方向上用经纬度来反映，垂直方向上用海拔来表达。

1. 经纬度位置

在地理学中，地表事物在地球表面的水平方向上的位置关系，通过建立地理坐标，用经纬度来反映，一般称为地理位置。经纬度位置是指地表上某个地点相对于地理坐标原点的经纬度。经纬度位置虽然没有明确地表某个点相对于坐标原点的方向，但经纬度的划分已经包含坐标象限，可以反映地表某个地点在地表的方位。

地理坐标是地理学为认识和表达地表事物的空间关系而建立的球面坐标系，一般以经纬线进行划分。南北方向穿过地球南北极点的线称为经线，经线为南北走向；东西方向为绕地球并与经线相垂直的线，称为纬线，纬线为东西走向。经纬线交织形成地球表面的经纬网。经线将地球分为东西两个半球，经过英国格林尼治皇家天文台的经线称为零度经线，以此向东称为东经，向西称为西经，各分为180°（0°、180°经线重合，不分东西）；纬线中将地球分为南北两部分的线称为赤道，以赤道为界，将地球分为南北半球，赤道的纬度为0°，南北极点为90°。地理学中的坐标原点就是0°经线与0°纬线（赤道）的相交点。

地理坐标位置虽然是几何位置，但具有十分重要的地理意义，尤其是纬度位置。根据纬度，可以将地表划分为低纬度地区（0°~30°）、中纬度地区（30°~60°）和高纬度地区（60°~90°）。低纬度地区的昼夜时长差别不大，太阳高度角大，热量条件好，温度高；高纬度地区与此相反，昼夜时长差别大，甚至会出现极昼、极夜现象，太阳高度角小，极其寒冷；中纬度地区介于二者之间。热量条件的纬度差异是地表大气运动（三圈环流等）的基础，也是地理环境产生区域差异的重要根源。

2. 海拔

海拔是指某地与海平面的高度差，用高程表示，也是一种地理位置，反映的是地理事物距离海平面的垂直距离和方向。陆地一般都高于海平面，因此，海拔为正值；对于海洋来说，海拔的意义不大，因此用海深来反映。海拔需要与坐标位置一起使用，方能较好地反映地表事物的空间位置关系。我国 1987 年规定，将青岛验潮站 1952 年 1 月 1 日～1979 年 12 月 31 日所测定的黄海平均海水面作为全国高程的起算面，即零度高程。

海拔的高低有重要的地理意义，根据海拔的高低，可以将陆地地表分为高海拔地区（3000 m 以上）、中海拔地区（1000～3000 m）和低海拔地区（1000 m 以下）。海拔越高，空气越稀薄、太阳辐射越强，但温度越低。生物等集中分布于中低海拔地区，在高海拔地区难以生存。人类活动也主要集中在中低海拔地区。与海拔相似，根据海深，可以将海洋分为浅海区域、深海区域。

经纬度和海拔，因有具体可以确定的数值来反映，在地理学中，一般也称为绝对位置，可以定量衡量事物之间的距离和方向。

海拔与地理坐标位置相结合，形成三维空间位置，能更好地反映地表事物的位置情况。

二、区位

区位的全称是区域位置，与一般的地理位置概念不一样，区位是地理功能位置。区位的概念最早出现在经济地理学中，特指经济区位，其后逐步演化到其他方面。区位主要反映社会经济要素的相对位置及其因此而产生的社会经济关系和职能，但在自然地理中，也有区位的使用。

区位是相对位置，即针对特定对象而言的空间地理位置，如行政区位、经济区位、社会区位等，其中经济区位又分农业区位、工业区位等。区位往往揭示地理事物之间的相互作用关系，如中心与腹地、核心与边缘、内陆与沿海、边疆与内地等。

对于农业区位而言，相关研究发现，以中心城市为核心，与中心城区的距离成为重要的农业布局影响因子，距离不同，农业生产活动和农产品布局也会因此不同，农业生产活动呈现出围绕中心城市的同心环带结构特征：保存不易的农产品如蔬菜、鲜花等，会靠近城市布局和生产；保持较为方便的农产品如粮食、木材等，则可以布局在较远的郊区。

与农业区位对应，工业区位研究了能源、原材料和市场的空间关系，发现了能源、原材料和市场对企业选址的影响，并从理论上提出了针对不同产业的分析、选择厂址最优位置的理论与方法。

进行区域规划时，需要进行区位分析，揭示区域所处的地理位置及其因此而形成的区位条件及其对社会经济发展等区域问题的影响。

第二节　区域自然条件

区域自然条件是指区域自然地理环境条件。从组成要素上看，包括岩石、大气、水、生物、土壤五大物质要素，并形成了特定的地质条件，以及地貌、气候、水文、植被、土壤五大自然地理要素或自然地理子系统。区域自然条件一般从地质、地貌、气候、水文、植被、土壤六个方面进行描述。

一、地质条件

区域地质条件是指区域地质构造、地震及地层岩性等可能对区域资源开发利用、生产建设等产生影响的地质条件，一般包括三个方面的内容，即区域地质构造、地震及地层岩性。

1）区域地质构造是区域的宏观地质背景，影响和决定区域的基本地质条件。例如，地台、地槽等大的构造单元从宏观上决定了区域的地质演化背景，也决定了山脉、河流等的基本分布与走向，对自然地理环境影响巨大。区域地质构造影响区域的地壳稳定性，同时也是形成滑坡、泥石流等地质灾害的根本原因。

2）地震是重要的自然灾害，对区域各个方面都有巨大影响。分析评价区域地震条件是认识区域自然环境的一个重要方面。区域规划条件分析主要是通过地震动反应谱特征周期、地震动峰值加速度等来反映地震的基本烈度区域，分析地表的稳定性。我国各区域的地质稳定性和地震烈度可以查看《中国地震动参数区划图》（GB 18306—2015）等资料。

3）地层岩性是指不同地质历史时期形成的岩石的组成、结构等特征。岩石是地理环境的物质基础，也是土壤的形成条件和矿物质来源，对地貌、土壤和植被都有影响，对建设影响也较大。不同的岩石具有不同的岩性，岩性是岩石的组成、结构等的反映。岩石可以分为沉积岩、火山岩和变质岩三大类。根据岩性，沉积岩可以进一步分为碳酸盐岩、砂岩、页岩、泥岩等，火山岩可以分为玄武岩、花岗岩等，变质岩则分为板岩、千枚岩、片岩、片麻岩等。不同的岩石，其矿物质组成不同，结构和构造也不同，因此其风化和抗风化的特点也不同，从而形成了多种多样的地形地貌和土壤类型。

二、地貌条件

地貌条件包括地形和地貌两个方面。地形强调地表的几何形态，是高低起伏的组合状况；地貌则强调地表形态的形成原因，是地形与成因的有机结合。地形地貌与岩性和气候等自然要素有关，是地壳运动产生的各种力量挤压、抬升等地质构造营力的作用（内力）与降雨、冷热等气候作用（外力）相互作用于岩石的结果。

（一）地形

根据地表高低起伏情况，地形可以分为山地、丘陵、高原、平原、盆地等类型，其中山地还可以进一步细分为低山、中山和高山等。

（二）地貌

地貌有多种划分方式，一般按形成因素及其作用分为流水地貌、风沙地貌、喀斯特地貌、黄土地貌、冰川地貌等。

1. 流水地貌

流水地貌是指由地表水流，尤其是河流冲刷塑造形成的各种地貌形态，包括坡面流水形成的沟谷地貌、沟道流水形成的河谷地貌及河口泥沙沉积形成的三角洲地貌等。

1）沟谷地貌包括切沟和冲沟。流水作用初期，坡面流水的侵蚀切割作用导致地表形成深度较浅、呈 V 字形的侵蚀沟道，称为切沟；切沟进一步受到流水的下切和侧向侵蚀冲刷作用，则逐步从 V 字形向 U 字形变化，深度不断加深，底部不断拓宽，称为冲沟。切沟和冲沟底部没有长流水，仅有季节性流水。如果冲沟进一步发育、演化，汇水面进一步扩大，则会在沟底形成河流，演变为河谷地貌。

2）河谷地貌包括河流流水冲刷形成的各种侵蚀地貌形态，也包括河流泥沙在河流运动变化过程中产生的沉积而形成的地表形态。河流冲刷产生的地表形态主要是河谷，在河流上游，因水流急、比降大，河谷一般较狭窄，河道深切，多为峡谷地貌；在河流中游，河道侧向冲刷侵蚀比较厉害，河道弯曲呈现出 S 形，并形成左右岸的差异。河水湍急的一侧以冲刷为主，形成陡峭的河岸；河流缓流的一侧，则产生泥沙沉积，甚至出现边滩和河漫滩（洪水季节淹没、枯水季节出露的边滩）等沉积地貌形态。对于一些较长的河流，中游地区还经常因"截弯取值"出现"江心洲"。在河流的长期发展过程中，随着河流基准面的下降等，河流会形成阶地地貌——河道一侧的坡面随着河流轴线的变化和地壳运动快慢的变化形成的一种阶梯状地形。下游河段，河谷宽浅，水流平缓，河道分叉较多，以平坦地形为主。

3）河口地区，由于入海河流域海水的相互作用，侵蚀作用已经不强，以沉积作用为主，往往在入海口形成三角洲、沙岛等沉积地貌。

2. 风沙地貌

风沙地貌出现在干旱、半干旱地区，如我国的新疆、内蒙古等，主要包括风蚀地貌和风积地貌。风蚀地貌主要是指风吹蚀形成的风蚀城堡、风蚀穴等；风积地貌则是指各种沙丘及其组合形态。

风沙地貌区域一般不适合人类居住和生产生活，因此该区域除了具有河流形成的绿洲之外，大多为荒无人烟的地方。

3. 喀斯特地貌

喀斯特地貌又称岩溶地貌，是指在可溶岩石分布地区，以溶蚀为主、流水侵蚀与溶蚀相结合形成的特殊地貌。喀斯特地貌主要发生在碳酸盐集中分布的区域，如我国主要集中在广西、贵州、云南、重庆和湖南等地，北方的喀斯特地貌面积较小且不集中。喀斯特地貌在全球的分布也十分普遍，如东南亚部分国家（越南、泰国等）、南欧等。分布于海洋的喀斯特地貌称为海洋喀斯特。

喀斯特地貌具有与其他地貌不同的地表形态特征和水动力过程，其自然地理特征主要如下：以峰丛洼地、谷地、漏斗，峰林残丘、溶原，石沟石牙（石林）等形态为主，地表起伏大、地形破碎，河谷不完整，多为断头河、盲谷、坡立谷等；存在地下洞穴及其各种沉积地貌，如石笋、石柱、边石坝等。

喀斯特地貌区域石多土少，土壤浅薄不连续，地表水系不发育，生态环境脆弱，容易发生石漠化、土地退化等生态现象。

4. 黄土地貌

黄土地貌是以我国陕西、甘肃、宁夏和山西等黄土高原为代表的一种地貌类型，其特征如下：黄土堆积覆盖原地表，形成以原地表为基础的新的深厚黄土状沉积物，然后在流水的冲刷下被切割、分隔，形成塬、梁、峁与黄土沟壑组合而成的地貌形态。黄土沟壑深而窄，交错纵横，将地表切割分隔开来，形成各种黄土丘陵山峦，其中，切割较轻、地表完整的高原面称为黄土塬，切割成长条状的黄土山丘称为黄土梁，切割成馒头状的黄土山丘称为峁。

黄土地貌区域以地表水缺乏、土壤瘠薄、水土流失严重著称。

5. 冰川地貌

冰川地貌比较特殊，主要集中分布在高山和高纬度地区。冰川地貌发育的区域一般没有人类居住和生产生活活动。冰川地貌包括冰川侵蚀地貌、冰碛地貌（冰川沉积地貌）和冰水地貌。冰川侵蚀地貌包括因为冰川运动产生的巨大侵蚀力形成的冰斗、刀脊、角峰，以及 U 形谷、羊背石等；冰碛地貌包括冰碛丘陵、冰碛堤等；冰水地貌是指冰川融化过程中形成的各种地貌，包括冰水冲积扇、冲积平原等。

作为区域规划的地形地貌条件，人们往往更关注山地、平原、盆地等地形情况，但各种特殊成因的地貌类型，如黄土地貌、喀斯特地貌等也不可忽视。因为它们作为区域地表的基本形态与地表的高低起伏相结合，形成了特殊的区域地表面，不仅影响到区域的其他自然要素及其运动变化，还对国民经济和生产生活产生巨大影响。

三、气候条件

在区域规划等对区域的研究或实践中，气候是十分重要的一个区域规划条件要素和特征指标。气候是自然地理环境中较活跃、影响较大的一个因子，对自然地理环境及其要素的形成和运动变化产生重大影响，是区域重要的自然条件和发展基础。

我国古代将 5 天称为一候。气候就是某地较长的时期的气象要素的物理状况和大气运动形成的各种天气现象的平均状况或统计结果，包括冷、暖、干、湿等大气状况，以及阴、晴、雨、雪、风、云、雾、霾、霜、凝冻、冰雹等大气现象，也包括极端状况（左大康，1990）。在现代，气候所指的"长期"一般以月、季和年或多年。常用气候特征来反映地区的气候情况，气候特征常指某一地区的阴晴、干湿、冷暖等的平均状况，以及最高气温、最低气温，最大降雨量、最少降雨量等极端天气情况。

区域气候特征由温度、湿度、降水（雨、雪）、光照等一般气候指标来反映，通常还包括大风、冰雹、暴雨、大雾、凝冻等灾害性天气情况和持续性的干旱、暴雨等极端气候情况。温度的常用指标一般使用多年平均温度，最冷、最热月均温，极端温度，以及活动积温（≥10℃积温）等；降雨的常用指标一般使用多年平均降雨量、雨季长度、雨季降雨量占全年的比重、最大日（24 h）降雨量、最大 6 h 或 1 h 降雨量等；光照的常用指标一般使用日照百分率、太阳辐射值、日照时数等；湿度的常用指标一般使用多年平均湿度；风的常用指标一般使用盛行风向和大风频率。灾害性天气情况直接描述有无灾害性天气，以及有哪些。针对容易出现极端天气的特殊地区，可以增加极端天气情况等，如持续性干旱的天数、暴雨日数等。

区域气候特征最终以气候类型来综合表达。气候类型与地理位置有关，即由于地域分异，气候有多种类型和特征。我国地跨热带与温带，深受季风影响，气候类型多种多样，从南到北，有热带气候、亚热带气候、温带气候、亚寒带气候等；从东到西，有湿润气候、半湿润气候、半干旱气候和干旱气候。

四、水文条件

区域的水文条件是指区域的河流、水系情况和流域面积、河流长度、流速、流量等水情参数。作为区域规划条件，区域的水文条件一般常用河流水系情况来反映。河流一般分为内陆河和外流河，同一条河流又分为源头（发源地）、上游、中游、下游和入海口或消亡带几段。河流一般发源于山地高原，源头地区的水量较小，沟道狭小众多，然后逐渐汇流成河；上游地区的河流水量逐渐加大，河道直、比降大，河谷深切狭窄，支流少，流速快；中游地区的河道渐宽，迂回曲折，支流众多，水量大，流速仍快；下游地区的河道宽浅，河道比降较小，河流曲折蜿蜒，流速缓慢，泥沙沉积深厚。河流的入海口或消亡带往往河道纵横交错、水流平缓，逐渐没入大海或消亡。

河流的走向、河道比降等受地形影响较大，河流的水量则与降雨（雪）和集雨面积等有关。河流的水源虽有降雨、冰川和地下水等多种形式，但最终的水量均来源于大气降水。河流由流域面积、长度、流速、流量、泥沙含量等水文参数来反映其特征。

若干有相互联系的河流构成水系，对应于地表区域就是流域。一条大的河流具有庞大的河网水系，往往由干流与一级支流、二级支流、三级支流等若干等级的支流组成。水系有若干种形态，如树枝状、羽毛状、格状等。

河流、水系是区域的重要构成部分，对航运、供水、灌溉，甚至城市的形成与发展等均有重要影响。洪水是河流中下游地区重大的自然灾害之一，对区域的各方面都有巨大影响。

根据流域面积、流量等可以将河流分为小河、中河、大河，具体划分标准如表 3-1 所示。

表 3-1　河流的划分标准

划分标准	大河	中河	小河
流域面积/万亩	>30	1~30	<1
流量/（m³/s）	≥150	15~150（不含 150）	<15

注：1 亩≈666.7 m^2。

五、植被条件

植被是覆盖地表的全部植物的总称。植被的基本单元是植物群落，即由不同种类的植物组成并形成了不同分层结构和生态功能的植物系统。植被是区域生态系统中重要的载体和基本组成要素。植被的覆盖面积、结构和演化对区域生态环境具有重大影响。

从类型上看，植被可分为自然植被和人工植被。黄威廉等（1988）认为，在自然界中，自然发生、发育的植物群落所形成的地表覆盖均可称为自然植被，自然植被可以分为森林、草原和荒漠三种类型，其中，森林植被的生态功能最强，草原植被次之，荒漠植被最差。植被还可以按照所处地带、外貌、生态型等进行分类，如分为热带雨林、亚热带常绿阔叶林、温带落叶阔叶林、亚寒带针叶林等森林植被，热带草原、温带草原、寒带苔原等草地植被，以及荒漠灌丛、喀斯特灌丛等灌丛植被。1969 年，联合国教育、科学及文化组织对全球植被进行了分类，发布了《世界植被分类提纲》，主要大类划分具体如表 3-2 所示。

表 3-2 世界植被分类

序号	植被	具体分类
I	密林（closed forest）	包括常绿为主的森林、落叶为主的森林、极旱生型森林
II	疏林（woodland）	包括常绿为主的疏林、落叶为主的疏林、极旱生型疏林
III	密灌丛（scrub）	包括常绿为主的密灌丛、落叶为主的密灌丛、极旱生型密灌丛
IV	矮丛和有关群落（dwarf scrub and related community）	包括落叶为主的矮灌丛、落叶为主的矮灌丛、极旱生的矮灌丛、苔原、具矮灌丛沼泽苔藓群系
V	草本植被（herbaceous vegetation）	包括高禾草型、中高草地、矮草地、非禾草型草本植被及水生型淡水植被

资料来源：武吉华等（1979）。

注：落叶为主的密林还可以继续划分。

人工植被是指在人类改造自然中，经过人为种植形成并不断加以经营管理的地表植物群落，如防护林、水保林、农田植被、人工园林、人工草地（草坪）等。随着人类活动的不断扩展，以农田植被为主的人工植被逐渐取代自然植被。与自然植被相比，人工植被在生物多样性、群落结构、系统的稳定性等方面均不如自然植被。人工植被的植物构成单一，结构简单，稳定性较差。

植被状况一般用外貌、季相、结构等来反映群落形态特征，用盖度、多度、重要值等指标来反映群落的数量特征。

一个区域生态功能的好坏，很大程度上取决于区域的植被好坏。植被是生物资源的宝库，区域生物资源的多少与区域植被类型、复杂程度和结构等有关。

具体的植被类型划分还可参见《植物地理学》（武吉华等，1979）、《中国植被区划：初稿》（中国科学院植物研究所，1960）或《中国自然地理图集》（刘明光，2010）等。

六、土壤条件

土壤是地表岩石与气候、生物等共同作用形成的松散物质。以固体物质为主，包括空气、水分和生物等，形成一个独立存在的、有别于其他地表物质的特殊物质——土壤。

土壤是自然地理的重要组成部分，也是区域重要的自然条件和资源。土壤与农业生产关联程度极高，土壤的肥力、质地、结构等理化性状对农作物的生长发育影响巨大。在区域规划条件分析中，土壤往往只分析类型和质地、结构、有机物含量等基本的理化性状。

土壤按等级可以分为土纲、土类、土属、土种等级别，按质地可以分为砖红壤、红壤、黄壤、棕壤、黄棕壤、褐土、黑钙土、栗钙土、灰褐土、灰漂土等。

2009 年，我国发布了新的土壤分类标准《中国土壤分类与代码》（GB/T 17296—2009），用以代替《中国土壤分类与代码》（GB/T 17296—2000）。在对区域土壤进行具体分类时可参见该标准。

第三节　自然资源条件

自然资源按组成物质可以分为土地资源、矿产资源、水资源、气候资源、生物资源，按用途可以分为生存资源和发展资源，按使用行业可以分为农业资源、旅游资源、工业资源等，按更替时间长短可以分为再生资源、可更新资源和不可再生资源，按消耗情况可以分为一次性资源和可回收利用资源等。

区域自然资源的分析评价一般针对第一种分类进行。另外，有时需要对旅游资源富集地区进行旅游资源的分析评价。为方便叙述，本节将旅游资源放在土地资源、矿产资源、水资源、气候资源、生物资源之后，一并进行介绍。

一、土地资源

土地是指由岩石、大气、水、生物、土壤互作用形成的自然综合体，它以岩石为载体，以土壤为核心，包括自然地理系统的各个要素，即土地就是具有一定厚度的地球表层系统。土地是重要的自然资源，也是区域自然资源的重要组成部分，还是区域发展的重要的物质基础。土地具有不可移动和可永续利用的特征。

作为区域载体，土地面积大小影响区域社会经济活动规模和承载能力。土地面积越大，区域社会经济活动的空间越大，选择性也越多。作为生产要素，土地数量与质量影响生产条件和生产成本。土地资源是人类最基本、重要、最宝贵的资源，也是资源之母。首先，我国有句古话为"万物土中生"，即土地是农业之本、万物之源。没有土地资源或土地资源不足将导致食物和棉花、油料等农产品的短缺，对人类的生存和发展构成巨大威胁。土地质量和数量是衡量一个国家国力的重要方面。其次，土地资源对人类的约束和影响巨大。人类首先在土地肥沃的区域繁衍生存，然后才逐步扩散到其他区域。黄河流域、恒河流域、尼罗河流域和两河流域在历史上都是土地极为肥沃的地区，繁衍了世界四大文明。至今，肥沃的土地仍然是区域发展的基础和重要资源条件。很显然，世界各地土地类型、质量和数量不同，能够承载的人口和经济也不同，不仅制约了人类的社会经济活动，还导致了人口分布、生产力水平和社会经济发展的空间差异。有的地区，如荒芜的沙漠、海拔较高、起伏巨大的山区等，由于土地质量较差，生产能力低下，人类难以在此定居发展，成为不毛之地；有的地区，如广阔的河流三角洲平原、盆地中心区域等，地势平坦、土地肥沃，因此人口稠密，经济兴旺。最后，土地资源是重要经济载体。人类的各种建筑物必须建立在土地之上，没有土地支撑，城市、道路、工厂等一切建筑都无从布局和安排，因此，土地资源对人类活动的制约非常大。

随着世界人口的不断增长和城市化水平的快速发展，土地资源越来越短缺，用地紧张逐步扩展到世界各地，供需矛盾突出，严重制约了社会经济发展，主要体现在如下几个方面：土地价格不断上涨，导致固定资产投资加大，生产总成本提高，增加了社会负担；耕地面积不断减少，威胁到人类的粮食安全；土地资源的过度利用，引起各种生态问题，如陡坡开荒引起水土流失，抽取地下水浇水灌溉引起土地盐碱化，毁林开荒、毁草开垦导致土地荒漠化等。

开展区域规划，分析评价区域规划条件时，不仅需要关注土地资源面积，还要关注土地资源的质量和土地结构——类型、数量结构与空间分布。

土地类型可以划分为自然类型和利用类型。作为区域规划的条件，两者都十分重要，不可偏废。从自然类型看，土地类型包括山地、丘陵、台地、盆地、平地、坝子等，不同的类型对应不同的地形和不同的自然地理环境特征，对社会经济的发展影响与要求也不同。土地利用类型是根据人类对土地资源的开发利用方向和特点而进行划分的，根据《土地利用现状分类》（GB/T 21010—2017），我国将土地利用类型分为耕地、园地、林地、草地、商服用地、工矿仓储用地、住宅用地、公共管理与公共服务用地、特殊用地、交通运输用地、水域及水利设施用地、其他用地等12个一级类、72个二级类。2020年11月，自然资源部发布《国土空间调查、规划、用途管制分类指南（试行）》（自然资办发〔2020〕51号）（简称《分类指南》），整合了原《土地利用现状分类》《城市用地分类与规划建设用地标准》《海域使用分类》等分类标准。《分类指南》共设置耕地、林地、草地等24种一级类，水田、旱地、乔木林地等106种二级类，以及村道用地、中小学用地等39种三级类，反映出国土空间配置与利用的基本功能。土地利用具体分类和相关类型的含义，可参考《土地利用现状分类》（GB/T 21010—2017）和《分类指南》。各利用类型反映了土地利用的现状和结构，也是区域社会经济活动的一种直观反映。

土地质量与用途有关，在农用地方面，主要考虑土地的肥力和限制因子，目前采用农用地分等定级进行确认，土地质量越高，对农业生产越有利。在建设用地方面，土地质量更多考虑的是地基承载力和地质灾害程度，土地质量越高，建设成本越低，安全性越好。

土地结构是土地类型在区域总土地面积的占比情况（即数量结构）和在区域内各类土地的空间搭配格局（即空间结构）。土地结构反映土地利用情况，是长期土地利用的结果。区域土地利用结构应与区域土地资源的特点和空间分布特征相协调，而土地利用应与资源优势相一致。土地利用结构的调整、优化是区域规划的一项重要规划事项。

二、矿产资源

矿产资源是重要的经济资源，也是现代经济活动的重要条件，还是大自然赐予区域的重要财富。矿产资源种类繁多，根据资源属性和主要用途可以分为金属矿产资源、非金属矿产资源、能源矿产资源和水气矿产资源。其中，金属矿产资源根据颜色可以分为黑色金属和有色金属，根据稀有性可以分为常见金属和稀有金属，根据价格高低可以分为贵金属和贱金属等。非金属矿产资源按类别可以分为建筑工业材料和化学工业原料等。

金属矿产资源是重要的经济资源。其中，有色金属种类繁多，如铜、铅、锌、铝等，在国民经济中扮演重要角色；黑色金属主要为铁矿石，是钢铁的基本原料，属大宗矿产，在国民经济中使用量巨大。稀有金属量少，但用途广泛，而且在电子、国防等工业领域作用重大。非金属矿产资源主要包括水泥、砂石等建筑材料，矿产、肥料资源及其他资源。

新兴的材料，如稀土、石墨烯等矿产资源，往往是国家的战略性资源，具有广阔的应用前景和重要的资源价值。

根据《中华人民共和国矿产资源法实施细则》，中国矿产资源分类细目如表3-3所示。

表 3-3　中国矿产资源分类细目

分类	矿种
（一）能源矿产	煤、煤成气、石煤、油页岩、石油、天然气、油砂、天然沥青、铀、钍、地热
（二）金属矿产	铁、锰、铬、钒、钛；铜、铅、锌、铝土矿、镍、钴、钨、锡、铋、钼、汞、锑、镁；铂、钯、钌、锇、铱、铑；金、银；铌、钽、铍、锂、锆、锶、铷、铯；镧、铈、镨、钕、钐、铕、钇、钆、铽、镝、钬、铒、铥、镱、镥；钪、锗、镓、铟、铊、铪、铼、镉、硒、碲
（三）非金属矿产	金刚石、石墨、磷、自然硫、硫铁矿、钾盐、硼、水晶（压电水晶、熔炼水晶、光学水晶、工艺水晶）、刚玉、蓝晶石、硅线石、红柱石、硅灰石、钠硝石、滑石、石棉、蓝石棉、云母、长石、石榴子石、叶腊石、透辉石、透闪石、蛭石、沸石、明矾石、芒硝（含钙芒硝）、石膏（含硬石膏）、重晶石、重石、天然碱、方解石、冰洲石、菱镁矿、萤石（普通萤石、光学萤石）、宝石、黄玉、玉石、电气石、玛瑙、颜料矿物（赭石、颜料黄土）、石灰岩（电石用灰岩、制碱用灰岩、化肥用灰岩、熔剂用灰岩、玻璃用灰岩、水泥用灰岩、建筑石料用灰岩、制灰用灰岩、饰面用灰岩）、泥灰岩、白垩、含钾岩石、白云岩（冶金用白云岩、化肥用白云岩、玻璃用白云岩、建筑用白云岩）、石英岩（冶金用石英岩、玻璃用石英岩、化肥用石英岩）、砂岩（冶金用砂岩、玻璃用砂岩、水泥配料用砂岩、砖瓦用砂岩、化肥用砂岩、铸型用砂岩、陶瓷用砂岩）、天然石英砂（玻璃用砂、铸型用砂、建筑用砂、水泥配料用砂、水泥标准砂、砖瓦用砂）、脉石英（冶金用脉石英、玻璃用脉石英）、粉石英、天然油石、含钾砂页岩、硅藻土、页岩（陶粒页岩、砖瓦用页岩、水泥配料用页岩）、高岭土、陶瓷土、耐火黏土、凹凸棒石黏土、海泡石黏土、伊利石黏土、累托石黏土、膨润土、铁矾土、其他黏土（铸型用黏土、砖瓦用黏土、陶粒用黏土、水泥配料用黏土、水泥配料用红土、水泥配料用黄土、水泥配料用泥岩、保温材料用黏土）、橄榄岩（化肥用橄榄岩、建筑用橄榄岩）、蛇纹岩（化肥用蛇纹岩、熔剂用蛇纹岩、饰面用蛇纹岩）、玄武岩（铸石用玄武岩、岩棉用玄武岩）、辉绿岩（水泥用绿岩、铸石用辉绿岩、饰面用辉绿岩、建筑用辉绿岩）、安山岩（饰面用安山岩、建筑用安山岩、水泥混合材安山玢岩）、闪长岩（水泥混合材用闪长玢岩、建筑用闪长岩）、花岗岩（建筑用花岗岩、饰面用花岗岩）、麦饭石、珍珠岩、黑曜岩、松脂岩、浮石、粗面岩（水泥用粗面岩、铸石用粗面岩）、霞石正长岩、凝灰岩（玻璃用凝灰岩、水泥用凝灰岩、建筑用凝灰岩）、火山灰、火山渣、大理岩（饰面用大理岩、建筑用大理岩、水泥用大理岩、玻璃用大理岩）、板岩（饰面用板岩、水泥配料用板岩）、片麻岩、角闪岩、泥炭、矿盐（湖盐、岩盐、天然卤水）、镁盐、碘、溴、砷
水气矿产	地下水、矿泉水、二氧化碳气、硫化氢气、氦气、氡气

矿产资源在地球上分布不均匀。矿产资源分布较集中的区域，如单一矿产的数量较大或者种类较多的区域，称为矿产资源的富集区。矿产资源的富集程度取决于地质构造等因素，是地球运动的结果。

一般来说，矿产资源的富集区往往是采矿工业的聚集地，也是现代工业比较发达的地区。区域矿产资源的种类、数量影响区域的经济发展方向和产业结构。在区域分析评价中，矿产资源是主要的分析评价对象之一，不可或缺。

矿产资源在区域经济发展中的作用巨大，如在资源富集地区，矿产资源的开发利用往往成为区域经济支柱。进行区域分析评价时，需要对区域拥有的矿产资源种类、数量、分布和开发利用条件进行分析评价，尤其是要明确区域的矿产资源优势，对优势资源做详细分析，为区域开发利用、促进区域发展打下基础。

三、水资源

水资源是指区域能够利用的地表或地下水体之和。区域的水资源是区域发展的基础性资源，也是农业等产业发展的重要支撑。水资源丰富的地区可承载的人口和产业规模较大，社会经济发展潜力较大；反之，水资源缺乏的地区可承载的人口和产业规模较小，社会经济发展潜力较小。

水资源的多少一般取决于降水的多少，降水丰富的地区，水资源丰富；反之，水资源短缺。但某些地区，因有河流经过，降水虽少，水资源却较丰富（包括客水、过境水量），如沙漠绿洲区域。

水资源分地表水资源和地下水资源两个部分，但二者可以相互转化。区域水资源总量包括区域本身的资源量和过境量。具体计算公式为

$$w = w_1 + \Delta w \tag{3-1}$$

式中：w——区域水资源总量；

　　　w_1——区域自有水资源量；

　　　Δw——区域进出水量，正值表示流入大于流出，区域水资源量净增加；负值表示区域水资源流入小于流出，区域水资源量净减少。

区域的水资源并不是可以全部开发利用，其可开发利用部分才是区域的经济资源量。在进行区域分析时，一般只考虑水资源的可利用量。

水资源的空间分布往往不均匀，即使在一个区域内，也存在水资源空间分布不均匀问题。水资源的空间分布对区域农业和区域城镇体系布局、工业选址等有重大影响。在进行区域规划时，需要对区域水资源空间分布进行分析，弄清楚区域水资源质与量的空间差异，为区域规划布局提供资源基础。

区域水资源开发利用受开发利用条件的影响和限制。有的区域水资源丰富，但开发利用条件较差。例如，从水资源数量上看，西南地区是我国水资源最富集的区域，但该区域地形条件为山地，地表起伏巨大，山高谷深，水资源难以被开发利用或开发利用成本较高。

此外，区域水资源分析还要考虑水资源的质量问题，水质对水资源的利用有较大影响。水质差，可用水资源量少；水质高，可用水资源量大。我国的地表水依据其水域环境功能和保护目标，按功能高低依次划分为五类：Ⅰ类主要适用于源头水、国家自然保护区；Ⅱ类主要适用于集中式生活饮用水地表水源地一级保护区、珍稀水生生物栖息地、鱼虾类产卵场、仔稚幼鱼的索饵场等；Ⅲ类主要适用于集中式生活饮用水地表水源地二级保护区、鱼虾类越冬场、洄游通道、水产养殖区等渔业水域及游泳区；Ⅳ类主要适用于一般工业用水区及人体非直接接触的娱乐用水区；Ⅴ类主要适用于农业用水区及一般景观要求水域。

四、气候资源

气候资源是指气候中的光、热、水、风等可用的气候要素或其组合。气候资源是重要的农业资源，也是重要的旅游资源。其中，光、风力资源是重要的清洁能源，可用于光伏发电和风力发电。气候资源对工业和人们的生活有重要影响。

气候资源与气候条件往往密不可分，一般将气候中可直接用于生产的光照（太阳）、热量、降水、风（能）等气象要素作为资源，而将冷热、干湿、阴晴、雨雪等天气状况作为自然条件。

光照既是植物光合作用的原料，也是重要的农业气候资源，还是重要的清洁能源；热量是指太阳辐射等产生的热能，也是重要的农业气候资源；降水很少直接作为资源参与生产生活之中，但其作为地表水和地下水的最主要来源，对区域水资源影响巨大。降水与水资源多数情况下可以等同使用。风是重要的能源——风力发电资源。某些特殊的气候现象和要素组合会形成特殊的气象气候景观，具有观赏价值和利用价值，因而是十分重要的旅游资源，如夏季凉爽的气候可以作为避暑旅游资源开展避暑旅游；雾凇、雪原、高山日出等可作为观光旅游资源。

区域气候资源分析评价需要明确区域拥有的资源种类、数量和分布。光照资源一般用日照时数、日照百分率指标来反映，热量用辐射值、活动积温等指标来反映，降水用降水量等指标来反映，风能用平均风速、等级等指标来反映，旅游气候资源则用类别指标，如雾凇、雪景、云海、日出、避暑之都等来反映。

五、生物资源

生物资源是指区域的动植物资源，一般用种类、数量指标来反映，包括物种资源、植物群落资源、野生资源等。

1）物种资源包括植物物种和动物物种资源。植物物种资源包括园林植物、经济作物、粮食作物、水果、药材、食用特色植物等；动物物种资源包括渔业资源、畜牧业资源等，其中畜牧业资源中未进行人类驯化的为野生物种，已经经过人类驯化的则为品种。

2）植物群落资源包括森林、草原等。森林包括天然林和人工林，其中人工林又包括用材林、经济林、防护林、生态林、景观林等。

3）野生资源是生物资源的重要组成部分，对区域具有重要意义。

六、旅游资源

旅游资源作为旅游活动和旅游产业的基础，在区域社会经济中具有重要作用。随着人们生活水平的不断提高，旅游的重要性日益增强，旅游资源越来越成为区域的重要资源。

凡能对旅游者产生吸引力并具备一定旅游功能和价值，可以为旅游业开发利用的自然和人文因素统称为旅游资源。旅游资源以自然为基础，包括各种自然和人文的现象、景观等。

旅游资源包括地文景观、水域景观、生物景观、天象与气候景观、建筑与设施、历史遗迹、旅游购品、人文活动等。近年来，攀岩、探险等体育旅游不断兴起，与其相关的各种自然、人文要素也逐步纳入旅游资源之列——体育旅游资源。根据《旅游资源分类、调查与评价》（GB/T 18972—2017），旅游资源的具体分类如表 3-4 所示。

表 3-4　旅游资源的具体分类

主类	亚类	基本类型	简要说明
A 地文景观	AA 自然景观综合体	AAA 山丘型景观	山地丘陵内可供观光游览的整体景观或个别景观
		AAB 台地型景观	山地边缘或山间台状可供观光游览的整体景观或个别景观
		AAC 沟谷型景观	沟谷内可供观光游览的整体景观或个体景观
		AAD 滩地型景观	缓平滩地内可供观光游览的整体景观或个别景观
	AB 地质与构造形迹	ABA 断裂景观	地层断裂在地表面形成的景观
		ABB 褶曲景观	地层在各种内力作用下形成的扭曲变形
		ABC 地层剖面	地层中具有科学意义的典型剖面
		ABD 生物化石点	保存在地层中的地质时期的生物遗体、遗骸及活动遗迹的发掘地点
	AC 地表形态	ACA 台丘状地景	台地和丘陵形状的地貌景观
		ACB 峰柱状地景	在山地、丘陵或平地上突起的峰状石体
		ACC 垄岗状地景	构造形迹的控制下长期受溶蚀作用形成的岩溶地貌
		ACD 沟壑与洞穴	由内营力塑造或外营力侵蚀形成的沟谷、劣地，以及位于基岩内和岩石表面的天然洞穴
		ACE 奇特与象形山石	形状奇异、拟人状物的山体或石体
		ACF 岩土圈灾变遗迹	岩石圈自然灾害变动所留下的表面痕迹
	AD 自然标记与自然现象	ADA 奇异自然现象	发生在地表一般还没有合理解释的自然界奇特现象
		ADB 自然标志地	标志特殊地理、自然区域的地点
		ADC 垂直自然带	山地自然景观及其自然要素（主要是地貌、气候、植被、土壤）随海拔呈递变规律的现象
B 水域景观	BA 河系	BAA 游憩河段	可供观光游览的河流段落
		BAB 瀑布	河水在流经断层、凹陷等地区时垂直从高空跌落的跌水
		BAC 古河道段落	已经消失的历史河道现存段落
	BB 湖沼	BBA 游憩湖区	湖泊水体的观光游览区与段落
		BBB 潭池	四周有岸的小片水域
		BBC 湿地	天然或人工形成的沼泽地等带有静止或流动水体的成片浅水区
	BC 地下水	BCA 泉	地下水的天然露头

续表

主类	亚类	基本类型	简要说明
B 水域景观	BC 地下水	BCB 埋藏水体	埋藏于地下的温度适宜、具有矿物元素的地下热水、热汽
	BD 冰雪地	BDA 积雪地	长时间不融化的降雪堆积面
		BDB 现代冰川	现代冰川存留区域
	BE 海面	BEA 游憩海域	可供观光游憩的海上区域
		BEB 涌潮与击浪现象	海水大潮时潮水涌进景象，以及海浪推进时的击岸现象
		BEC 小型岛礁	出现在江海中的小型明礁或暗礁
C 生物景观	CA 植被景观	CAA 林地	生长在一起的大片树木组成的植物群体
		CAB 独树与丛树	单株或生长在一起的小片树林组成的植物群体
		CAC 草地	以多年生草本植物或小半灌木组成的植物群落构成的地区
		CAD 花卉地	一种或多种花卉组成的群体
	CB 野生动物栖息地	CBA 水生动物栖息地	一种或多种水生动物常年或季节性栖息的地方
		CBB 陆地动物栖息地	一种或多种陆地野生哺乳动物、两栖动物、爬行动物等常年或季节性栖息的地方
		CBC 鸟类栖息地	一种或多种鸟类常年或季节性栖息的地方
		CBD 蝶类栖息地	一种或多种蝶类常年或季节性栖息的地方
D 天象与气候景观	DA 天象景观	DAA 太空景象观赏地	观察各种日、月、星辰、极光等太空现象的地方
		DAB 地表光现象	发生在地面上的天然或人工光现象
	DB 天气与气候现象	DBA 云雾多发区	云雾及雾凇，雨凇出现频率较高的地方
		DBB 极端与特殊气候显示地	易出现极端与特殊气候的地区或地点，如风区、雨区、热区、寒区、旱区等典型地点
		DBC 物候景象	各种植物的发芽、展叶、开花、结实、叶变色、落叶等季变现象
E 建筑与设施	EA 人文景观综合体	EAA 社会与商贸活动场所	进行社会交往活动、商业贸易活动的场所
		EAB 军事遗址与古战场	古时用于战事的场所、建筑物和设施遗存
		EAC 教学科研实验场所	各类学校和教育单位，开展科学研究的机构和从事工程技术试验场所的观光、研究、实习的地方
		EAD 建设工程与生产地	经济开发工程和实体单位，如工厂、矿区、农田、牧场、林场、茶园、养殖场、加工企业以及各类生产部门的生产区域和生产线
		EAE 文化活动场所	进行文化活动、展览、科学技术普及的场所
		EAF 康体游乐休闲度假地	具有康乐、健身、休闲、疗养、度假条件的地方
		EAG 宗教与祭祀活动场所	进行宗教、祭祀、礼仪活动场所的地方
		EAH 交通运输场站	用于运输通行的地面场站等
		EAI 纪念地与纪念活动场所	为纪念故人或开展各种宗教祭祀、礼仪活动的馆室或场地
	EB 实用建筑与核心设施	EBA 特色街区	反映某一时代建筑风貌，或经营专门特色商品和商业服务的街道
		EBB 特色屋舍	具有观赏游览功能的房屋

续表

主类	亚类	基本类型	简要说明
E 建筑与设施	EB 实用建筑与核心设施	EBC 独立厅、室、馆	具有观赏游览功能的景观建筑
		EBD 独立场、所	具有观赏游览功能的文化、体育场馆等空间场所
		EBE 桥梁	跨越河流、山谷、障碍物或其他交通线而修建的架空通道
		EBF 渠道、运河段落	正在运行的人工开凿的水道段落
		EBG 堤坝段落	防水、挡水的构筑物段落
		EBH 港口、渡口与码头	位于江、河、湖、海沿岸进行航运、过渡、商贸、渔业活动的地方
		EBI 洞窟	由水的溶蚀、侵蚀和风蚀作用形成的可进入的地下空洞
		EBJ 陵墓	帝王、诸侯陵寝及领袖先烈的坟墓
		EBK 景观农田	具有一定观赏游览功能的农田
		EBL 景观牧场	具有一定观赏游览功能的牧场
		EBM 景观林场	具有一定观赏游览功能的林场
		EBN 景观养殖场	具有一定观赏、游览功能的养殖场
		EBO 特色店铺	具有一定观光游览功能的店铺
		EBP 特色市场	具有一定观光游览功能的市场
	EC 景观与小品建筑	ECA 形象标志物	能反映某处旅游形象的标志物
		ECB 观景点	用于景观观赏的场所
		ECC 亭、台、楼、阁	供游客休息、乘凉或观景用的建筑
		ECD 书画作	具有一定知名度的书画作品
		ECE 雕塑	用于美化或纪念而雕刻塑造、具有一定寓意、象征或象形的观赏物和纪念物
		ECF 碑碣、碑林、经幢	雕刻记录文字、经文的群体刻石或多角形石柱
		ECG 牌坊牌楼、影壁	为表彰功勋、科第、德政以及忠孝节义所立的建筑物，以及中国传统建筑中用于遮挡视线的墙壁
		ECH 门廊、廊道	门头廊形装饰物，不同于两侧基质的狭长地带
		ECI 塔形建筑	具有纪念、镇物、标明风水和某些实用目的的直立建筑物
		ECJ 景观步道、南路	用于观光游览行走而砌成的小路
		ECK 花草坪	天然或人造的种满花草的地面
		ECL 水井	用于生活、灌溉用的取水设施
		ECM 喷泉	人造的由地下喷射水至地面的喷水设备
		ECN 堆石	由石头堆砌或填筑形成的景观
F 历史遗迹	FA 物质类文化遗存	FAA 建筑遗迹	具有地方风格和历史色彩的历史建筑遗存
		FAB 可移动文物	历史上各时代重要实物、艺术品、文献、手稿、图书资料、代表性实物等，分为珍贵文物和一般文物
	FB 非物质类文化遗存	FBA 民间文学艺术	民间对社会生活进行形象的概括而创作的文学艺术作品
		FBB 地方习俗	社会文化中长期形成的风尚、礼节、习惯及禁忌等
		FBC 传统服饰装饰	具有地方和民族特色的衣饰
		FBD 传统演艺	民间各种传统表演方式
		FBE 传统医药	当地传统留存的医药制品和治疗方式
		FBF 传统体育赛事	当地定期举行的体育比赛活动

续表

主类	亚类	基本类型	简要说明
G 旅游购品	GA 农业产品	GAA 种植业产品及制品	具有跨地区声望的当地生产的种植业产品及制品
		GAB 林业产品与制品	具有跨地区声望的当地生产的林业产品及制品
		GAC 畜牧业产品与制品	具有跨地区声望的当地生产的畜牧产品及制品
		GAD 水产品及制品	具有跨地区声望的当地生产的水产品及制品
		GAE 养殖业产品与制品	具有跨地区声望的养殖业产品及制品
	GB 工业产品	GBA 日用工业品	具有跨地区声望的当地生产的日用工业品
		GBB 旅游装备产品	具有跨地区声望的当地生产的户外旅游装备和物品
	GC 手工工艺品	GCA 文房用品	文房书斋的主要文具
		GCB 织品、染织	纺织及用染色印花织物
		GCC 家具	生活、工作或社会实践中供人们坐、卧或支撑与贮存物品的器具
		GCD 陶瓷	由瓷石、高岭土、石英石、莫来石等烧制而成，外表施有玻璃质釉或彩绘的物器
		GCE 金石雕刻、雕塑制品	用金属、石料或木头等材料雕刻的工艺品
		GCF 金石器	用金属、石料制成的具有观赏价值的器物
		GCG 纸艺与灯艺	以纸材质和灯饰材料为主要材料制成的平面或立体的艺术品
		GCH 画作	具有一定观赏价值的手工画成作品
H 人文活动	HA 人事活动记录	HAA 地方人物	当地历史和现代名人
		HAB 地方事件	当地发生过的历史和现代事件
	HB 岁时节令	HBA 宗教活动与庙会	宗教信徒举办的礼仪活动，以及节日或规定日子里在寺庙附近或既定地点举行的聚会
		HBB 农时节日	当地与农业生产息息相关的传统节日
		HBC 现代节庆	当地定期或不定期的文化、商贸、体育活动等

第四节 区域社会经济条件

一、基础设施

基础设施是指为区域的生产生活提供一般性条件的公共服务设施和基本条件，如交通、电力、供水、通信、医疗卫生、教育等设施。基础设施一般指硬件设施。

（一）交通设施

交通设施是区域首要的基础设施，主要指道路、码头、机场等硬件设施，还包括交通管理等软件设施和条件。其中，道路包括公路、铁路、水路（航道）等。

但交通基础设施不包括运输工具。交通基础设施的好坏，不仅要看道路、场站、码头等的等级与类别，还要看其是否形成体系（网络）。单一道路，如公路构成的路网是一维网；陆面道路，即公路、铁路构成的路网是二维网；陆路、水路、航空构成的路网是三维网。

区域交通基础设施的发达与否，取决于路网的形式、密度及道路等级是否有机结合。公路和铁路均有等级的划分，公路一般分为高速公路、一级公路、二级公路、三级公路、四级公路等；铁路一般分为客运专线、货运铁路，其中客运专线又分为高速铁路、城际铁路、普通铁路等。另外，铁路交通还包括场站设施，如编组站、客运站等。多条道路交叉的区域一般称为交通枢纽。水路航道也有等级之分。

高速铁路作为我国新兴的交通形式，目前发展迅猛，除西藏外，高铁网络已经基本覆盖各省（市、自治区）。随着《中华人民共和国国民经济和社会发展第十四个五年规划和 2035 年远景目标纲要》的落实，我国高铁交通设施将进一步完善和优化。

（二）电力设施

电力设施包括电源、输配电设施。

1）电源即为发电厂，包括火电、水电等传统电源，也包括风电、核电、光伏发电、潮汐发电等新兴电源。从区域基础设施来说，电源并不一定要越多越好，但一定要有足够的供电能力并保证供电的稳定性。一般来说，电源种类越多、数量越大、分布越均衡，供电的稳定性就越好，安全性就越高。

2）输配电包括输电线路和变电站：①输电线路分为高压、特高压、低压输电线路；②变电站分为升压变电站和降压变电站两类，常见的一般都是降压变电站。我国发展的特高压、远距离输电技术，实现了大跨度、超长距离的"西电东送"，基本解决了我国能源和用电分布的空间不匹配问题。电力供应的充足性、稳定性大幅度提高，远优于世界各国。

电力是现代社会正常运转和各种生产正常开展的重要因素，充足、安全、可靠的电力供应更是区域发展的重要保障。作为基础设施，电力设施极其重要。

（三）供水设施

供水设施同电力设施的作用和组成基本相似。供水设施包括水源、输水设施、净水设施、配水设施等，其中，水源、输水和净水设施，是区域重要的基础设施。

1）区域使用的水源一般为地表水源和地下水源，可以是以一种为主，也可以是二者有机结合。地表水源包括河流、湖泊、水库等；地下水源包括泉水和井水，其中井水又包括普通井和机井（抽采井水）。

2）输水方式包括渠道输水和管道输水两种，其设施包括取水口设施、泵站、渠（管）道、升压变电站、高位水池、分流闸等。管道输水的安全性、可靠性等高于渠道输水。

3）净水设施是指自来水厂，主要进行泥沙的沉淀、消杀、分配和计量。

4）配水设施是指对居住小区、工业园区与农田水利进行用水分配的相关设施。

（四）通信、医疗卫生、教育设施

通信设施包括电话、网络等通信基站与线路，与输电设施相似。医疗卫生设施主要是指医院及其床位数量、医生数量及各种医疗设备条件等。与医疗卫生设施类似，教育设施包括各类学校数量、学生容量、教师及各种教学设备条件。

区域基础设施是衡量区域人们生活水平高低的指标，完备的区域基础设施不仅是区域社会经济发展的前提条件，也是区域现代化的重要标志。作为区域发展基础的区域基础设施，其与区域发展水平相关，需要经历一个逐步发展、完善的过程。

二、人口与劳动力

人口是区域的活跃要素，既是生产者，又是消费者，并且既是区域的基本构成要素，又是区域的发展驱动因子。

人口作为区域社会经济要素，首先是作为生产者发生作用的。人口的数量、结构和素质及其增长、迁移都会对区域经济和社会活动产生巨大影响。人口作为生产者也就是劳动者，需要一定的体力和智力，因此并不是所有的人口都是生产者。生产者只是人口中具有劳动能力、能够从事相应劳作的人口，一般是指青壮年人口，具体是指16～60岁的人口，尤其是健康人口（在这部分人口中，学生作为一个特殊人群，虽然具有劳动能力，但却并不从事劳动，只能算潜在劳动人口）。一般来说，区域人口数量大、劳动人口比重高，劳动力供应充足，对区域生产活动有利；反之，则会产生劳动力供应不足问题。当然，如果劳动力数量过大，而社会和企业不能够容纳其充分就业的话，待业和失业等社会问题就会出现。

作为消费者的人口，其消费是最终消费，这也是经济活动中的三大驱动力之一。对于衣食住行等刚性消费，人口的多少决定消费数量的多少；对于娱乐、文化等非刚性消费，在不考虑消费能力的情况下，人口的多少也直接影响消费的数量。因此，人口的多少对区域消费和区域经济发展影响巨大。因为人既是生产者又是消费者，所以人口的增减、迁移等会对经济活动和社会活动产生深远影响。

区域规划条件中的人口，一般用人口总量（城镇人口、农业人口、少数民族人口及其比重）、人口结构（人口年龄、性别、民族等）、人口文化素质、人口增长率等指标来反映。

三、经济概况与经济发展水平

1. 经济概况

经济概况由区域经济发展水平、阶段，区域经济总量，第一、第二、第三产业产值及比重，主要产品产量和经济增长情况，财政收支，社会商品零售总额，人均可支配收入等构成。

2. 经济发展水平

经济发展水平大多由发展阶段来衡量。发展阶段是经济学家根据经济发展的阶段性特征划分出来的，不同的区域经济发展处于不同的阶段。经济发展阶段直接反映区域发展的水平和未来的潜力。不同的经济学发展理论所划分的阶段不同，如罗斯托经济成长阶段论为传统社会阶段（农业社会）—起飞创造前提阶段—起飞阶段—向成熟推进阶段—高额群众消费阶段—追求生活质量阶段，钱纳里工业化阶段理论为不发达经济阶段（农业社会）—工业化初期阶段（采矿、食品等初级产品，劳动密集型）—工业化中期阶段（制造业大规模发展，重化工；城市化）—工业化后期阶段（第三产业）—后工业化社会（生活方式现代化，耐用消费；技术密集型）—现代化社会（休闲社会；知识和智能密集型）；胡佛-费希尔区域经济增长阶段理论为自给自足阶段—乡村工业崛起阶段—农业生产结构转换阶段—工业化阶段—服务业输出阶段。

经济总量一般用国内生产总值（gross domestic product，GDP）、生产量等反映。值得注意的是，随着我国对外投资的不断增加，海外收入在国民经济中的比重逐步增大，特别是沿海发达地区的海外收入在国民经济中的比重较大，GDP已经不能正确反映区域经济总量水平，用国民生产总值（gross national product，GNP）来反映更为合适。

区域经济概况还需要考虑经济特色、经济支柱等方面。其中，经济特色包括特色产业、独有产品（如土特产）等。

四、产业与产业结构

产业是区域经济的支柱，产业结构是各行业在国民经济体系中的比例及其因此而形成的经济关系。产业分类方法较多，常划分为传统的工业、农业和服务业，也可以划分为第一、第二、第三产业，还可以划分为轻工业、重工业，或者划分为新兴产业和传统产业、支柱产业与一般产业、主导产业与辅助产业等。识别区域有哪些产业、产业结构是否先进合理，是区域经济现状分析的重要内容。

某个时期，区域具有的产业和产业结构既有发展阶段的原因，也是区域自然、社会经济条件使然，具有明显的阶段性和区域特色。区域产业和产业结构反映了区域经济的基本特征，尤其是支柱产业、主导产业和特色产业能较好地反映区域经济的特征。其中，支柱产业是区域现阶段对 GDP 贡献最大的产业，对国民经济起支撑作用，在区域经济中举足轻重；主导产业是区域未来的引领产业，其技术先进，辐射带动作用较好，发展潜力较强；特色产业是指区域内特有的、具有明显比较优势的、有别于其他区域的产业，其可以是传统产业，也可以是新兴产业。识别和确定区域的支柱产业、主导产业和特色产业，对区域经济分析有重要意义。

我国一般按国家标准对产业进行分类。《国民经济行业分类》（GB 4754—1984）发布于 1984 年，几经修订后，最新标准于 2017 年 10 月 1 日起实施。《国民经济行业分类》（GB/T 4754—2017）将我国的国民经济行业划分为 20 个门类（表 3-5）、97 个大类、473 个中类、1380 个小类。

表 3-5 国民经济行业分类

门类	大类	中类	小类
A 农、林、牧、渔业	5	24	72
B 采矿业	7	19	39
C 制造业	31	179	609
D 电力、热力、燃气及水生产和供应业	3	9	18
E 建筑业	4	18	44
F 批发和零售业	2	18	128
G 交通运输、仓储和邮政业	8	27	67
H 住宿和餐饮业	2	10	16
I 信息传输、软件和信息技术服务业	3	17	34
J 金融业	4	26	48
K 房地产业	1	5	5
L 租赁和商务服务业	2	12	57
M 科学研究和技术服务业	3	19	48
N 水利、环境和公共设施管理业	4	18	33
O 居民服务、修理和其他服务业	3	16	32
P 教育	1	6	17
Q 卫生和社会工作	2	6	30
R 文化、体育和娱乐业	5	27	48
S 公共管理、社会保障和社会组织	6	16	34
T 国际组织	1	1	1
合计	97	473	1380

区域产业结构一般是指三大产业占国民经济的比重。第一产业是农、林、牧、渔业，第二产业是加工制造业，第三产业是服务业。第一产业是指直接从自然界获取产物的产业（也称为采集业），最初的划分包括农、林、牧、渔业和采矿业；第二产业是指将第一产业采获的产品进行加工，以及人类根据采集到的原料按照科学技术原理，制造出的自然界不存在的产品的行业，包括加工业、制造业，有的还包括建筑业。第三产业是指提供劳务的产业，即通过人的劳动，服务社会经济各种活动和需要的产业，第三产业不提供具体的制成品，只提供服务。但是后来发现，第三产业其实也提供制成品，如科学技术服务的设计成果等。第三产业可以简单地划分为传统服务业和现代服务业。

区域产业结构存在从低级向高级逐步演变的过程。早期，产业分化出来的种类少，只有第一产业，甚至最初只有采摘业，之后随着技术进步，种类逐渐增加。进入传统社会阶段后，第一产业一直稳居国民经济的第一大产业，并且延续了漫长的岁月。第二产业和第三产业是随着人类的技术进步和群居规模的扩大而产生的，但长期停留在低级阶段，加工制造业种类少，以农产品加工和农具、生活用品制造为主，其他较少。直到工业革命后，加工制造业才迅猛发展，并逐步取代第一产业成为国民经济的支柱产业。伴随第二产业的高速发展，第三产业也快速发展，不但规模不断扩大，而且范围和种类也越来越多，现代服务业逐渐衍生出来，并成为现代社会重要的产业之一。

区域产业结构从低级到高级，可以划分为三种形态，即 1-2-3 型、2-1-3 型、3-2-1 型。其中，第一种形态为低级形态，即第一产业在国民经济中的比重最大，其次是第二产业，最后是第三产业；第三种形态为高级形态，即第三产业在区域国民经济中的比重最大，第一产业占比最小。需要注意的是，并不是每个区域的产业结构都要向高级形态发展才是正确的方向、区域经济结构才是合理的。具体的产业结构合理性除了与等级有关外，还与区域资源结构等有关，如农业资源丰富的区域，第一种产业结构是合理结构，且应该长期存在。

五、区域优势

区域优势是指区域具有的某些特有条件或要素使该区域具有与其他区域相比较而言的竞争能力。它可以是单个要素，也可以是区域要素的组合——综合竞争力，如交通方便、劳动力数量充足、自然资源丰富、环境优美、技术先进、资金充裕等均可以构成区域优势。区域优势既可以是数量与规模的优势，也可以是品质与独有性的优势；既可以是成本方面的优势，也可以是形象方面的优势；等等。

　　区域优势是比较优势，需要与其他区域相比较才能显现，而且区域优势是有时间限制的，也是有层次和范围的。如果某区域具有与全世界其他区域相比的优势，则为全球优势；如果仅限于国内，则为国内优势；如果只局限于某地，则为区域性优势。

　　区域优势可以转换为区域竞争力。区域竞争力是区域在获得发展机会、赢得市场等方面的能力。区域越具有优势，区域竞争力越强，区域在发展中获得的机会就越多，区域就越容易在竞争中取得更多的利益或好处。区域竞争力是多方面的，也是十分复杂的，涉及资源环境、生产要素、文化、政治、制度等社会经济各方面。

第四章 区域规划条件调查

第一节 区域规划条件调查概述

区域规划条件调查（又称区情调查）是指人们为满足规划对区域资料的需要等目的，有意识地通过对区域自然、社会现象的考察、了解、分析、研究，以获得有关区域的自然、社会、经济等方面的信息、数据，为区域规划、政策决策等提供基础资料、基本数据和区域特征识别（文字、表格、图件等调查研究成果）等的基本过程。区域规划条件调查包括调查与分析两部分，二者相互独立，但又密不可分。没有调查，就没有分析的基础；没有分析，调查结果就没有用处。

一、区域基础资料的收集、整理

区域基础资料的收集、整理是指对前人已经完成的调查成果、统计资料和已经编制的各项规划成果资料的收集、整理的过程，其中，资料包括图件资料、报告和相关表格资料等。资料的收集、整理一般有两条路径：一是文献查阅，二是现场调查。

1. 文献查阅

区域资料可以从区域相关研究文献中查阅、截取。区域文献资料包括两种：一是区域统计资料——社会经济统计公告（如《2016年贵州省国民经济和社会发展统计公报》）、统计年鉴（如《贵州统计年鉴2015》《贵阳市统计年鉴2012》）等，地方志资料（含专项的方志，如《贵州省志：水利志》等），专项调查资料和数据，研究报告（《贵州人口》），区域专题地图或地图集（如《贵州人口经济地图集》），区域地理专著（如《贵州地理》《贵州经济地理》）等，此为公开资料；二是未公开出版的研究成果资料、调查统计资料等内部资料。历史资料一般封存于档案馆，现状资料散布于各行业部门、机关单位。也有专门的研究机构对区域资料进行整理归档的情况，并建立专业网站和数据库，可以通过相关途径获取，如喀斯特研究方面的各种基础数据、研究文献等，贵州师范大学南方喀斯特研究中心就建立有专业网站和数据中心，收录了大量的喀斯特区域基础数据信息和研究成果，可供调阅、下载使用。国内外类似的这种专业机构和专业数据库均较多。

公开出版的资料可以直接购买，也可以从现有图书馆、档案馆等馆藏中获得，还可以从相关部门获取。非公开出版的资料必须到相关部门进行收集、整理。

进行资料收集，首先要了解应收集哪些资料，如是公开出版的还是非公开出版的，是哪个部门完成的，现存放于哪个部门或机构，等等。然后根据了解到的信息，有针对性地采取措施，获取进行区域规划所需的基础资料。

如果对区域资料及其存放情况不熟悉，应该首先进行预调研，如先到调查区域与相关熟悉情况的人进行座谈、交流，做到心中有数后再进行资料收集方案的设计、安排，然后进行实地调查和资料收集工作。

2. 现场收集

区域基础资料的收集还可以通过座谈会等方式现场获取。座谈会实际上是规划的专题调研会议，可以归为区域调查方法之列，同时也是资料收集整理之法。从资料收集整理角度看，座谈会上的各方代表和各行业专家对区域情况及区域的相关规划较熟悉，能够提供很多关于区域基础和规划资料的信息，包括资料名称、资料编制及归属单位、时间和收集途径等。了解这些信息后，调查人员可以有针对性地去相关部门进行基础资料的收集。同时，座谈会上也会有很多部门的负责人和技术人员，因此可以在会上就基础资料的收集进行沟通和协调，即在座谈会上就可以基本解决，座谈会后仅是落实。

区域基础资料收集后，需要在室内进行分析、整理。整理包括归类、登记、装袋（箱）等；分析包括分析资料的完整性、真实性、可靠性和适用性，通过分析，将不符合要求的资料剔除在外，将符合要求的重新登记、归档。

如果经过一轮资料收集、整理后，发现还有缺项，则应该进行补充调查和二次收集。补充性资料收集，如果缺项不多，资料收集、整理工作量不大，可以委托当地相关人员进行；如果缺项太多，资料收集、整理工作量较大，则应亲力亲为。

二、区域规划条件调查的一般方法

（一）普查法

对区域全部范围进行全面的、详细的调查即为普查。普查的"普"即为普遍的意思，普查就是普遍调查，也可称为全面调查，其是指对调查对象全部（根据调查情况具体划分，可以是个体，也可以是群体）逐个进行的调查。

我国的普查工作开展周期较长，也比较普遍。1994年，国务院批准建立了五个国家普查项目，即人口普查、农业普查、工业普查、第三产业普查、基本单位普查。2003 年，国务院调整了普查项目和周期，调整后的普查减为三项，即人口普查（10 年 1 次）、经济普查（10 年 2 次）、农业普查（10 年 1 次）。全国土地资源调查、林业资源调查等也属于普查性质的全国调查，已经进行过多轮。2011 年，水利部也开展了第一次全国水利普查。

普查可分为逐级普查、快速普查、全面详查等。逐级普查是指按行政区、公司、单位等从下而上逐级进行的调查，一级一级向上汇总，最后得到总的数据；快速普查是指使用简单、快捷的调查方式迅速获得调查结果的方法，常使用报表、电话、网络等工具进行快速的调查汇总，如通过要求各级逐级填报报表，可迅速获得从最低级到最高级的各级和汇总的调查数据资料。全面详查是指进行非常详尽的调查。

在社会经济普查方面，普查有两种具体的调查方式：一是填表法，即由上级组织制定普查表，由下级根据已掌握的资料填报，如国家各系统、各部门实施的年报制度和部分社会经济普查常采用该方式；二是直接登记，即组织普查机构和人员，对调查对象的全部单位直接进行登记，如人口普查、经济普查等常采用该方式。

在资源调查方面，常采用遥感调查与实地调查相结合的方式展开。遥感调查主要获取面上数据，如斑块、面积、长度等；实地调查则对遥感调查不易获取的调查对象、调查信息进行调查、登记，也包括对遥感调查进行实地验证、补充调查等。

普查的优点是调查资料的全面性与准确性，缺点是工作量大，耗时长，所需经费多，组织工作复杂，时效性差。因此，普查只能调查一些基本的、重要的项目，很难对规划的所有问题进行深入研究。

（二）抽样调查法

1. 抽样调查概述

抽样调查法是指从调查对象全体或整体中抽取出一部分作为调查对象，用该部分代表全体或整体，然后对抽出部分进行调查研究，并用该部分的调查结果按一定的数学规则推出总体特性的方法。例如，医生诊治患者，为获得患者的病毒、细菌感染情况，就采用抽血化验的方式调查，抽取患者的小部分血液用于化验，以该血液的指标反映患者的整体情况。

抽样调查法还是一种将数学方法运用于调查研究的有效手段，它有三个突出特点：①按随机原则抽选样本；②总体中每一个单位都有一定的机会被抽中；③可以用一定的概率来保证将误差控制在规定的范围内。这三个特点可以确保抽样调查不同于典型调查，也可以确保调查的有效性和科学性。

与普查相比，抽样调查费时少、工作量小，能大量节约人力、物力和财力，可以十分迅速地获得相关资料和数据，而且有较好的准确性。抽样调查是一种节约人力、物力的"权宜之计"，但是十分重要的调查研究方法，广泛运用于各种自然研究和社会经济活动中。

抽样调查的几个关键词为总体与样本、抽样、抽样单位与抽样框、参数值与统计值、置信度与置信区间，具体介绍如下。

（1）总体与样本

总体是指全部调查对象，样本则是指从总体中抽取出来的部分调查对象。例如，进行以村为单位的农村人口数量调查时，将进行调查的行政区域范围内各行政村的全部人口作为抽样调查的总体，按一定规则从中抽取出的少数几个行政村的人口即为抽样调查的样本。

（2）抽样

抽样是指从总体中按一定的方式选择或抽取样本的过程。抽样有多种方式，不同的抽样方式的要求和形式也不同。

（3）抽样单位与抽样框

抽样单位是指抽样过程中使用的单位，它可以是调查对象，也可以是调查对象的某种集合体，如抽样调查中，个人为调查对象，行政村为抽样调查单位；抽样框即抽样范围，指一次直接抽样时总体中所有抽样单位的名单，如行政区内的全部行政村的名单，一般列表表示。

（4）参数值与统计值

参数值又称总体值，是对总体的某种特征或属性的综合数量表现；统计值又称样本值，是根据样本计算出来的关于样本变量的数量表现。

（5）置信度与置信区间

置信度（简称信度）是反映抽样调查误差大小的指标，即抽样调查结果的可信程度，也是总体参数值落在样本统计值某一区间范围的概率。上述"某一区间"即为置信区间。若信度为95%，则表示抽样调查结果能够代表总体情况的程度达95%，或者说被调查对象的特征值落在通过抽样调查得出来的统计值范围内的概率为95%。

2. 抽样调查方案

进行抽样调查，需要设计一个抽样调查方案。调查方案设计是指对整个调查工作进行规划，确定调查目的，制定调查策略，确定调查途径，选择恰当的方法等。同时，它还包含制定详细的操作步骤等内容。总而言之，调查方案设计就是编制调查的技术路线。抽样调查方案就是抽样调查的思路与做法的总体考量。一个完整的抽样调查方案应包括如下内容。

（1）抽样调查的目的、任务和要求

抽样调查的目的是指通过开展抽样调查所获得的信息和数据，抽样调查的任务和要求是指调查要完成的具体的调查事项和指标，二者相辅相成。明确调查的目的、任务和要求是进行调查的第一步，也是确保调查质量的前提。

（2）抽样方法

抽样方法有许多种，主要分为随机抽样和非随机抽样。其中，随机抽样又称为概率抽样，包括简单随机抽样、系统抽样、分层抽样、整群抽样、多阶段抽样等；非随机抽样又称为非概率抽样，包括方便抽样、配额抽样、判断抽样和滚雪球抽样等。

进行抽样调查时，应根据调查对象的特征，抽样的目的、任务和要求等选择抽样方法。值得注意的是，有些抽样方法不适用于自然现象和事物的调查，只适用于社会经济研究。

1）随机抽样。

随机抽样是指按随机原理产生样本的抽样调查方式。随机原理如下：每一个个体有同等机会被抽取，每一个个体的抽取都是随机的、相互独立的。随机抽取就是保证总体中的每一个个体都有同等的机会入选样本。

① 简单随机抽样。简单随机抽样是随机抽样的最基本形式，它没有明确的抽样规则，按规定的样本数随意进行抽取样本，因此也可以称随意抽样或随便抽样。例如，在100个乡镇中，随机抽取5个乡镇，没有面积、人口、GDP等限制和要求，也没有地理位置、民族和辖区等规定，即不管用什么方式，随便抽取5个乡镇即可。

简单随机抽样的方法有直接抽选法、抽签法、随机数字表法等形式。直接抽选法是直接从总体中取出样本；抽签法是先将调查单位编号（样本框），然后抽出编号，再根据编号对应确定调查单位；随机数字表法是先编一个号码表，然后利用随机号码表抽取样本的方法。其中，随机号码表又称为"乱数表"，是将抽样对象进行编码——随意给定一个号码，所形成的码表。

② 系统抽样。系统抽样又称为等距抽样或机械抽样。它是把总体的单位进行编号排序后，再计算或确定出某种间隔，然后按这一固定的间隔抽取个体的号码来组成样本的方法。

系统抽样的重要前提条件是总体中个体的排列。相对于研究的变量来说，排列是随机的，即不存在某种与研究变量相关的规则分布，否则系统抽样的结果将会产生极大的偏差。例如，在前述抽样调查中，按系统抽样法抽样时，首先将100个乡镇按一定的规则进行排序，如按面积大小或者按人口多少排序；然后设定抽样间距，如每隔10个号或者20个号抽一个样本；最后按照确定的规则进行抽样。

系统抽样的一个优点是不需要多次使用随机数字表抽取个体，只需要按间隔等距抽样即可；另一个优点是样本在总体中的分布更均匀，因而抽样误差（sampling error，SE）不大于简单随机抽样。

③ 分层抽样。分层抽样又称为类群抽样，它首先将总体中的所有单位按某种特征或标志（如面积、GDP、地域等）划分成若干类型或层次，然后在各个类型或层次中采用简单随机抽样或系统抽样的办法抽取一个子样本，最后将这些子样本合起来构成总体样本的方法。例如，在前述抽样调查中，首先按面积大小进行分类，如分 5 类（层），即不小于 1000 km^2、500～1000 km^2、100～500 km^2、10～100 km^2、不大于 10 km^2；然后在每一个类（层）中抽取 1 个乡镇为调查分析的子样本，共抽出 5 个乡镇；最后将抽出的 5 个乡镇作为总样本。

分层的标准是以分析的主要变量或相关变量作为分类的依据，划分出来的层次或类需要保证各层内部同质性强，各层之间异质性强（内部为最大一致性、外部为最大差异性），以已有明显层次区分的变量作为分层变量。抽样时可以按比例分层抽样，也可以不按比例分层抽样，具体根据实际决定。

分层抽样的优点是在不增加样本规模的前提下降低抽样误差，把异质性较强的总体分成一个个同质性较强的子总体（类），以便于了解总体内不同层次的情况。

④ 整群抽样。整群抽样按某种标准将总体的各调查单位合并或划分为一些组或群，抽样时以"群"作为一个抽样单位，然后对抽出的群中的所有单位实施调查。例如，在前述抽样调查中，首先将 100 个乡镇按喀斯特石漠化程度划分为 4 个群，即强度石漠化、中度石漠化、轻度石漠化、非喀斯特（每个群包括 20 个乡镇）；然后对这 4 个群进行抽样，抽取 1 个群作为调查的单位；最后对抽取的这个群中的 20 个乡镇逐一进行调查。

整群抽样以群为抽样对象，减少了抽样的复杂性。整群抽样的抽样单位不是单个的个体，而是成群的个体。整群抽样的优点是不需要所有元素的详细名单，简单，费用低；缺点是样本的分布面不广，代表性相对较差。

分层抽样和整群抽样方法比较接近，但二者的抽样方式还是有所区别的，具体如下：分层抽样是先分层，然后逐层对调查单位进行抽样，其中层数就是样本容量；整群抽样是先分群，然后对群进行抽样，其中群中单位的个数才是样本容量。

⑤ 多阶段抽样。多阶段抽样是按抽样元素的隶属关系或层次关系，把抽样分为几个阶段，如按"城市—区—街道—居民委员会—家庭—个人"的顺序进行的抽样调查，具体如下：先进行城市抽样，从若干城市中抽出一个或几个城市作为对象；再在抽出的城市中进行抽样，即区的抽样；然后在抽出的区内进行街道抽样，并依次进行居民委员会、家庭、个人抽样，抽出调查的对象样本。

多阶段抽样适用于范围大、总体数量多的调查。优点是不需要总体的全部名单，各阶段的抽样单位数一般较少，容易操作；缺点是每一个阶段都存在误差，最终累计的抽样误差可能较大。在进行多阶段抽样时，应尽量增加开头阶段的样本数，适当减少最后阶段的样本数。

2）非随机抽样。

① 方便抽样。方便抽样又称为偶遇抽样或自然抽样，是指调查人员根据实际情况，以"方便自己"的形式去抽取调查对象，或者仅选择那些离得近、易找到的人作为对象等。常见的街头随访或拦截式访问、邮寄式调查、报纸夹带的问卷调查等都属于方便抽样的方式。优点是方便、省力、速度快，但是样本的代表性差，带有很大的偶然性。

② 配额抽样。配额抽样依据可能影响调查对象特征的各种因素对总体进行分类，并计算出不同特征的成员占总体的比例，然后依照比例构成来确定样本和样本数量。例如，在前述的抽样调查中，总体有 100 个乡镇，进行配额抽样时，首先，按面积分为 5 个级别的乡镇，即不小于 1000 km^2、$500 \sim 1000\text{ km}^2$、$100 \sim 500\text{ km}^2$、$10 \sim 100\text{ km}^2$、不大于 10 km^2；其次，统计各乡镇的面积，得出各乡镇的面积所属类别，如面积不小于 1000 km^2 的有 10 个乡镇，$500 \sim 1000\text{ km}^2$ 的有 20 个乡镇，$100 \sim 500\text{ km}^2$ 的有 30 个乡镇，$10 \sim 100\text{ km}^2$ 的有 30 个乡镇，不大于 10 km^2 的有 10 个乡镇；再次，计算各级乡镇数占总数的比例，计算结果如下：面积不小于 1000 km^2 的乡镇占 10%、$500 \sim 1000\text{ km}^2$ 的乡镇占 20%、$100 \sim 500\text{ km}^2$ 的乡镇占 30%、$10 \sim 100\text{ km}^2$ 的乡镇占 30%、不大于 10 km^2 的乡镇占 10%；最后，按该比例确定各级的抽样数量，具体如下：如果最小样本数为 10，则面积不小于 1000 km^2 的乡镇抽取 1 个，$500 \sim 1000\text{ km}^2$ 的乡镇抽取 2 个，$100 \sim 500\text{ km}^2$ 的乡镇抽取 3 个，$10 \sim 100\text{ km}^2$ 的乡镇抽取 3 个，不大于 10 km^2 的乡镇抽取 1 个。

③ 判断抽样。判断抽样又称为立意抽样，是调查者根据调查的目标和自己的主观分析来选择调查对象的抽样方法，它强调"调查者的主观判断"。判断抽样的关键是确立抽样标准，这种方法的运用与调查者本人的因素，如理论修养、实践经验及对调查对象的熟悉程度有关，多用于无法确定总体边界，总体规模小，调查所涉及的范围较窄，调查时间、人力等条件有限而难以进行大规模抽样的情况。

判断抽样的优点是可以充分发挥调查研究人员的主观能动性，特别是当对调查对象的情况较熟悉，且调查者本身的分析判断能力较强、经验较丰富时，采用这种方法方便可行；缺点是样本的代表性难以判断，不能推广开展。

④ 滚雪球抽样。滚雪球抽样是先在几个明确的调查对象中进行抽样，然后再通过他们得到同类的其他调查对象，以此类推，逐步扩大样本范围，最终完成抽样调查的一种权宜抽样方法。如果调查对象情况不太清楚时，可以采用滚雪球抽样逐步明晰调查对象，完成调查任务。滚雪球抽样多用于社会调查中。在自然调查方面，滚雪球抽样虽然可以使用，但使用不多。

（3）调查对象的范围和抽样单位

调查对象的范围包括调查的空间（区域）范围、时间跨度和调查对象范围（即总体）。抽样单位是指抽样的具体对象。每次抽样调查都需要认真分析，明确调查的范围和抽样单位，确定样本框。抽样调查必须回答的基本问题是：什么样的人或事情是人们感兴趣的总体？在应用前，必须审核其完整性和准确性，如有无遗漏、有无列于名单上但实际不存在的个案、名单上的个案有无重复或不属研究范围等。

（4）抽样调查的精度或误差要求

抽样调查是不完全的调查，是用小量代替整体的一种调查方法。不论采用何种抽样方式，均不可避免地存在与总体的差异，即误差不可避免。针对调查要求，调查方案的重要内容是确定调查精度或误差要求。精度或误差一般用信度表示。信度反映的是调查精度要求。一般抽样调查信度不得小于85%，最常用的精度标准是95%。

（5）样本量

抽样的样本数量越多，调查结论越具有代表性，调查精度就越高，工作量也就越大。按照一定的规则设计确定抽取的样本量使调查样本数量既满足精度要求、工作量又不太大（即既经济又科学），是抽样调查方案的基本任务。因此，只要条件允许，样本量越大越好。决定样本量大小的一般准则是，在调查者所能或愿意付出的资金、时间、人力等的最大限度前提下抽取最大的样本量。

研究表明，调查对象的异质性程度与抽样误差成正比，抽取样本的规模、数量与抽样误差成反比。因此，抽样调查时应确定最小样本量。一般来说，调查的容许误差越大，样本数量就越小；反之也成立。具体的计算可采用如下公式。

1）当抽样误差为绝对值时，最小样本量的计算公式为

$$n = \left(\frac{ZS}{\mathrm{SE}} \right)^2 \tag{4-1}$$

式中：S——样本；

　　　Z——置信度；

　　　SE——容许误差；

　　　n——样本量。

2）当抽样误差为比率时，最小样本量的计算公式为

$$n = \frac{Z^2 P(1-P)}{\mathrm{SE}^2} \tag{4-2}$$

式中：P——概率值。

（6）抽样调查的实施方案

实施方案是指具体的调查安排，主要包括调查任务的分解、调查人员的分工、

调查时间及进度安排、组织管理等的具体操作方案。

调查方案设计中必须包括实施方案的设计。一般情况下，区域调查的调查工作任务较多，涉及面也较广，因此，将工作任务进行科学的分解是十分必要的。任务的分解一般根据调查地域、行业和调查事项进行，有时还考虑人员的组合条件。

（7）抽样调查的步骤

抽样调查分以下几步进行：第一步，明确抽样调查的目的、任务和要求；第二步，确定抽样方法；第三步，界定抽样调查的总体，明确样本框；第四步，确定样本大小；第五步，评估样本的正误；第六步，实施抽样调查；第七步，抽样误差分析。

（三）典型调查和个案调查

1. 典型调查

典型调查是指从调查对象中选择有代表性的单位作为典型，通过对典型进行调查来认识同类现象的本质及其发展规律的方法。

科学合理地选取典型是整个调查的核心和关键。其中，典型是指在某方面或整体上，在同类中具备显著特征、具有充分的代表性、整体中的每个个体的特征在此个体上都有反映的个体。典型分好的典型和坏的典型两个方面。调查时，根据实际需要，可以选择好的典型，也可以选择坏的典型。

进行典型调查时，调查对象的数量是个别单位或少数单位，数量极少；调查对象由调查者有目的、有意识地选择确定；调查的方式、方法主要是指与被调查者直接接触的面对面调查，而且多为系统、深入的调查。

开展典型调查时需要注意的是，要正确选择典型，把调查与研究结合起来，慎重对待典型调查结论，不要滥用。

典型调查的优点如下：①是对个别或者少数单位的调查，花费的人力、物力较少；②是系统、周密的调查，可采用多种方法做反复、深入的调查，能获得较真实、可靠的资料。缺点如下：①选择典型时，易受调查者主观意志左右，很难完全避免主观随意；②典型调查的对象只是个别或者少数单位，其代表性有限；③典型调查结论的普遍意义、特殊意义及适用范围往往很难用科学手段准确测定。

典型调查的程序如下。

1）选择典型。先进行分类，然后从中筛选具有代表性、特征明显，易识别和量化的典型个体。

2）拟定调查方案。如前述抽样调查一样，需要明确调查的目的、任务、范围、时间和要求，提出调查的方法和路径，分析可能存在的问题和拟采用的解决办法，编制实施方案。

3）实施调查。找到典型调查对象，按照设计好的调查方案实施调查，获取所需的调查数据、信息。

4）进行调查资料分析。根据调查任务，对调查得到的各种信息、数据，进行归纳整理，按照设定的技术方法进行科学分析和总结。

5）编制调查报告。

2. 个案调查

个案调查也称为个别调查，是指为某个特定的目的、对某个特定的对象（如个人、家庭、单位或事件）进行的单个调查。

与典型调查的调查对象的特点和主要目的不同的是：个案调查的对象都是特定的、不可代替的，不存在选择的问题；个案调查的主要目的是解决特定的具体问题，一般不存在探索同类事物的本质和规律等问题。

（四）接触调查和非接触调查

从实施调查人员与被调查者是否面对面接触，可以分为接触调查（直接调查）和非接触调查（间接调查）。接触调查也称为直接调查，往往需要调查者直接到调查对象所在地，与调查对象面对面进行调查，包括观察、访谈、问卷调查、实地量测等；非接触调查也称为间接调查，即无须进行面对面调查，而是通过现代技术手段实现远程、非接触的调查，如遥感调查、网络调查等。同样，需要注意的是调查对象不同，适用的方法也不同，有些方法只能用于对社会经济现象或人的调查，不适用于自然事物、显现的调查。

1. 接触调查

接触调查是一种传统的调查方式，其优点十分明显，可以实施观测、测量等调查技术手段，而且调查者可以感受到被调查者的各种情况，尤其在对人的调查方面，更是能感受到被调查者的态度、情绪、心理变化等非接触调查难以得到的信息和调查内容。但是，接触调查也并非适用于所有情况，有的调查使用非接触调查反而更好，如前述的对人的调查，如果采取接触调查，被调查者不愿回答或者不正确回答有些调查内容，通过接触调查反而得不到调查所需要的信息和结果，尤其是涉及收入、个人隐私等敏感问题的调查，非接触调查往往比接触调查效果更好。

在区域社会经济调查方面，接触调查的形式通常包括访谈法、问卷调查法、实地观测法等。

（1）访谈法

访谈法包括访问和座谈会两种方式，常用于区域社会经济方面的调查，区域自然状况调查有时也可以使用。

访问法是指访问者通过与被访谈者当面问答交流，并从中获得调查内容的相关信息和数据的一种方法。交谈是其重要的手段和途径。访问法具有如下特点：需要当面进行访问，调查直接、简单；调查者与被调查者进行一问一答的交流互动，互动频繁；需要对谈话内容进行有效设计，对调查者的谈话交流技巧有较高要求；调查易受调查者和被调查者的知识、认识、心理和情绪等的影响，其结论的可靠性难以保证。访问法主要适用于了解被调查者的认识、感受、态度、意愿等方面的调查，以及满意度调查等。访问法还可以通过面对面的交流，迅速达成共识，对解决问题具有较大帮助。

座谈会法也是访谈法的一种，又称为集体访谈法，是通过召开座谈会的方式进行的集体访谈，往往是一对多或多对多的访谈，而不是一对一的访谈。与一对一的访谈不同，集体访谈易受访谈对象的相互影响。座谈会法在区域规划调查中用得十分普遍。

（2）问卷调查法

问卷调查法是调查者将调查内容分解成调查问题，并按一定的规则和顺序制成问卷调查表，由被调查者进行填写或者口头回答，待回收后进行分析处理，从而得到所需调查内容相关信息和结论的一种调查方式。问卷调查多作为普查、抽样调查、典型调查等调查方法的一种调查手段进行使用。问卷调查法强调书面形式，强调现场填写和记录，需要进行统计分析。

问卷调查依据问卷填答者的不同，分为自填式问卷调查和代填式问卷调查。前者由被调查者填写，后者则由调查者或者其他人代被调查者填写，多用于被调查者不识字或者被调查者身体有恙等不能正常填写问卷的情况。从调查形式和结果看，二者并无本质区别。问卷调查可以当面调查，也可以采取非接触调查，如网络问卷调查、电话问卷调查等。

问卷调查的工作步骤包括问卷设计、实施调查、问卷分析等环节。其中，问卷设计是问卷调查的关键和核心。

一份完整的问卷由卷首语、问题、结束语等组成。卷首语包括开展调查的目的、意义，调查单位名称、联系人、调查时间等调查者信息，以及填答说明和要求。卷首语应简明扼要，不宜过于复杂。问题是调查问卷中设计的需要被调查者回答的各个问题，它是问卷的主体和核心部分，一般包括题目、回答问题的答项和方式，以及对回答方式的说明等。问题可以是选择题，也可以是填空题，还可以是判断题。从方便填答来说，问题一般使用选择题为好，而且尽量采用简答题（一问一答），尽量少用多选。结束语用于表达对受调查者的合作表示真诚感谢，征询对问卷设计和问卷调查的看法和建议等。问卷分为有名问卷和无名问卷。

问卷设计的要求如下：问题的内容要具体、单一，表述要通俗易懂、用词准确，不能出现理解上的歧义和模棱两可的问题。同时，根据调查方式等设计好调查问题的题量和回答问题的时间，不宜过于冗长、复杂，且要避免使用诱导性、倾向性语言及否定形式来表述问题。一些敏感问题要进行迂回和淡化处理，如采用释疑法、假定法（即用一个假言判断作为问题的前提，然后再询问受调查者的看法）、转移法（即把回答问题的人转移到其他人身上，然后再请受调查者对其他人的回答进行评价）、模糊法等，让被调查者愿意回答、方便回答。

问卷调查的实施包括问卷发放、填写问卷、答疑、指导等。如果是面对面调查，需要随时回答被调查者的疑问，并指导和帮助被调查者填写问卷。有时还需要现场检查问卷答题情况，及时发现问题，减少废卷、无效答题情况，提高问卷调查的质量。

问卷的回收分析是问卷调查的最后环节，也是重要环节。问卷调查不是得到问卷后直接使用，而是首先对问卷的有效性等进行分析处理，剔除无效问卷。无效问卷是指漏答、错答、缺乏被调查者信息、问卷破损、答题者不符合调查对象要求等问卷。如果无效问卷太多，则此次问卷调查失败。另外，需要对问卷的答题情况进行预分析，即根据回答问题的情况决定是否需要进行抽样调查，查看被调查者填写问卷的真实性。如果是随便乱填的问卷，有可能导致统计分析出十分荒谬的结论。

问卷调查主要适用于社会经济调查，尤其是关于状态、认识、看法、意愿、态度等方面的调查。因受被调查者的个人因素影响较大，问卷调查结果的真实性并不能得到完全保证。问卷调查法一般不适用于自然科学研究，也不适用于区域研究的自然调查工作，但可以作为辅助性的调查方法。

（3）实地观测法

实地观测法是指观察者有目的、有计划地运用自己的感觉器官或借助科学观测工具，进行实地调查、测量调查对象的相关属性、特征的方法。实地观测法包括实地观察、实地测量等方法。实地观察强调调查者的主观能动性，由调查者凭借感官和科学仪器设备，观看、触摸、听闻调查对象，了解调查对象的形状、大小、颜色、状态等外在特征，填写实地调查表，记录观察到的各种现象和特征，强调"看"，可不使用工具；实地测量则是使用特定的方法、工具对调查对象进行量测，以获取其理化性状、属性特征等内容，强调"测"，必须使用工具。

区域调查使用实地观测法，多为一些量测方面的事项，如资源调查、空间分布情况调查等，一般采用激光测距仪、GPS 等工具和技术手段开展工作。

2. 非接触调查

非接触调查是指传统的电话调查及新兴的网络调查等，通过现代通信工具实现非接触、远距离开展调查的目的，具有适时、快捷、方便、简单和节省资金等优点。

（1）电话调查

电话调查是指通过打电话给被调查者，在电话中问询相关调查内容并将其记录下来作为调查信息，统计分析后得出调查结论。因为使用工具和时间的限制，电话调查的问题和时间都不能太多，因此，调查的局限性非常明显，只适用于简单问题和人的态度等少数问题的调查。

（2）网络调查

网络调查是指通过计算机网络开展的调查。网络调查必须依托问卷调查才能完成，它是传统的问卷调查与现代技术的有机结合。网络调查比电话调查要好，可以给被调查者足够的时间思考和填写调查表，因此，也更适用于问题较复杂和内容较多的调查。同时，因网络调查属于非接触调查，被调查者不会受到调查者的影响，也不会产生面对面调查的尴尬，所以调查结论相对较客观。

随着网络技术的发展和传输速度的提高，网络调查的方式也有很多拓展，如网络电话、视频电话、网络互动等，可以更多地将传统调查方法与网络手段相结合，使调查方式更加丰富。在区域调查中，网络调查也可用于相关区域情况调查。

3. 遥感调查

遥感调查是20世纪60年代发展起来的一门对地观测综合性技术。遥感是指用间接的手段来获取目标物状态信息的方法，它根据不同物体对波谱产生不同响应的原理，利用飞机、卫星等飞行物上的遥感器收集地面物体的数据信息，数据信息经记录、传送，返回地面调查人员手中（接收器），然后由分析人员通过计算机和相关软件分析、判读，从而识别地物及其特征，完成调查工作。

区域的遥感调查包括遥感方式和遥感影像的选择、影像的预处理、影像解译、野外实地验证、信息数据提取和数据库建设等内容。

遥感调查不与被调查者接触，从远处调查获取信息，在这一点上与非接触调查相似，但其作为一种全新的调查手段和方式，与非接触调查又有不同之处。首先，遥感调查是借助高科技手段的卫星、飞机等携带的照相机等设备，利用物体的光放射特征获取信息，不直接由人工开展调查；其次，遥感调查能够获得很多靠人进行调查得不到的数据信息，调查的深度和广度远比传统调查方式要大；最后，遥感调查范围大、时效性强、连续性好，可实施实时监测和动态监测。

在自然资源调查、大范围空间监测等方面，遥感调查具有传统人工调查不可比拟的优势和作用。目前，遥感调查已经广泛应用于国土、农业、林业、水利、环境等部门的国土资源调查、监测，环境调查、监测，自然灾害监控，粮食产量的估产等很多方面。需要注意的是，遥感调查也不是万能的。例如，对社会经济等有些区域信息和数据尤其是社会经济信息，调查者必须亲自到现场，通过传统的人工作业方式才能获取。

（1）遥感调查的类型

遥感调查技术可以选择卫星遥感调查、无人驾驶飞行器（简称无人机）调查、航空遥感调查等方式，较常用的是卫星遥感调查和无人机遥感调查。

① 在区域非接触调查方法中，卫星遥感调查是近十年来重要的调查手段，而且用途越来越广。卫星遥感调查是指利用卫星摄像，得到卫星影像，然后对影像进行判读获取地物信息，从而完成调查任务的一种调查方法。遥感影像的来源渠道很多，种类复杂，目前常采用的卫星遥感影像有 SPOT、Google、"快鸟"（Quick Bird）、中巴资源卫星、北斗卫星等。随着我国北斗卫星逐渐组网，北斗卫星影像在遥感调查中逐步进入实用阶段，以后将逐步取代国外的相关卫星影像。随着技术的进步，卫星影像的分辨率越来越高，实用性也越来越大。一般情况下，高分辨率的卫星影像，单幅影像的范围较小，但清晰度较高，可达零点几米（亚米级）；低分辨率的卫星影像，单幅影像的范围较大，但清晰度较低，如 30 m、15 m 等。卫星影像既包括可视的信息，也包括不可视的信息，能够获得范围很广的地物信息。卫星影像不仅可以提供图片，还可以提供属性信息，通过影像解译处理等获取的区域相关信息量较大，使用价值较高。

② 当调查范围较小、现势性要求较强时，可使用无人机进行现场调查，但无人机的稳定性较差、飞行范围小，与卫星影像信息相比所能获取的区域信息有限，影像质量不高，覆盖范围较小，一般只适合于小范围和精度较低的区域调查。随着无人机技术的突飞猛进和实用化程度的大幅度提升，无人机携带的照相机分辨率越来越高，空间信息采集能力也越来越强。对很多小区域的区域调查来说，无人机调查极其方便实用，尤其是对山区进行调查时，特别实用。当然，目前的民用无人机用于野外调查还有很多局限性，需要技术的不断发展才能解决。

③ 航空遥感是较传统的遥感调查方法，主要是使用飞机搭载特制的照相机等传感器，通过定向飞行进行拍照，获得航空照片，然后对航空照片进行解译，提取地物信息。航空照片的清晰度较高，但航拍成本极高，目前已逐渐为现势性更强、价格低廉的卫星影像所取代。

（2）遥感调查的步骤

不同于传统调查方式，遥感调查在相关步骤和内容安排方面均有所不同。遥感调查的具体步骤如下：确定调查任务，制订调查计划；获取遥感信息影像；组织人员培训，统一技术路线和要求，明确调查路线；建立影像判读标志（野外建标）；遥感影像室内判读解译（影像判译）；野外验证校对（实地验证）；图形编辑与制作；数据提取、建库；检查验收。

在遥感调查程序中，与传统方法区别较大的是野外建标、影像判译、实地验证三个环节。

① 野外建标其实就是在调查区域寻找独立的、具有显著特征的地面标志物，作为与影像相互验证的参照物，并以此分析、判断卫星影像的光谱特征与实物之间的对应关系，从而明确判断影像上不同光谱特征对应实物的标准和依据。定位和校正经常需要野外建标，其野外标志物常为河流、桥梁、道路、塔楼等外形特征显著、容易判读、易于寻找的地面建筑、地表实物。

② 影像判译是遥感调查的重要环节，是对卫星影像资料进行人工或人机互动解译，将影像所包含的地物信息判断、解读出来，还原为实际地物的过程。该过程工作量较大，不仅要看，而且要想，还要在计算机上进行点、线、面的划分，建立相应的拓扑关系、矢量数据。室内解译工作是一个调查验证的过程。当然，由于室内工作限制，难以直接将影像与实际情况进行对比，因此，难免会有误差。

③ 实地验证是指当室内解译完成后，将解译成果拿到野外进行对比、验证，修改错误的解译内容，完善调查成果。

由于影像判译的工作主要在室内完成，因此遥感调查能大大节约调查工作的人力、物力和时间。

（3）遥感影像判译。

① 卫星影像数据处理。

卫星传回地面接收站的数据不能直接使用，需要进行技术处理。卫星影像数据处理包括对数字影像数据进行倾斜和投影差改正、影像镶嵌、图幅切割、图廓整饰等操作。

由于用途不同，对卫星影像数据的要求也有所不同，应根据需要选择卫星影像数据波段或波段组合，从而进行影像增强。影像增强常采用改变亮度、反差、目标对比度、颜色等方法使卫星影像达到最佳视觉效果，如反差增强、边缘增强、平滑、滤波、彩色增强等，主要通过计算机完成。

在利用卫星传感器进行信息采集时，可能存在使用的投影方式与调查需要的制图投影不一致的情况，因此，首先要进行投影矫正，将不同的投影矫正到同一投影系统。我国常用的小比例制图投影多为双标准纬线等积圆锥投影（albers equal conic area）：第一标准纬线是 25°N，第二标准纬线是 47°N，中央经线为 105°E，坐标原点为（105°E，0°N），椭球体为克拉索夫斯基椭球体。我国大于 1∶5 万的地形图采用的是高斯-克吕格投影，（1∶2.5 万）～（1∶5 万）的地形图采用的是 6°分带投影，1∶1 万或更大比例尺更多采用 6°分带投影。将影像投影矫正到与地形图相应的投影形式才能满足使用要求，因此投影矫正十分必要。

卫星传回的影像数据是根据飞行轨迹，按设定的拍摄模式获取的，每一个数据带并不对应调查所需要的图幅和比例尺，因此图廓可能不完整，拍摄倾斜角度也可能不同，所以需要进行处理。不同图幅的影像拼接还涉及影像的镶嵌处理，需要注意主要镶嵌时的投影和比例尺及重叠区域。多幅影像镶嵌时应以中间一幅为准，以减小累积误差。影像镶嵌的方法是读取已经纠正过的图像和图像四角点的坐标，可以将图像地理坐标变换为图像像元坐标。

② 影像解译。

影像解译目前多采取人-机互动方式。计算机自动解译精度不高、误差较大，一般不直接采用。人工解译过程主要根据影像光谱特征和形态，通过人工肉眼判断地物的类型和边界，然后将边界勾绘出来，标注地类符号、名称等属性，但其工作量较大，因此，一般采用"计算机解译+人工修正"的方式进行影像解译。为了判读方便，通常采取合成假彩色影像的方式对卫星影像数据进行处理，然后再在假彩色图像上进行判读。

在进行解译时，首先要对影像进行几何矫正。一般是根据地形图，选取控制点进行几何矫正。矫正后，图面误差要求不超过 0.5 mm，最大不超过 1 mm。控制点应均衡分布，影像的控制点数应不少于 20 个。几何矫正后的影像应有坐标。

影像解译可以利用光谱进行判读，还可以利用图像上的空间特征进行判读。虽然卫星影像比例尺较小，但仍然可以较好地反映地物的空间特征。从纹理特征上看，与江河完全不同的是，城市中的房屋、道路及其他物体排列较规则。另外，森林和农田的影像一般呈块状，但纹理特征差别较大。对于飞机场、体育场等，不论是光谱标志，还是空间形状都较特殊和直观。在地物类型交叉处，两者混合后光谱特性改变，导致颜色与其他区域不同，判读时要特别小心。这时，可通过使用反差增强、密度分割、边缘增强等方法提高空间特征的目视效果，以方便解译。有些地物的影像特征差别不大，如灌木林和森林等影像很难判读，需要采取更细、更复杂的解译方式和手段进行判读。如果使用的是高清晰度的卫星影像进行判译，则影像解译相对比较简单，因为高清影像上能清晰显示树木分布、街区道路、行驶的汽车、建筑物形状等。目前，关于卫星影像的解译已有较多的研究成果，在进行具体的影像解译时可以参考借鉴。

解译质量要求与制图比例尺有一定的关系。一般，1∶5 万的制图应按下面的精度要求进行解译：图斑属性判读率应大于 90%；图斑边界线的走向和形状与影像特征的允许误差是，卫星影像小于 1 个像元，航片按成图比例尺控制在 0.5 mm 以内；最小图斑面积为 4 mm²，条带状图斑短边边长不应小于 1 mm。

此外，还有其他相应的误差要求需要满足，如定位要准确、弧线应封闭、图幅的接边应平顺并符合规定等。

三、区域规划条件调查方案

调查方案设计是指对整个调查工作进行统筹考虑，确定调查目的，制定调查策略，选择调查方法并编制工作计划等的过程。一个完整的调查方案应包括调查目的、调查对象、调查范围、调查内容、调查方法、精度要求、调查时间与进度安排、调查成果等内容。

（一）调查方案的内容

1. 调查目的

调查目的是指调查要达到的结果。调查的目的会影响调查方案的设计。调查目的不同，整个调查在设计的要求、调查对象和调查方法的选择，以及在具体操作程序上都有所不同。

区域调查是为区域规划服务的，其目的主要是获取作为区域规划条件的区域基本情况数据，弄清区域地理位置、自然环境和自然资源条件、社会经济情况等区域情况，为规划提供基础数据和编制依据，以便更好地进行区域调控和优化。

2. 调查对象

调查对象包括两个层次：一是区域，如各种行政区、自然区域；二是区域要素，如区域的气候、地形地貌、土壤植被等自然条件，矿产资源、土地资源、水资源等自然资源，行政区域划分、人口与劳动力等社会条件以及医疗卫生、教育、通信、交通等基础设施，农业、工业、服务业等产业情况。作为调查对象，区域是指规划区域的内部细分，主要以行政区域为主。

3. 调查范围

调查范围是指区域调查的空间范围，主要是行政区域，即规划区域。但采用抽样调查等方法时，调查区域仅为样本区。

4. 调查内容

调查内容既包括调查区域的自然和社会经济要素的种类、数量、质量、分布、结构、比例等属性特征，也包括经济运行情况、人口增长等状态特征，还包括各种社会经济行为和社会经济活动等行为指标。

5. 调查方法

调查方法是指本章第一节所列的各种方法。调查方案中需要明确各个调查内容需要采取的调查方式和方法。区域规划条件调查，可以采用单一方法，也可以将多种方法进行组合。具体如何选择，应根据调查目的和调查任务的需要，也要考虑调查对象的多少和复杂程度。

在调查方案设计中，调查方法的选择和确定是整个方案的核心。要根据调查目的和调查对象的复杂程度，精心选择调查方法，确保调查的顺利进行。调查方法关键在于实用和适用，在能够达到调查目的的前提下，方法越简单越好。

6. 精度要求

精度要求是指调查详略程度的要求和误差要求。一般来说，调查精度要求越高，调查的时间越长，调查的范围越广，调查的程度越深。调查方案设计需要明确精度要求。

7. 调查时间与进度安排

调查时间是根据调查内容和复杂程度而定的，即越复杂的调查，所需时间越长，因此调查方案中应有调查时间的测算与规定。进度安排是时间安排的细化，是指对调查阶段的安排。比较大型和复杂的调查，既要分阶段进行，也要做好进度要求和安排。

8. 调查成果

调查成果包括调查原始材料、调查分析成果和调查报告等。有的区域调查还包括调查图件等成果。

（二）调查方案设计

1. 调查方案设计的基本原则

（1）目的性与针对性原则

任何调查都是有目的的，调查方案也是在调查目的的指引下制订的。调查方案设计必须立足于完成调查任务，这是开展调查的根本目的。调查目的不同，调查精度、调查方法的选择也不同。遵循目的性与针对性原则，调查方案就要严格按照调查目的来设计调查对象、范围和内容，选择调查方法，确定精度与要求，做好调查时间与进度安排，以期获得良好的调查结果。即调查方案设计以调查目的为出发点，也以达成调查目的为最终目标。

（2）全面、实用原则

区域调查需要对调查涉及的内容进行全面调查，包括自然条件、自然资源和社会经济状况，所以调查方案必须全面覆盖调查内容，但又要实用，有重点、有选择，不要面面俱到。方案的科学性建立在实用的原则上，方案的好坏也以是否实用为准则。

（3）经济原则

经济原则是指在能够保证完成调查任务的前提下，尽量减少资金、时间和人力投入的原则，只要能够完成调查任务，达到调查目的，调查的投入越少越好。要减少资金投入，应在方法选择、调查时间、人员安排等方面做好统筹、协调，不能顾此失彼；同时，也应加大事前培训、人员管理的力度，确保调查按计划进行，保证调查质量，避免因重复调查而导致资金、时间的浪费。

（4）可操作性原则

可操作性是调查方案设计的重要要求，也是重要准则。若在调查过程中，调查人员无法使用方案或者使用极为不便，则调查方案设计得再好也是无用的。根据各方面的实际，既要尽量提高调查方案的科学性，又要确保调查方案的可操作性。可操作既针对调查方法，也涉及调查时间和调查要求，还包括仪器设备等保障，是多方面的统一。选择先进的设备，从可操作性上看未必一定是最好的选择。

（5）灵活性原则

灵活性也是调查人员需要考虑的。因为在实际调查中，有些情况是难以预料的，调查人员需要根据现场情况灵活处理。因此，在设计调查方案时，需要遵循灵活性原则，特别是在进行区域社会经济调查方案设计时更应如此。

（6）信度与效度相协调原则

信度是调查结果的可信程度，效度反映调查结果的有效程度（反映调查对象情况的有效程度）。二者是调查方案的灵魂，缺一不可。没有足够信度与效度的调查方案，不是好的调查方案。

2. 调查方案的设计程序

（1）明确调查任务

进行调查方案设计首先要弄清调查任务和调查要求。只有明确调查内容、调查目的、调查时间、精度等要求，才能根据调查任务进行调查方案设计。否则，调查方案设计就是无的放矢。明确调查任务，需要经过多次反复不断沟通，并且调查任务出来后，先不要急于动手，而是应该认真研究、讨论，深入、彻底地明了调查目的、任务和要求，然后再动手进行方案设计。

（2）开展探索性调查，弄清调查区域对象概况

要想科学、有效地设计出一个好的调查方案，就必须对调查对象有较好的了解和认识。如果调查方案设计人员对调查区域和调查问题不是很熟悉，缺乏调查经验，应先进行初步调查、考察，即进行探索性调查。探索性调查是为了大致、初步认识调查对象和调查内容等而进行的概查、初查，一般选择具有代表性的点、单位，调查量较少，也可以通过文献调查、访谈性调查等获得信息。区域实地调查中常采取踏勘现场调查方式，具体调查时也常先进行踏勘，然后再全面展开调查。

（3）分析调查项目和内容

经过初步调查和前期思考，调查方案设计人员一般会对调查有一个轮廓和框架性的认识。然后，调查方案设计人员会进行更广泛、更深入的分析研究，彻底弄清调查目的、调查内容、调查范围等，即分析确定调查项目。

调查方案设计人员可根据调查任务，将调查分解成若干事项，每个事项对应若干调查内容；既可以凭借经验开展这项工作，也可以采用矩阵分析、系统分析等科学技术方法进行分析确定。确定调查事项时，应尽量考虑"同类""同区域"，以方便调查工作的进行。

（4）设计调查路径和方法

在调查事项和调查内容基本确定后，调查方案设计人员需要进行调查路径和方法设计、筛选，也就是根据调查内容，列举所有可用的调查方法，然后估算调查经费、人力和时间等约束和需求并进行分析，选出符合调查原则、满足约束条件的方案组合，形成若干个候选的调查草案。

（5）进行方案优选，确定调查方案

调查案设计人员从方案的科学性、可行性、经济性等方面进行分析、比较，最终筛选出经费少，时间短，调查方式简单、实用，调查结果可靠的最优方案，将其作为调查方案。

（6）编制调查方案

调查方案设计人员选好调查方案后，应编写调查方案文稿、编制调查表格、基础图件等，确定完整、实用的最终调查方案。

3．调查方案的论证

调查方案确定后，应通过专家咨询等方式，开展调查方案的论证、修改和完善。

四、区域规划条件调查路线选择

传统的实地调查一般采用路线调查法展开调查工作，即在确定的调查区域内选择一到几条路线作为考察、调查的线路，并在调查线路上布设若干调查点，沿线开展调查观察、测量工作，通过"点—线"调查，形成"点—线—面"的调查。

路线调查法是传统的野外调查方法。科学选择调查路线是进行路线调查的关键。路线一般要覆盖全部调查要素，交通方便、路程短，应具有代表性，可根据区域形状和调查要素的空间分布格局进行选择。如果区域是方形的，就可采用对角线法或米字形线路；如果区域是长方形的，则可以采用对角线作为调查线路。米字形和对角线形都可以采用直线形式，若仍不可行，则采用不规则对角线——折线作为调查线路（图4-1）。

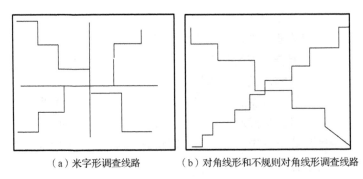

（a）米字形调查线路　　　　（b）对角线形和不规则对角线形调查线路

图 4-1　区域调查线路设置示意图

如果区域是三角形等其他形状，则根据实际情况来选择，可以采用对角线，也可以采用各边的中心点连线等。交通方便与否是进行路线选择的重要参数，但不是决定性的因素，更不是唯一因素。调查时，路线选择的首要因素是区域调查的需要。另外，很多调查设计过多考虑交通因素，影响了调查的覆盖面和科学性。

调查路线上的调查点是指开展详细调查和布设调查样地等的小区域，它是线路调查中的关节点，也是完成调查内容的要点，应高度重视。调查点可以采用等距离法来选择，也可以根据调查要素分布情况来选择，如在"相变线"——地形转折处、地层岩性变化处或最高点、最低地等处。调查点的多少，应根据调查精度要求和时间等因素综合考虑后确定。调查点越多，精度越高，但调查所需时间也越长。

五、区域规划条件调查工作流程

开展区域规划条件调查需要按照调查的工作流程进行，具体如下。

（1）调查准备

调查准备包括仪器设备的检查、校正，调查底图的准备，野外调查表格的制定，调查路线和技术方案的制订，调查交通工具的安排、检查，人员安排，经费准备等内容。其中，编制调查方案为核心内容和主要环节。调查方案前面已有阐述，此处不再赘述。

（2）初步调查

为了验证调查方案的可行性，应该进行初步调查，通过初步调查，修正、完善调查方案。初步调查是指初步选择某个点、某条线进行验证性调查，既可以选择难度较大的，也可以选择正常情况的。

（3）实地调查

实地调查是指按照已经确定的调查方案，即按照规定的调查方式、调查路线、调查内容等到调查现场逐项开展调查工作，填写表格、绘制草图，并进行拍照。

（4）资料整理、分析

资料整理是指在从野外回到室内后，将相关草图、表格等调查记录进行整理、分类、编号、归档。如果发现有遗漏等，就要做好补充调查的准备和安排。

（5）补充调查

补充调查是指对调查区域、调查内容等进行全面检查、复核后开展的调查，以便查漏补缺，最终完善调查工作。

区域调查的工作流程如图 4-2 所示，在调查中需要不断地进行资料整理、分析和完善。

图 4-2　区域调查的工作流程

第二节　区域自然条件调查

区域自然条件包括地质、地形地貌、气候、水文、植被、土壤等。进行区域自然条件调查，就是通过各种调查手段和方法，获取自然要素的基本信息与数据，弄清楚区域自然条件的组成、类型、结构和空间分布等特征，为认识区域和分析评价自然条件的优劣、好坏提供基础资料。

自然条件的数据获取，通常包括两条路径：一是人员到区域进行现场调查，如访问、座谈，观察、测量等；二是向相关部门收集资料，间接获取自然条件的相关信息与数据。前者是直接调查，得到的信息与数据是第一手资料；后者是间接调查，得到的信息与数据是二手资料。通过间接调查得到的资料必须进行可信度、可靠性和可用性等分析评估，然后才能确定其是否可以使用。

一、区域地质调查

区域地质调查比较专业和复杂，因此在普通的区域研究中，大多采用间接调查方式，收集的资料主要包括三种：①1：5 万、1：20 万、1：100 万等相应比例尺的地质图、水文地质图；②各类区域地质报告；③地震参数图件资料，如《中国地震动参数区划图》（GB 18306—2015）等。通过收集以上资料，可以从中获得地层岩性、地质构造、地震烈度等区域地质资料，达到基本了解和认识区域地质的目的。区域地质资料可从区域地质资料馆或国土局等相关部门获取，其中有些资料属于保密资料，如果需要，则应根据《中华人民共和国保守国家秘密法》的相关规定进行申请、使用。如果间接调查不能满足需要，可增加一部分有针对性的补充调查，如对具有发生地质灾害可能性的特定部位的地质构造等进行定位观察、调查等。

区域地质调查大多采用遥感方法结合传统的人工实地调查的方式进行。遥感调查主要是利用岩石的反射光谱特征等进行遥感影像的解译判断，明确其种类、特征。目前，已研究发现专门适用于地质调查的各种波段影像特征，可以直接用于相关调查工作。传统的区域地质调查由专业的地质调查队进行，我国全国范围的基础地质调查工作已经结束，已有 1：5 万区域地质图等相关调查成果，可以满足大多数情况下区域规划的需要。局部的补充调查可采取横穿地质剖面的方式，开展典型断面调查。调查内容既包括野外制图、测量，也包括岩石样本采集和室内测试分析；既包括岩石类型、分布、厚度、结构等内容，也包括地质构造和几何特征调查。

二、区域地形地貌调查

地形地貌是指区域的外貌，其对于区域的重要性，类似于人的外貌对于人的重要性。地形地貌既对区域其他自然条件有重要影响，也对社会经济活动有较大影响，还对交通、建筑等有限制性影响。

区域地形地貌调查是要弄清楚区域的地貌类型、地形特征及地形地貌对其他自然条件和社会经济的影响。调查内容既包括海拔、相对高差等的量读、记录，也包括地表形态和高低起伏状况、地貌类型及其主要特征、区域差异和主要的地貌单元等的观察、测量、分析。

区域地形地貌的调查既可以是直接调查，也可以是间接调查。直接调查多为传统调查和无人机调查等小范围遥感调查。其中，传统调查是调查人员到调查现场进行实地的观察、测量、填表、制图等活动。间接调查则是通过收集地形地貌方面的已有调查成果或者卫星影像资料等，分析图件等资料，弄清楚区域的地形地貌情况，即其更多的是一种区域地形地貌的分析工作。

三、区域气候调查

区域气候调查主要采用观测法和间接调查法。

1）观测法是使用气象观测仪器设备，建立气象观测站点，进行实际观测，记录气温、降雨、湿度、光照、风等气象数据的方法。现场调查、观察只能得到短期天气状况数据，但区域气候需要长期观测才能获得区域的气候特征数据。因此，区域气候条件调查主要采取"气象站观察统计数据+补充观测"相结合的方式。另外，可采用补充观测，即设立较少的观测点位、观测较短的时间的方式，对气象站长期观测数据进行补充和校核。

因为气象站点较少，覆盖面不够，所以区域气候调查需要补充插点观测，以便进行区域的气候数据的插值和完善。插点观测可采取定位观测方式，通过建立简易野外气象观测点进行。气象观测涉及各种观测设备，如温度湿度计、雨量筒、风向风速仪（普尔仪）等，目前大多设备已经实现自动化，即自动观察、记录。遥感观测多采用专门的气象卫星进行。简单的气象观测，如短期观测多采用手持式气象观测仪器进行。

2）间接调查法是收集当地气象部门长期观测的气象资料或分析得出的区域气候特征及数据的方法，其调查结果可直接被使用。在一般的区域规划中，多采用这种方法。

气候数据需要足够的时间长度，即序列长度。一般来说，10 年或 30 年连续观测的数据才能较好地反映区域气候特征。因此，收集资料，尤其在序列长度方面，也应相对应。如果收集不到一手观测资料，则使用二手资料，如其他区域调查成果或研究成果中关于区域气候的描述、介绍等，但要注意数据来源的可靠性和使用结果的正确性，同时要标明资料出处。

四、区域水文调查

区域水文调查主要是对河流情况进行调查，弄清楚区域拥有的河流水系情况和基本水文参数，一般也是采用间接调查方式进行。区域的河流情况包括所处流域情况（名称、面积等），以及不同等级河流的条数、长度、流量和泥沙等水文参数。如果已有相关资料，区域水文调查可通过收集资料进行调查；如果缺乏资料，则进行实地调查测量，也可结合遥感手段开展相关工作。

水文调查大多数采用实测法，主要有两条途径：一是通过定点的水文站进行长期观测，二是临时的水文测量。观测用水文站由国家根据河流水系情况进行统一布局、设站，可以定时、连续测量相应的水位、流速、流量、泥沙等，实时记录河流水情要素的变化，以满足防汛抗旱等需要。水文站的长期观测数据是区域规划使用的主要数据。

临时的野外水文观测既包括设置临时站点进行一段时间的定位观测，也包括一次性的临时性观测，具体的测量方法因水情要素不同而不同。流速、流量等水文信息可通过测量法获得，其中流速利用流速仪等进行实地测量，含沙量、矿化度等则通过采样分析获得。

五、区域植被调查

区域植被调查一般采用遥感调查与传统的群落调查相结合的方式进行。遥感调查主要利用植被的反射光谱特征，通过卫星拍摄植被影像，然后对卫星影像进行解译判读，绘制植被类型图，提取植被面积等数据。传统的群落调查主要采取样方调查和无样方调查两种方式。样方调查根据植被特点，用测量绳设置不同大小的长方形或正方形区域（即调查样方），如 20 m×20 m、5 m×5 m 等，然后对样方内的植物进行详细、全面的调查，包括建群树草种的种类、群落形态、结构和植物的空间分布等，通过调查可以获知该样方中的主要树草种种类、数量、结构、分布和生境等情况，从而推算出该区域的植被类型及植被盖度、多度和郁闭度等植物群落特征值及环境状况。使用样方调查法时，样方的设置十分重要，要选取有代表性的地段设置样方，样方要能代表整个群落，并且样方的数量要足够多，以便反映整个群落的情况。使用无样方调查法则不用设置样方，调查时，只设置一定的调查规则，沿一定方向开展调查工作。常用的方法包括最近个体法、最近邻体法、随机配对法、中点四分法等。

六、区域土壤调查

区域土壤调查包括面上调查和典型调查。面上调查主要是弄清楚区域的土壤类型和分布，可通过遥感调查或土壤类型制图进行。与植被遥感调查原理类似，土壤遥感调查也是利用物体的反射光谱特征进行解译判读，区别在于前者针对地表植被，后者针对土壤（土被）。典型调查也是传统调查方式，主要是采用土壤剖面调查法即在野外布设典型调查点，在典型调查点开挖土壤剖面进行取样、测量，通过对样品进行室内分析测试，从而获得土壤的理化参数，得到土壤物质组成、质地、结构等特征，进而判断土壤的类型和特点。土壤野外调查点位设置要具有代表性，空间分布要合理，密度要适中。开挖剖面要大小适当，便于取样和测量，取样要分层进行；土壤测量则使用卷尺、试纸、pH 仪、电导仪、土壤速测仪等进行相关要素的测量，主要测量厚度、湿度、酸碱度、质地等。野外取得的土样在实验室中进行处理、测试，主要测试内容包括有机质、NPK（复合肥中氮、磷、钾元素的含量）、水分、空隙率、质地、容重等。

第三节　区域自然资源调查

自然资源作为区域发展的重要基础和主要经济资源，在区域规划和相关研究中具有极其重要的意义，因此，对自然资源进行调查，弄清楚区域自然资源的种类、数量、结构和分布，是区域规划的重要任务。

区域自然资源调查分为初始调查和二次调查。初始调查即对区域资源情况进行第一次调查。自然资源种类多，调查的专业性较强，因此调查历时长、耗费多，所以区域自然资源调查大多由专业的调查公司或专业的调查研究机构、大专院校承担。区域规划一般不进行初始调查工作。二次调查也就是间接调查，通过收集整理初始调查成果资料，分析提取资源数据开展相应工作。

一、区域土地资源调查

土地资源调查一般分两种情况，即研究型调查与应用型调查。研究型调查主要满足研究任务需要，既可以对整个区域进行全面调查，也可以进行典型调查、抽样调查等。应用型调查一般需要先进行一次全面调查，以获得最初的全区域的土地资源数据，其后开展的调查既可以是全面调查，也可以是抽样调查和典型调查。

区域土地资源调查的内容包括土地资源的类型、面积、质量等要素，其中类型根据分类系统在调查前确定。目前，土地分类系统主要包括两大类：一是自然分类，如山地、丘陵等，主要是弄清楚土地资源的自然属性和特征；二是利用分类，如农用地、建设用地、未利用地等，主要是对土地利用情况进行划分。

土地资源调查常采用遥感调查为主、传统实地调查测量为辅的方式。随着卫星数量的增加和资源卫星技术的不断发展，土地资源调查的主要手段已经转为以遥感卫星调查为主，可以通过拍摄不同时段、不同波段的卫星影像，动态、全面地获取土地资源的各种数据，尤其是面积和分布数据。在区域研究和规划中，土地资源调查仅需要购买相应精度和时段的卫星影像并利用计算机技术进行遥感解译和判读，就能完成资源调查工作。目前，我国大多使用 MapGIS 软件作为操作平台和分析基础。土地资源调查流程如图 4-3 所示。

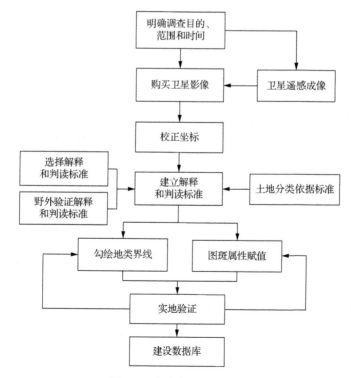

图 4-3　土地资源调查流程

通过遥感调查，可以得到区域基本的土地资源相关数据，但土地质量、投入产出等信息和数据等则需要通过实地调查才能获得。因此，区域土地资源调查需要辅以传统的实地调查。区域土地资源的实地调查一般采用抽样调查与典型调查相结合的方式，即根据区域大小、调查内容，以及调查时间、经费、人员等情况，按照一定的抽样规则，设计抽样调查方式（如随机抽样、系统抽样、分层抽样、方便抽样等），然后在样本中使用典型调查法选择典型样本作为实地调查的主要对象，进行详细的实地调查观测，最后根据抽样调查结果推演到全区域。具体的调查方法如下。

1）实地观测。使用经纬仪、米尺等仪器实地量测，现场开挖剖面，对土层厚度、分层等进行观察、测量，对作物生长情况等进行观察等。

2）取样分析。在野外挖取土样，在室内进行分析。

3）访谈。与土地使用者等直接进行座谈交流，了解土地资源的权属、生产力等情况。

4）文献查阅法。收集、查阅土地利用调查成果，对产量、投入等统计数据进行收集、整理、分析、判断等。

通过区域土地资源调查，既可获取区域的土地类型情况、土地资源数量和质量数据、土地资源的空间分布格局和结构情况，也可弄清楚土地利用的变化等特征。

二、区域矿产资源调查

为了解区域规划条件而进行的区域矿产资源调查，从总体的技术路径看，与区域土地资源调查相差不大，但矿产资源往往埋藏于地下，通过一般的调查方法难以获得其基本的信息数据，只有通过地质调查和钻井探测才能获得基本数据，并根据基本的钻探资料和地质结构等，分析推测矿产资源的地质储量和可利用资源量。

矿产资源调查专业性极强、工作量巨大、需要的时间长，所需资金投入也较大。因此，对区域规划进行的矿产资源调查更多的不是真正意义上的资源调查工作，而是资料收集、整理和分析工作，即使有调查也是验证性、补充性的，即区域矿产资源调查以二次调查或资料收集为主。

矿产资源具有重要的经济和国防意义，详细资料大多属于保密材料，不对外公布。因此，收集矿产资源资料只能获得粗略的总体情况，如种类、数量和大致的分布范围。另外，一般的规划和研究工作对矿产资源的信息和数据需求不大，无须获得详细的地质勘探资料，只需要有总量、数量和分布数据即可。因此，通过收集资料可以满足区域规划分析需要。

三、区域水资源调查

区域水资源信息包括水量、水质、水资源的时空分布，以及区域水源、供水设施、水资源利用情况等内容，进行区域水资源调查也是进行这几方面的调查。

（1）水量、水质、水资源的时空分布调查

区域水量、水质等区域水资源情况通常采用两条调查路径：一是水文站点观测资料的收集整理和分析，二是实地调查测量。水文站点的观测资料具有连续性特点，包括区域长时段的主要河流的流速、流量、泥沙等各方面的水文参数数据，调查人员可以据此计算和分析各种水资源数量和水质情况。实地调查既可以获得已有水文观测站点河流的即时水文数据和水文站未进行观测的水资源数据，还可以补充缺乏水文观测站点河流的水文、水资源数据，这对获得完整的区域水资源数据具有重要作用和意义。

区域水资源的时空分布情况和特征，须根据前述调查数据绘制空间分布图并进行分析计算才能得出。

（2）区域水源、供水设施、水资源利用情况调查

区域水源、供水设施、水资源利用情况通过收集已有调查数据资料结合实地调查获取。区域的水源情况和供水设施现状一般都有现成的资料和数据，可以通过资料收集整理得到相关数据，但水资源利用情况则不能完全依赖资料收集，因为很多水资源利用情况尤其是利用效率、存在问题等方面，现有资料不能全面反映，必须通过实地调查、观测和分析计算获得。

区域水资源调查包括普查和抽样调查等。在进行区域规划时由于全面普查因涉及面广、历时长，一般不进行普查，只进行抽样调查或典型调查。调查得越全面，获得的数据就越多，对相关区域规划的作用也就越大。但是，对规划的类型、目的和用途也要进行区分，并不是所有的规划都是调查得越详细越好。如果是专项的水资源利用方面的规划，就需要进行全面、详细的调查；如果是区域的其他方面的规划，则只需要进行补充性质的抽样调查或典型调查即可。

四、区域气候资源调查

气候资源是指光、热、水等资源，蕴含在气候条件中。调查获取气候资源数量、区域内部差异等需要较长的时间，还需要定点测量，因此区域气候资源调查以收集气象站观测统计资料为主。

由于气象站观测资料仅代表一定的区域范围，因此山区等区域气候差异较大的地区需要采用内插法等方式进行插值，以便解决气象资料的空间覆盖不足和资料缺失的问题，其调查方法与气候条件的调查方法一致。

五、区域生物资源调查

一般规划的区域生物资源调查只需要进行资料收集整理即可，而区域生态和环境保护方面的少数规划需要进行实际的调查。

生物资源的调查比较专业，需要具有分类学的基础，因此只有生物学类的专业人才才能进行。从调查方法来说，生物资源调查大部分采用抽样调查方式，少部分采取普查方式。其中，综合考察是常用的区域生物资源调查方法和途径，大多由中国科学院科学考察队组织实施。

六、区域旅游资源调查

区域旅游资源的调查分初始调查和二次调查。初始调查是真正意义上的调查，以相关技术规范为基准，分类进行，大多以表格形式逐项、逐单元填写，历时较长，一般由专业的调查队伍和机构完成。在进行相关区域规划时，旅游资源调查更多的是进行资料的收集整理，即二次调查。

区域旅游资源调查的方法，可参阅《旅游资源分类、调查与评价》（GB/T 18972—2017）。

第四节　区域社会经济情况调查

区域社会经济情况调查是区域调查的重要方面，包括社会情况调查和经济情况调查。在为区域规划服务时，同自然情况调查相似，区域社会经济情况调查往往也是通过资料收集整理和现场调查相结合的方式展开。资料收集整理得到的多为历史数据，但区域社会经济情况现时性较强，因此现时数据大多需要通过实际调查获取。同时，因为调查目的不同，以往的调查数据可能存在不能满足规划需要的情况，需要进行现时、针对性的调查。

为了掌握国家的社会经济情况，国家往往会定期或不定期开展社会经济情况普查和抽样调查。这些调查以区域为单位，因此，区域的社会经济情况数据往往会积累较多，在进行区域相关规划时，可以直接从普查数据库、统计公报、统计年鉴等相关资料中获取区域社会经济情况的历史数据；同时，也可以从统计局等相关职能部门获取现状调查数据。但除基本数据外，相关统计调查单位不一定有某些方面的调查数据，需要规划人员进行专项调查。

社会经济调查包括社会调查和社会测量两个方面。社会调查强调的是，调查者通过统计分析被调查者的回答得到调查结论，其中结论的正确与否同被调查者回答问题的真实与否有紧密关系。社会测量强调的是，调查者通过使用工具、仪器等对被调查者进行观察、测量得到数据，然后通过数据分析得出调查结论。由于被调查者不用回答问题，因此调查结论受仪器设备的影响而不受被调查者影响。

社会调查从调查路径看，可分普查和抽样调查、全面调查和典型调查等，从调查方法看，可分现场调查和非接触调查两种。

普查是一种全面调查，需要对调查区域的所有调查对象进行逐一调查，涉及面广、历时长、所需资金和人力多，一般不经常使用。在进行区域规划时，专门为规划而进行普查的可能性较小，大多数情况是利用以往的普查成果数据，结合抽样调查验证来满足规划的需要。相对于普查来说，抽样调查涉及面窄、调查工作量小、用得较多。区域的抽样调查通常涉及区域抽样和调查对象抽样两个方面。在调查时，首先确定区域的最小调查单元（小区域），然后按照相应的抽样规则进行区域抽样，最终确定调查区域样本。在确定调查区域后，对调查对象进行抽样，最终确定区域内的调查对象样本。按照确定的调查区域和调查对象进行调查，获得调查对象特征信息，最后通过统计分析，推算出整个调查区域内全部调查对象的特征信息。抽样方式、抽样程序、抽样要求、精度分析等抽样调查相关理论与方法可参考本书相关内容和其他社会调查类专著。

全面调查与典型调查相对，是一种类似于普查的调查方式。全面调查的"全面"包括两个方面：一是调查对象方面，指调查对象应是调查对象的全部而不是部分；二是调查内容方面，指调查内容要全面，不能缺项。一般来说，全面调查主要是指前者，即调查全部对象。全面调查也可以称为逐一调查。全面调查所得的信息是全部被调查者的信息，信息的信度和效度都较好，当然其调查时间、工作量等也较大。与抽样调查一样，典型调查不对全部调查对象进行调查，只对部分对象进行调查，以部分调查结果来推算全体情况。但典型调查不等于抽样调查，典型调查是从全部调查对象中选取"典型"和"代表"性均较好的调查对象，通过对少数典型对象的调查，得到相应的信息和数据，从而推算全体情况；抽样调查无须考虑典型性和代表性，但强调抽样规则的科学性。对于区域规划而言，典型性和代表性即为"平均水平"与"中等情况"。典型调查和抽样调查合并使用，形成典型抽样调查，这属于典型调查的一种特殊情况。开展典型调查的关键在于选取典型，虽然可以通过制定标准来客观判断哪种情况属于典型，但难以消除主观影响，如标准的选择和确定与调查者的意愿有关，有一定的倾向性。

在开展区域规划调查时，具体采用哪种调查形式需要根据时间、经费和精度要求等确定。

一、区域基础设施调查

（一）交通基础设施调查

从调查内容看，交通基础设施调查包括公路、铁路、河道航路等道路、场站的种类、数量、等级、规模、分布等基本情况和区域交通（路网）结构等硬件情况调查，也包括交通与运输匹配情况、交通规划建设情况等调查。其中，调查的指标及参数包括公路、铁路、河道等线路的起讫点、走向、长度、等级、路面情况和完好程度等，以及车站、码头等的数量、规模、等级等。交通与运输匹配情况调查主要涉及客货量调查、流量调查、通勤能力调查等方面。交通规划建设情况调查主要调查已建、在建、拟建的道路、场站等的数量、分布等。

交通基础设施调查一般采用资料收集分析方法，部分采用遥感调查方法，同时结合典型调查或抽样调查进行补充、验证。交通运输匹配情况调查主要涉及客货量调查、流量调查、通勤能力调查等，常采用现场观察和测量方法。

（二）供水、供电、供气设施调查

供水、供电、供气具有较大的相似性，涉及水（电、气）源、输配管线和升（降）压变电站、计量站等。供水、供电、供气设施调查主要是获取现有的供水（电、气等）能力数据，涉及场站、管线等设施的数量、空间分布情况、设施运行情况、社会经济需要及满足程度等的信息数据。

开展区域规划时，尤其强调区域供水（电、气）能力调查。供水（电、气）源的调查是该类基础设施调查的关键，但可划归为自然资源调查之列。供水、供电、供气设施调查主要采用资料收集方法，从相关部门获取相应的数据和材料，但特殊情况时，需要进行实地调查。

（三）通信、医疗卫生、教育设施调查

通信设施调查主要包括类型、覆盖和保障情况等内容。医疗卫生设施、教育设施包括医院、卫生院所、学校等的数量和空间分布，以及教学（医疗）用地用房面积、容纳能力（如可容纳的学生数、床位数量等）、教学（医疗）设备种类数量等硬件设施，也包括教师、医生的数量、质量（学历水平等）等软件设施。

在进行区域规划时，不同规划对通信、医疗卫生设施、教育设施调查的重视程度也各不相同。大多数情况下，它们主要归在社会经济条件调查之中，作为现有社会经济的条件之一，无须过多分析说明，仅需要简单说明现有数量、状况即可，因此，也无须开展深入细致的调查，大多数采用资料收集分析方式，就相关指标进行归纳整理即可。如需进行专项调查，则需绘制相关调查表格，通过填写

表格的方式，从通信、医疗卫生部门、教育部门收集相关信息数据。

二、区域人口与劳动力调查

人口和劳动力是区域的要素，在所有区域规划中都需要予以高度重视。开展区域人口与劳动力调查是区域规划的一项重要工作，但并不是每次规划都要进行专项的人口与劳动力调查。一般情况下，区域人口与劳动力数据可通过资料收集整理获得。我国区域人口与劳动力数据可从全国人口普查资料数据库、公安户籍人口档案数据库、城市与农村调查机构（城调队、农调队）相关社会经济调查统计资料中获取。

我国人口普查工作已经开展多年，人口数据丰富、可靠，普查数据是较为全面、信度较高的数据，但间隔时间相对较长，缺乏年度数据，数据相对不连续；公安户籍人口档案数据准确度较高，信息全面、细致，但覆盖面相对较窄，缺乏完全的非户籍人口情况（缺失未登记人口部分）；社会经济调查数据比较及时，但多采取抽样调查方式，可能存在错漏。在进行区域规划时应全面收集这三个方面的数据，并进行对比分析，从而获得比较准确、可靠的数据。

对于对人口与劳动力数据要求较高、较细的区域规划，如教育、社会保障规划等，需要在资料收集整理的基础上，进行适度的补充调查。对这种调查，一般采取抽样调查、典型调查等方式。

三、区域经济概况与发展水平调查

区域经济概况与发展水平主要指区域经济总量、速度、效益和结构四个方面的基本情况，以及区域发展总体水平、发展阶段等内容。总量、速度、效益、发展总体水平等常采用指标法进行测度，结构、发展阶段等常采用比较法进行判断。

我国的区域经济数据主要来自经济普查和统计部门的统计调查数据（统计局、城调队、农调队的定期或不定期调查）。经济普查与人口普查相似，全国统一进行，按一定的周期定期开展，目前已经进行过多次。统计调查由统计部门统一安排，分定期的年度调查和不定期调查。

一般来说，在进行相关区域规划时，区域经济概况与发展水平调查可直接从普查成果和统计年鉴中获取相关经济数据，无须开展单独的经济调查。特殊情况时，区域经济概况与发展水平调查以普查和统计数据为基础，补充特定的区域或某方面的调查。补充调查大多采取抽样调查和典型调查方式。

四、区域产业与产业结构调查

产业与产业结构是区域经济的重要内容。区域产业与产业结构调查是通过调查分析，弄清楚区域产业类型、产业占比、国民经济中起支柱作用的产业类型、主导产业类型等问题。调查主要集中在产业调查方面，产业结构可以通过计算得出。产业调查主要通过企业调查获得基础数据，包括企业的名称、地址、性质、经营范围、主要产品及产量、员工数量等。

区域产业与产业结构调查多为分析工作。产业及产业结构可以通过经济调查成果资料分析计算得出，即产业和产业结构调查主要采用的是资料分析法。产业调查属于经济调查范畴，采用的是社会调查法中的常规调查方法，如接触调查法中的问卷调查法、访谈法等，以及非接触调查法中的网络调查法、填表统计法等。

在进行区域相关规划时，区域产业与产业结构调查的相关数据大多通过收集统计资料获得，不需要单独进行产业调查。

五、区域优势调查

开展区域优势调查是指进行区域优势要素与竞争力要素调查，获取相关数据，以便后期进行优势分析和竞争力分析计算。

区域优势包括区位优势、资源优势和产业优势等方面，这些方面的基础数据需要通过调查获取。

区位优势即区位条件，主要从地图中读取地理位置，进行距离、范围等度量。获得区位条件数据后，通过一定的计算、比较即可明确区域的区位是否具有优势。

区域资源优势计算基于区域资源数量、质量与集聚情况，因此，区域资源优势分析评价需要开展区域资源调查获取相关数据。区域资源优势是比较的结果，因此需要有被比较的对象区域的资源数据。被比较的对象区域是比本区域更大范围的区域和同本区域范围一样的其他区域，其资源数据主要通过资料收集整理获得。例如，开展省级资源优势分析，需要国家级别和世界级别的资源数据及各省的数据，这些数据一般通过相关统计资料获取。区域产业优势调查分析也如此。

第五章　区域规划条件与规划环境分析评价

区域规划条件与规划环境作为区域规划的两个重要基础，对区域规划有重大影响与作用，开展区域规划条件和规划环境的分析评价是区域规划不可缺少的内容和环节。

开展区域规划条件分析与评价，其内容主要包括类型、数量、分布、作用、程度等。区域规划条件的分析评价可以使规划人员正确认识规划区域的基本情况，并为因地制宜开展规划创造条件。开展规划环境的分析评价就是要弄清楚规划对象所处的历史阶段、国际国内社会经济及技术进步等状况，从而科学部署与安排未来的相关事项，确保规划符合历史进步潮流，顺应发展趋势，进而确保规划的顺利实施和规划目标的实现。

区域规划条件与规划环境的分析评价包括分析和评价两个环节。分析是对条件与环境的条分缕析、分解，通过分析，认识、得到评价对象的相关数据；评价则是在分析的基础上对条件和环境的好坏、影响和作用的大小等进行评估、鉴定，从而得到好坏、优劣、影响的程度等相关信息和数据。分析是过程、手段，评价是目的、结果。分析与评价相结合，可以较好地揭示评价对象的条件和环境特征。

区域分析与区域评价是既十分密切又相对独立的两个方面：分析强调对区域事物和现象的客观认知、剖析，重点是弄清楚其组成、结构、状态等情况；评价强调主观判断，重点在"评"，经过评价，得出好与坏、优与劣等结论及其程度。如果没有进行分析，就不能进行评价；如果只有分析，而没有评价，则规划不够完善、深入。

第一节　区域分析与评价方法

一、区域分析方法

从分析的内容看，区域分析包括区域的组成分析、结构分析、关系分析、空间分析、趋势分析五个方面。其中，关系分析包括因果关系分析、比例关系分析、相关关系分析、协同关系分析等。以上分析均涉及不同的分析方法。

　　区域分析的方法可从两个方面来理解：一是分析路径，二是具体的分析方法。前者包括定性分析与定量分析、实况分析与模拟分析法、静态分析与动态分析等类型，主要强调分析的路径和方向性问题；后者包括分类与分区、系数/指数法、对比法、归纳法与演绎法、图表法等传统分析方法，包括系统分析、态势分析等现代分析手段和方法，主要解决具体的分析手段问题。

　　（一）区域分析的基本路径

　　1. 定性分析与定量分析

　　定性分析与定量分析是根据分析过程中采用的分析手段来区分的，定性分析不使用数据和量化手段，而是根据规划人员个人或集体的已有经验和相关资料等，做出模糊的判断，给出定性结论，一般用文字表述。例如，分析某人的身体状况时，定性分析不用测量身高、体重等具体数据，而是凭经验进行分析判断，给出高矮、胖瘦等大致情况的结论。定量分析是指采用数学方式，通过计算、比较等得出具体数据，用以表征分析对象的特征的方法。例如，分析某人的身体状况时，若采用定量分析法，就需要测量身高、体重，得出具体的数据，然后与标准值进行比较，计算具体的差异数值，得到高矮、胖瘦的结论。

　　定量分析采用的是数学语言及量化相关指标，因此，其精度和分析的深度远比定性分析高，是科学分析的必需。与定量分析相比，定性分析简单、方便，但结论较模糊，不具体。

　　定性分析和定量分析都是区域分析经常使用的方法，各有优缺点，需要相互配合使用，缺一不可。同时，需要说明的是，并不是所有的分析都需要量化分析，有的区域问题，如区域的特色，很难定量，也没有必要定量，定性说明反而比定量描述更好。当然，具体使用什么样的分析方法，要根据实际进行选择。

　　2. 实况分析与模拟分析

　　实况分析是直接对客观存在的东西进行分析研究。模拟分析则是根据人们对研究对象的认识，提取基本参数，构建虚拟的模型，以该虚拟的模型代替现实的、实际的东西作为分析的对象，进行分析研究的一种方法。模拟分析的核心是"模拟"，需要建立在对研究对象深入认识的基础上。只有对研究对象的认识达到一定的程度，才能够模拟现实，因此模拟分析要求较高，条件苛刻。

　　一般情况下，区域分析都是实况分析，也就是直接对研究区域进行调查分析。但随着现代技术手段的进步、区域内相关研究的不断深入，以及有关区域发展等各方面的理论不断丰富，人们对区域的认识不断深化，开始建立各种区域模型，使区域模拟分析也逐步进入实用。例如，计算机技术的进步和系统动力学、GIS等的发展为区域模拟分析提供了强有力的技术手段，使区域分析进入系统模拟分析阶段。需要注意的是，区域系统十分复杂，其模拟时需要海量的区域数据和大量的关系方程。有时，一个区域系统的关系方程可以有数十万条，工作量十分巨大，而且模拟的系统与真实的区域仍有巨大差异，所以需要特别小心。同时，很多区域分析的对象和内容，也不必进行模拟。当然，在技术和其他方面能够保证的前提下，使用模拟分析还是十分必要的，对于提高区域规划的科学性和规划管理等，作用巨大，具有重要意义。

3. 静态分析与动态分析

静态分析和动态分析的区别如下：分析时是静止地看问题，还是动态地看问题；分析的是区域"某一个时间断面"的情况，还是"连续的时间过程"的情况。如果均为前者就是静态分析，如果均为后者则是动态分析。

区域分析中多为静态分析，即对研究区域的某一时间节点的区域情况进行分析研究，一般是以规划基期为分析研究的时间节点，分析研究基期的相关要素及其特征，但有时需要对区域的动态进行分析。动态分析需要获取区域的某个时间段内的连续的数据，建立状态方程，主要用于分析区域发展的态势和趋势。

（二）区域分析的具体方法

1. 分类与分区

（1）分类

分类在逻辑学上属于划分范畴。划分是逻辑学的基本方法，是人类认识事物的基本手段，也是人类认识事物达到一定程度的显现。通过划分，可以将事物区别开来；通过归类，可以将事物的共性特征显化。划分可以简化认识对象，从而加强人们对事物的认知，使记忆量减少。

分类又称为归类，其中"类"是相同特征的事物的集合。分类是一个过程，即通过各种分析手段揭示事物的特征，并将具有某些共性特征的事物归为一类的过程。分类强调"类同"，即特征上的一致，如植物分类、性别分类等。区域也可以进行分类，如按照经济发达的程度，可以分为发达地区、发展中地区和贫穷地区等。分类的方法有很多种，不同的学科分类的方法也不尽相同。

分类的基本要素包括分类对象、分类原则与依据、类别的数量和层次、分类的指标与标准、类的表达。

1）分类对象是指要进行分类的事物或现象的总体，如全体生物、区域等，也可以称为大类，是进行分类的基础。分类时需要首先认识到分类对象的存在，并给予其定义，确定其内涵和范围（外延）。

2）分类的原则和依据是指进行分类时的标准，也就是如何进行分类、依据什么进行分类。分类的标准必须统一，一次划分依据只能是"一个"（一个不是数量上的一，而是同样的意思），如性别、年龄等。

3）类别的数量和层次是指分出来的类型为几类（如一分为二、一分为三等）以及分类次数、级别数量。如果分类对象复杂多样，一次划分不能揭示其特征，可能需要多次划分，如生物分类先分为动物、植物、微生物；然后对各大类继续划分，其中植物又分为高等植物、低等植物等，高等植物又分为种子植物、孢子植物等。

4）分类的指标与标准是指分类时采用的"类"的尺度。有些分类依据可能不只是一项，而是几项，因此，需要确定用哪些指标，并界定分类的标准。例如，根据年龄进行分类，可分为儿童、少年、青年、中年、老年人这五类，其中儿童的年龄范围、少年的年龄范围等，需要给出一个明确的年龄段标准。如果再结合性别、文化、民族等进行综合分类，则指标和标准就更复杂。指标是分类的要素，标准是分类的尺度。

5）类的表达是指分出来的类采用什么方式进行表达，从而形成分类体系，如生物学的分类用门、纲、目、科、属、种等表达其级别，用拉丁文作为标准文字，并规定各种分类的表达方式等。

（2）分区

分区也是一种分类，是对区域的一种划分，是将研究的区域划分为若干子区域的一种做法。与分类不同，分区强调"分开"，不强调"同类"，如将中国分为东部地区、中部地区、西部地区等。以前述区域分类来说，发达地区可以是若干个独立的区域，在空间上互不相连，但在"发达"这一点上是相同的。与分类相比，分区则是对区域的完整划分，分区对象是一个完整的区域，如西部地区是一块完整的区域，东部地区也是一块完整的区域，只是相对位置分为西、东，但内部不一定具有相同的自然、社会经济特征。

分区过程又称为区划，是地理学和区域研究中十分常用的一种方法，也是区域分析的重要一环。分区可以多次划分，但一般不宜太多。同分类一样，分区也需要明确其基本要素：分区对象、分区原则与依据、分区的数量和层次、分区的指标与标准、区划的表达。

区域分类和分区虽然在逻辑上均属划分，过程相似，规则基本相同，但二者存在明显的区别，不应混为一谈。分类是区域属性的归纳，分区是区域界线的划定。分类时，划分对象不止一个，即分类是对若干个同级区域的属性进行归纳；分区时，划分的对象只有一个，即分区是对区域内的更小区域的划定；分类是合并，结果是减少区域数量；分区是分开，结果是增加区域数量。

2. 系数/指数法

系数/指数法是指计算各要素的相关指数，用指数反映和测算要素的基本情况的方法。在社会经济分析中，系数/指数法经常采用相关系数、关联度指数、弹性系数、环境质量指数、小康水平指数等。指数分单项指数和综合指数。单项指数通常反映区域某项要素的情况。例如，人口增长率指数只反映人口数量增长情况；综合指数则反映区域的综合情况，如环境质量指数、小康指数等。指数法常常与其他方法相结合使用。

3. 列表比较法

列表比较法又称为对比法，就是将事物及其属性放在一起进行比对，从而揭示其差异和类同的情况。列表比较法有许多种具体做法，既有定性的比较，也有定量的比较；既有单项的比较，也有多项的比较。比较的对象可以是两个（即互比），也可以是多个（即群比）。如果是一个对象与其他对象相比，即可一一对比，也可以一个与其余个体一起比。常用的方法是列表法，即列表比较，具体做法如表 5-1 所示。

表 5-1 列表比较法示范表

比较指标	对象 A	对象 B	比较结果
指标 1			
指标 2			
指标 3			
⋮			

4. 归纳法与演绎法

归纳法与演绎法都是一种逻辑思维方法。归纳法是指从具体的、众多的个体中分析抽象出一般的共性特征，得出超越具体个体的一般性结论和原理的方法；演绎法与此相反，是从既有的普遍性原理和规则，推导出个别性结论的一种方法。归纳法和演绎法是常用的分析研究方法。

在区域分析研究中，归纳法常用于区域统计资料分析，包括分析各种区域数据，归纳总结其特点、规律、优劣势等；演绎法则多用于典型、抽样等不完全调查方法的结论推演。使用归纳法和演绎法要遵守其逻辑规则。

归纳法中较著名的是 KJ 法。KJ 法又称 A 型图解法或亲和图法，是由日本东京工业大学的川喜田二郎（Kauakida Jir）教授开发的一种直观的、从很多具体信息中归纳得出整体含义的分析方法。KJ 法的核心是编制 A 型图，它的基本做法是：收集研究问题的相关事实、信息、文字等资料，并做成卡片摊在桌上进行观察，将有"亲近性"（相关性）的卡片集中起来合成子问题，并利用相互关系制作成归类合并图（即根据它们的关系进行归类）。不断重复以上步骤，直到得到相关问题的最后描述，找到解决问题的办法。这种方法将人们对图形的思考功能与直觉的综合能力很好地结合起来，而且不需要特别的手段和知识，因此不论是个人还是团体都能非常方便地应用。

KJ 法的工作步骤具体如下。

1）尽量广泛地收集与问题可能有关的信息，并用关键的语句简洁地表达出来。

2）一个信息做成一张卡片，卡片上的标题记载要简明易懂。如果是团体实施，则要在记载前充分协商好内容，以防误解。

3）把卡片摊在桌子上通观全局，充分调动人的直觉能力，将有"亲近性"的卡片集中到一起作为一个小组。

4）给小组取新名称。该小组是由小项目（卡片）综合起来的，应把它作为子系统来登记。因此，不仅要凭直观感受，还要运用综合和分析能力，发现小组的意义所在。

5）重复步骤 3）和 4），分别形成小组、中组和大组，其中难以编组的卡片单独放置。

6）将小组（卡片）放在桌子上进行移动，根据小组间的类似关系、对应关系、从属关系和因果关系等进行排列。

7）将排列结果绘制成图表，即把小组按大小用粗细线框起来，把有关系的框有"有向枝"（带箭头的线段）连接起来，构成一目了然的整体结构图。

8）观察结构图，分析其含义，取得对整个问题的明确认识。

5. 图表法

图表法就是使用图表等工具对研究对象数据进行直观的表达，并从图表中分析获取相关结论的方法。图表法包括统计图表分析法和图上作业法等。其中统计图表包括柱状图、散点图、折线图、饼状图等，基本形状如图 5-1 所示。

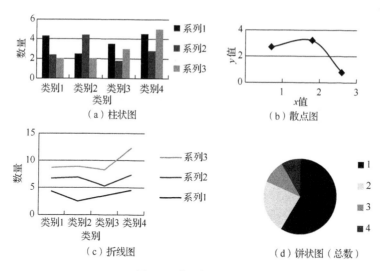

图 5-1　统计图表类型

可以通过图表统计分析区域的各组成要素的数据变化特征，得出相应的规律或进行比例、结构、趋势等分析。

6. 图上作业法

图上作业法就是将研究问题的要素标注到地图上，观察其分布等特征，分析要素的空间结构特点和规律。图上作业法是交通规划、林业规划等进场使用的分析研究工具和方法。

图上作业可以是单要素上图、分析，也可以是多要素上图、分析，还可以进行图层的叠加分析，其工作步骤如下。

第一步是要素上图，即将区域的实际事物要素用不同的符号、颜色、条文等地图要素进行表达，然后绘制到地图的相应位置，这些要素在地图上表现为点状、线状或面状。

第二步是要素观察分析，即通过肉眼直接观察这些要素的空间分布、间距、形状等，或者通过叠加等手段，再进行观察，分析要素的空间关系、形状格局等。

7. 矩阵分析法

矩阵是由 19 世纪英国数学家凯利首先提出的一种传统的数据分析工具。矩阵是一个按照长方阵列排列的数据的集合，是为分析要素之间的关系，把各个要素分别放在矩阵的行和列上，然后在行和列的交叉点，用数量或符号来描述这些要素之间的关系及程度，最后进行定量分析的方法，具体的做法如下。

1）确定需要分析的要素。

2）构造矩阵，把比较要素分别输入表格的行和列。

3）填写两者的关系数值（如判断矩阵中，用1、3、5、7、9或2、4、6、8、10等表示亲疏或重要程度，分数间隔要大一些，1分表示两个要素的重要性相当，分值越大，相差越大，以"行"为基础，逐个和"列"对比，"行"比"列"重要，打正分，如果"行"没有"列"重要，打分数的倒数）。实际做的时候，只填写对角线的一半（半幅）就可以，无须填写倒数。

4）按照矩阵的数学计算公式或算法，计算特征值等相应的数值，根据相关数值，得出要素之间的关系特征。

区域分析中常用的分析矩阵包括投入-产出矩阵、关系判断矩阵、态势分析矩阵等。

8. 系统分析法

（1）系统分析概述

系统分析方法是建立在系统论基础上的一种现代分析问题的方法，它将研究问题或对象界定为系统（由一定要素组成，要素之间相互联系、密不可分并具有特定结构和功能的整体），从系统的组成、结构、功能、状态和环境等方面进行全面、整体的分析，从而揭示研究对象的整体特征和运行规则，为系统设计和优化提供总体思路与操作方案。

系统分析法是一种提供思考问题的总体思路和解决问题的策略路径的总体思维方法，不是具体的技术路线方法。

运用系统分析法进行分析研究，首先要建立系统观念，将研究对象界定为一个系统，然后按照系统的思想开展相关分析研究。系统具有整体性或者说是有机性、不可分性。构成系统的要素称为系统的组成，它可以是更小的系统，也可以是特定的物质、元素；系统组成之间的搭配方式和组织关系称为系统的结构。系统结构不仅是形态结构，还是一种功能结构，也就是结构与功能是相关联的，即有什么样的结构，就会有什么样的功能；反之亦然。系统结构与功能的关系十分复杂，并不是一一对应关系，甚至有同构异功、同功异构等情况出现。

系统是一个有机整体，一旦将系统的联系割裂或中断，系统将失去作为整体应有的功能。不同系统有不同的特定的组成和结构，与环境之间存在明显的差异，形成边界。

系统的类型多种多样，既有自然系统，也有社会经济系统；既有现实系统，也有虚拟系统；既有客观存在的系统，也有人为造就的系统；既有生产系统，又有销售系统等。

系统有大有小，世界是由一系列系统组成的，系统内更小的系统称为子系统，子系统内部还有更小的子系统；系统之上有母系统，母系统之上还有祖系统。

系统分析的原则是，内外结合、远近结合、局部与整体结合、定性与定量结合。

（2）系统分析的基本程序

系统分析的基本程序如下。

1）明确问题，界定系统。不论是对原有系统的优化，还是设计构建一个新系统，明确系统问题都是一个关键环节。明确问题，就是要系统、全面地分析需要解决的事项，弄清楚问题。系统分析将一般问题转化为系统问题，从系统的角度，分析明确与优化和构建系统有关的主要问题、系统的关键与瓶颈、资源环境等约束条件，将研究问题界定为系统，明确系统的边界，将系统与环境区别开来。

2）确立系统目标。分析确定系统构建或优化的目标，以目标为指引，进行系统分析和设计。系统目标应该根据系统分析设计要求和需要解决的问题进行确定，首先确定总目标，然后进行目标分解。目标应尽量用指标来细化和表达，以便进行定量分析。不能定量的目标应该尽量分析清楚。

3）调查研究。对于客观存在的系统，系统调查就是开展系统本身和系统环境的调查，了解系统的组成、结构、状态和趋势等，弄清楚支撑系统运行的资源条件，了解系统所处的环境，以及系统与环境之间的信息、物质、能量交流情况，为全面认识和了解系统提供基础数据和基本信息，为优化系统提供基础。非客观存在的系统要根据系统原理，按系统组成、结构等去调查分析构建系统的因子的情况，以及系统的运行环境等，为构建系统提供基础。

要对调查到的数据和信息进行去伪存真等分析、整理、交叉核实操作，保证数据和信息的真实性、准确性和客观性。

4）问题诊断。系统分析有两个方面的任务：一是进行问题的系统诊断，二是提出解决问题的整体方案。诊断问题是解决问题的前提。问题诊断其实就是分析、弄清问题的本质、起因和问题的程度、影响等要素和状况，明确需要解决的问题，以及这些问题产生的原因、受哪些因素的影响与制约及其影响程度等，从中找出系统各要素间的关联性和相互作用的规律。

5）提出整体解决方案。提出解决问题的整体方案，实际上就是系统设计，是根据系统目标和系统现状及分析研究得出的相关规律和特征，构建出解决问题的路径、方法、工具。例如，系统分析的是某人从 A 地到 B 地的问题，解决方案就是"交通方式+交通工具+路径"的各种组合，具体如下。①交通方式：步行、自己驾驶交通工具、乘坐交通工具等。②交通工具：无工具（步行）、自行车、马、马车、汽车、火车、飞机、轮船等。③路径：陆路、水路、空中。三者结合，有若干种组合，即有若干种解决方案：①走陆路，可以步行、骑自行车、骑马、驾驶马车、开汽车、坐马车、坐公共汽车等；②走水路，可以驾驶或乘坐木船、汽艇、轮船、木筏等；③走空中，可以驾驶或乘坐飞艇、飞机、热气球等。

构建解决问题的方案要求"尽可能穷尽一切可能"，即尽可能找出全部或绝大多数解决问题的可能方案。能否找出所有的方案是检验方案构建工作是否完满的标准，也是检验分析人员的能力和水平的重要指标。如果不能穷尽所有方案，特别是实际找到的方案远比可能有的方案少时，方案优选可能就会成为一个大的问题，选出的方案可能就不是最优方案。当然，在进行系统分析时，针对不同的问题和目标要求，也并不是一定要找出所有可能方案。一般，尽可能多地构建出解决问题的方案比构建出较少方案更好，平常说的"多多益善"是方案构建的基本原则，也是基本要求。

6）方案优选。解决问题的方案提出来后，需要对各个方案进行比较，从中筛选出最佳方案和可行方案。方案的优选是最优方案选择的过程，也就是分析在"人、财、物、时间"的约束下，实现系统目标的最佳方案。

最优方案不等于最好的方案，而是指可行方案中的最好方案。受约束条件和可行性等限制，有时最终选择的不一定是最佳方案，而是次优方案。也就是说，最佳或最优是相对的，与目标和要求有关，也与约束条件有关，是在约束条件下相对于其他方案的最优。最优的标准是系统目标决定的，如前述问题中，要求"最快"而又没有经济方面等的限制，交通工具等约束条件也满足，则乘私人飞机去（专机）是最优方案；反过来，如果要求"最经济"，又没有时间限制，则走路去是最优方案。

方案优选先要提出评价标准，才能进行方案比选和选优。评价标准的制定需要依据系统目标和约束条件，充分体现系统要求。标准不宜太复杂，也不能过于简单，以适用为基本原则。标准可以是单方面的，也可以是几个方面的组合，如"最快"或"最省钱"是单方面的，如果改为"最快+最省钱"，则是组合型的。

7）试验实证。在比较复杂的情况下，需要对系统方案进行试验实证。系统分析程序框图如图5-2所示。

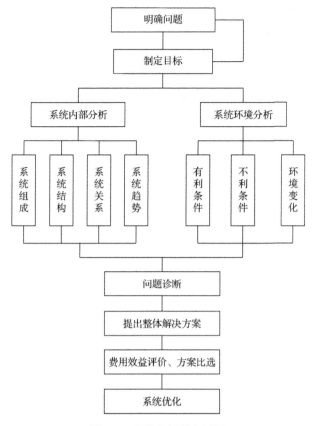

图 5-2　系统分析程序框图

9. SWOT 分析法

SWOT 分析法法又称态势分析法，由美国哈佛大学的安德鲁斯（Andrews）在 1971 年首先提出。20 世纪 80 年代初，旧金山大学的海因茨·韦里克（Heinz Weihrich）创立了 SWOT 分析矩阵，建立了 SWOT 分析模型。该方法最初主要运用在企业战略分析研究中，是一种根据企业自身的既定内在条件进行分析，找出企业的优势、劣势及核心竞争力之所在的企业战略分析方法。SWOT 分析从企业的内、外部两个方面进行分析，内部用优势（strengths）、劣势（weaknesses）来进行分析判断，外部环境用机会（opportunities）、威胁（threats）来描述，并将四个方面结合起来综合进行分析、判断，从而制定合适的经营战略。目前，SWOT 分析法已广泛运用于各行各业。

SWOT 分析法是一种综合分析评判方法，它将自身分析与环境分析相结合，能够直观地判断出自身发展的机会与面临的问题，从而选取相应的行动加以利用或予以避免。优劣势分析主要着眼于企业或产业、区域等分析对象自身的实力及其与竞争对手的比较，而机会和威胁分析将注意力放在外部环境的变化及对发展的可能影响上。但是，外部环境的变化给具有不同资源和能力的企业或区域带来的机会与威胁却可能完全不同，因此，两者之间又有紧密的联系。

SWOT 分析既需要正确识别自身所拥有的资源条件，也需要对环境中出现的机会和各种障碍有清晰判断。识别自身的优劣势就需要进行比较，即将自己与竞争对手进行比较，分析自己是处于优势还是处于劣势。然后，分析所处的时代、社会经济环境是否有发挥优势的机会和环境出现。如果有，则加以利用，充分发挥优势。反之，则需克服和弥补自身的不足。

SWOT 分析中优势、劣势、机会、威胁的识别，需要用比较法、系统分析等前述各种方法进行调查、分析。

区域的 SWOT 分析矩阵如图 5-3 所示。

图 5-3　SWOT 分析矩阵

根据图 5-3，可能有四种组合情况。

1）环境中出现机会，区域恰好有优势。

2）环境中出现了机会，但区域不具备优势（处于劣势）。

3）环境中存在威胁，区域也不具有优势。

4）环境中存在某些威胁，但区域在此方面有优势。

显然，如果是情况 1），区域应充分发挥优势，加大开发建设力度，以推动区域发展，扩大竞争优势。如果是情况 2），则应该针对自身的不足，寻找克服自身不足的方法和途径，迅速消除劣势或者将劣势转变为优势，以迎接环境中出现的机会。如果是情况 3），比较糟糕，但也不应就此沉沦，而应该积极主动地应对，一方面要挖掘自身潜力，以形成优势，另一方面要积极创造机会。如果是情况 4），一方面要等待机会的出现，不要急于求成；另一方面，也要积极努力地消除环境中的障碍，充分发挥区域优势。

二、区域评价方法

区域评价就是在区域分析的基础上对区域的资源环境及社会经济发展等方面的优劣、好坏、多少、快慢等进行比较，并按照一定的标准、等级给出评判结论的过程。区域评价与其他评价相似，是建立在一定标准上的一种价值取向。评价既需要给出评价的级别（等级）的数量，如分为优、良、中、差四级，或者及格、不及格两级等，也需要有评价的标准、尺度，如多少分为优，多少分又为良等。

区域评价既可以是定量评价，也可以是定性评价。定量评价主要是确定评价指标并制定确切的数量标准，按评价指标的值的大小进行等级划分；定性评价无须给出指标、数量，只是确定某些评价的因子，就因子的情况进行定性分析，给出好坏、高低等判断。

区域评价针对区域进行，但根据具体的评价对象，可分为区域单因子评价和区域综合评价。前者是指对自然条件、自然资源、经济、社会或者其中的某一方面进行评价，如水资源评价；后者主要是对区域整体或者各区域要素的组合情况进行系统的、整体的评价。

（一）区域单因子评价

区域单因子评价是指仅对某一项区域要素的评价。单因子的“单”是相对的，如资源评价，就区域整体评价而言，是单因子评价；但在资源评价中，可以对其中的土地、水等资源进行单独评价，也可以对资源进行综合评价。

区域单因子评价相对于区域综合评价较为简单，评价的对象单一，资料、数据相对较好获取，评价的等级划分、标准制定也较方便。

区域单因子评价的基本要素包括评价对象、评价方法、评价指标、评价标准、评价等级，具体分析如下。

（1）评价对象

评价对象即为评价的具体对象。区域单因子评价往往只针对一个因子进行评价，评价对象是单一的。在区域分析评价中，评价对象就是区域的某一组成要素，如自然条件，或者自然条件中的气候条件，或者气候条件中的干湿情况等。评价时，对评价对象要界定清楚，不能模糊不清。区域单因子评价的目的是揭示区域的这一因子的基本状态的好坏程度。区域单因子评价是区域评价的重要组成部分，只有先进行单因子评价，才能进一步揭示区域综合情况等。

（2）评价方法

区域单因子评价方法有定性评价和定量评价两种：定性评价常用经验法和 KJ 法等；定量评价常用指标法，等级之间的标准划分常采用等差级数法等基本的数学方法。

评价是一个比较的过程，采用比较法开展评价工作，常用的有互比法和标准比较法。互比法就是将评价对象互相进行比较，从而得出相对好坏的结论；标准比较法就是将评价对象与某项标准进行对比，判断其达标的情况。前者如班级评优中，将候选者进行相互比较，并进行排序，就可以得出相对的好坏结论；后者则是先制定评价的标准，然后将各参评对象与标准进行比较，分析判断是否达标及达标的程度，最后根据比较的结果得出评价结论。若综合成绩 90 分以上为优秀，则需要计算参评对象的综合分值，并与优秀标准进行比较，超过该标准分值的，即界定为优秀；反之则不能界定为优秀。

（3）评价指标

评价指标需要根据评价对象和评价目的而定，就区域评价而言同样如此。区域评价的指标一般就是反映其属性的特征指标，如自然条件方面的年均温、多年平均降雨量、平均风速、平均厚度等，又如自然资源方面的储量、质地等。评价指标可以采用单项指标，也可以采用多项指标配合进行评价。

（4）评价标准

评价标准是判断好坏程度的指标值。目前，评价标准很多时候采用的是等差级数法。等差级数法是指将指标按等距离的差数进行划分。例如，90 分以上为优秀，80～90 分为良好，70～80 分为中等，60～70 分为及格，60 分以下为不及格，其划分标准是就是采用了 10 分的等差作为级差进行划分。评价标准也可以采用等比计数法等其他划分方法。

总的来说，标准的确定比较复杂，其科学性也很难把握。例如，在前述标准中，89.9 分与 90.1 分在成绩好坏上有何质的差异？但在评价中一个被划在优秀，一个则为良好。为了更科学地确定评价标准，采用数学方法和系统分析法，更深入地了解事物的运动变化规律，寻找划分的"临界点"是十分重要而必需的工作。不过，有的较容易找到，如坡面物体的稳定角；有的就难以找到，甚至根本就找不到这种有科学意义的临界点。如果找不到这种临界点，则就等级划分来说，标准的制定就是一种"权宜之计"，只能相对科学和相对公平。只要"一把尺子量到底"，就是科学、合理和公平的。

评价标准的制定，可以比较精确，也可以比较模糊，具体采用哪种尺度，要根据评价的需要来定。在区域评价中，能精确评价最好；如果不能，则可以模糊一点，作为权宜之计。精确评价时，必须采取定量的等级划分标准；模糊评价时，可以采用定性的评价标准。例如，对区域资源条件的评价，由于基本可以采集到相关定量数据，因此，评价时可以进行精确评价，评价标准使用定量标准。而对区域发展等，则因难以采集相应数据，就可以使用模糊一些的定性评价。

（5）评价等级

评价等级一般不宜太多，但也不能太少。评价等级太多，过于复杂，虽然揭示出的差异比较明显，但多数没有必要；评价等级过少，虽然评价时比较简便，但等级过少，揭示的差异也不清楚，往往达不到评价的目的。有时，评价可以分为达标评价和选优评价两种类型。达标评价的目的是评判评价对象是否达到某种标准；选优评价则是从多个个体中选出优秀的个体，分出优秀的等级，揭示个体间的差异。评价有时可较简单，如果只需判断评价对象是否达到某种标准，就可以采用二级评价等级，如达标评价，只需合格、不合格或达标、不达标两级；如果是选优评价，则需更多等级。一般地，评价等级在三至五级为宜，少于三级，评价结论较粗；多于五级，评价过于复杂。常用的等级为优、良、中、差，一等、二等、三等、四等，或一级、二级、三级等。

（二）区域综合评价

区域综合评价既包括对综合对象的评价，也包括对单一对象的整体评价。综合对象也就是不止一个组成要素的对象，如区域或者区域的经济系统，对这种综合对象进行评价属于综合评价的范畴。对单一对象进行整体评价，也属于综合评价范畴，如对区域自然资源的总体评价等。

区域综合评价涉及区域组成要素与结构的综合优劣势评价、系统运行态势评价、区域所处环境的利弊评价（不做详细论述）等内容。

1. 综合优劣势评价

综合优劣势评价是指对任务、事件等在某方面的优劣势的识别与鉴定，是区域分析评价的重要内容，主要从区域比较的角度，分析评价区域与区域在条件、资源等要素构成方面的优劣及其程度。作为综合评价，综合优劣势评价的对象是区域整体或者区域的某方面的总体，如区域资源优势综合评价（既可作为区域单因子评价，也可作为区域综合评价）、区域发展环境综合评价等。

区域优劣势评价同区域单因子评价一样，需要明确评价对象、评价方法、评价指标、评价标准和评价等级等。确定的思路与过程基本相似，差别在于评价的指标选择：区域单因子评价的指标是单方面的，只涉及一个方面；综合评价的指标是综合的，涉及多方面。例如，从资源优势评价来说，进行区域单因子评价时，以资源为对象，只进行区域间的单项资源比较，涉及资源质量、数量的对比，得到的是单一资源或资源某方面的优劣情况；进行区域综合评价时，则以区域为对象，比较的是区域的所有资源，评价的内容不仅涉及资源的数量、质量，还涉及资源的分布和结构及开发利用条件，得到的是区域资源的整体优劣情况。区域单因子评价可能得出 A 区域在某项资源方面比其他区域具有优势，但区域综合评价可能得出 A 区域与其他区域相比，并不具有资源优势的结论。

2. 系统运行态势评价

系统运行态势评价是一项综合评价。运行态势是对系统状态的描述，是动态的概念。一般来说，每个系统都有自身的运动变化规律，并不存在好坏的分别，但系统运行却存在是否正常、是处于良性运动中还是处于恶性运动中的差异。分析评价系统的运行状态，做出正常还是不正常、优化还是恶化的评判，也是区域研究十分重要的内容。系统运行态势评价在大多数情况下，只需要得出定性评价结论即能满足要求，但要正确判断是否正常、是优化还是恶化，也需要指标和数据支撑。也就是说，系统运行态势评价既可以进行定性评价，也可以进行定量评价，但大多数情况下是定性与定量评价相结合。

系统运行态势评价与其他评价方法与过程相似，但评价无须与其他对象相比，更多的是对自身情况的分析评判（属于自评价、纵向评价），评价的指标也不同，如区域经济运行景气程度评价、经济发展的冷热评价、区域环境演变态势评价等。

运行态势评价也有其独立方法。一般来说，要先建立系统运行的状态方程，构建系统状态评判标准，然后调查获取实时监测数据，最后用实时数据与标准进行比照，得出评价结论。描述系统运行状态指标往往是一套指标体系，而不是单一指标，但均与时间有关，是时间的函数。有时，为了直观、明了，往往将多个指标综合起来得出一个综合指数，用指数的大小、多少等来表述其状态，判断其形势，其评价标准就简化为单一标准，如经济景气指数，超过 50 为景气，低于50 为低迷等。

第二节　　区域规划条件分析评价

区域规划条件包括区域的区位条件、自然条件、自然资源和社会经济条件，总体看可分条件和资源两个方面。条件不参与区域社会经济活动，是区域内部的环境条件；资源参与社会经济活动，是社会经济活动的组成要素。自然条件和自然资源是区域的重要支撑，也是社会经济条件形成和发展的基础。区域环境承载能力是自然条件与自然资源对社会经济的支撑和作用的综合表现，也是区域规划的重要自然条件。社会经济条件是人类与自然长期相互作用的结果，也是历史的产物，还是社会经济的重要组成部分和未来发展的基础。

区域规划条件的分析评价分为单要素分析评价和综合分析评价两个方面。单要素分析评价主要针对单方面的区域自然要素或社会经济要素进行，是认识区域规划条件的重要手段和环节，也是综合分析评价的基础，其目的是揭示区域某要素的基本特征和优劣。区域规划条件综合分析评价是在单要素分析评价的基础上，以区域为对象的整体分析评价，它的目的是揭示区域的综合特征和整体优劣。单要素分析评价和区域综合分析评价相互关联，在区域规划研究中同样重要，不可或缺。

一、区位条件分析评价

区域的区位条件分析评价包括三个方面的内容：一是界定区域的地理位置，包括绝对位置和相对位置；二是分析比较该区域与相关区域的位置关系（方位，即位置与方向）及其因此而产生的对该区域的影响；三是从相关规划的角度，评价该区域区位条件的优劣。

区位分析涉及的基本要素，即区位要素或区位因子，包括位置、方向、距离三个方面。

位置涉及地理位置和海拔（水平方向和垂直方向的位置）。位置不仅是地理上的坐标数据，还是包括有功能意义的相对位置，如郊区和城市、沿海和内陆、交通枢纽、政治经济中心、物资集散地等；不仅是一个空间的位置，而且蕴含经济发展的条件差异、区域经济特色等功能内容。在区位分析中，一定要从自然地理系统、社会经济系统角度分析评价其位置的特点和代表功能，即把位置看成类似"穴位"等的功能位来进行分析评价。

方向是指东西南北、前后、上下左右等方向。区位分析中的方向是相互比较而言的，即 A 位于 B 的什么方向。一般来说，往往以被比较对象为中心，分析说明比较对象位于被比较对象的什么方向。这个方向也是从功能上来说的，不是东、西、南、北的地理方向，而是相对应的功能及影响等，如某点位于某中心城市的南方、上游、下风方向等，这不仅是指其位置方向，而且会产生相应的地理效应。位置与方向相结合称为方位，方位的分析评价是区位分析的主要内容。

距离是反映事物之间的空间位置关系的重要方面。距离的远近对事物之间的联系和相互作用有重大影响，因此，在区位分析中，必须高度重视距离分析。距离一般通过"测度"进行量算，可以计算直线距离，也可以计算交通时间距离，即按某种交通方式的车程进行量算的距离，如 1 h 车程的距离。但要注意的是公路、铁路等有等级之分，要区分这种差别所导致的时间长短的影响，一般是按平均速度来考虑。按前述方式量算的距离，在区位分析中更具有价值，不可或缺。例如，某山区的 A 地距离某中心城市 C 的直线距离为 100 km，但交通基础设施较差，没有高等级公路等联通，通勤时间需要 3 h；而 B 地虽然离中心城市 C 的直线距离为 150 km，但有高速公路联通，交通时间只需要 1.5 h。显然，从现状来说，A 地与中心城市 C 的联系比 B 地更不方便，联系的紧密度是 A 地远低于 B 地。

区位分析评价的要点具体如下。

1）范围，即比较范围，如全国或某中心城市吸引范围。

2）方位，即分析评价对象位于比较区域中的位置和方向，或者相对于某比较对象来说分析评价对象处于比较对象的什么方位。

3）距离，即分析评价对象与比较对象的距离，可用连接线、等值线来反映。

在进行区位分析时，需要编制区位分析图。区位分析图就是将比较的大、小区域和各地理要素标注出来，并标注相互之间的距离、方向、位置，分析位置关系及其因位置不同所产生的自然、社会经济效应。有两种表达方式：一种是等值线法，即以中心城市等为圆心，按一定间距（半径），绘制出不同距离环线的同心圆，以此反映出区域内的某个地点与中心点的位置关系；另一种是连接线法，即将比较对象用线段连接，并标注距离。也可以两种表达方式结合使用。

二、区域自然条件分析评价

区域自然条件的分析评价包括单要素分析评价和区域规划条件的综合分析评价。自然条件从规划角度看，可分为地质条件、地形地貌条件、气候条件、水文条件、植被条件和土壤条件等六个要素，区域自然条件的分析评价就是从规划的角度，分别对这六个要素的组成、结构和分布情况进行分析评价，以揭示区域自然条件对区域规划对象的发展的作用及其程度。

区域自然条件的分析评价，虽然涉及六个要素，但考虑对区域影响的大小和重要程度，往往并不全部进行详细的分析评价。一般来说，对区域影响较大的、起基础性作用的主要是地质、地形地貌、气候，因此在区域分析评价中，大多重点进行这三个方面的分析评价，其他要素则简单化甚至不进行分析评价。

（一）地质条件

区域地质条件涉及区域地壳的稳定性和建设的安全性，因此需要进行分析评价，无须复杂化。简单地，为区域规划服务的地质条件分析评价主要集中在地震、滑坡、泥石流等方面。

地震的分析评价主要是明确区域所处的地震分区，根据地震分区，判断其地壳的稳定性，以及建设总的防震等级和标准等要求。地质灾害方面主要分析评价是否处于地质灾害易发区，主要的地质灾害有哪些，易发的程度。

如果区域处于地震带或者处于地质灾害易发区，相关规划应该充分考虑抗震、防灾的因素，在规划布局安排和项目设计等方面，都必须有所考量。

（二）地形地貌条件

地形地貌既是区域的骨架，也是以地层岩石为基础、在内外力共同作用下形成的地表框架，还是区域的外貌。地形地貌对区域自然和社会经济都有重要的作用和影响。

区域自然条件的要素分析评价，对于地形地貌而言，主要是地表形态的分析评价，即分析确定区域的地貌类型，揭示区域高低、起伏等特征和地表形态的空间差异，并进一步分析评价地形地貌对区域的地理影响。

1. 分析确定区域的地貌类型

区域的地形地貌分析评价，首先从界定类型开始，既包括从几何形态上确定其地貌类型，即分析确定区域是山地还是平原、丘陵、高原、盆地等；也包括按成因分析界定类型，如是喀斯特地貌还是黄土地貌等。地形要素组合不同，形成和产生的地表形态和景观格局不同，对区域的自然、社会经济活动的影响和作用也不同。山地海拔较高，地表起伏较大，使区域地块破碎、景观多样、空间异质性高、垂直分异明显，进而形成独特的山区景观，对自然资源的开发利用和农业、交通等社会经济活动产生重大影响。丘陵与山地相似，但海拔较小，因此，地形对人类活动和社会经济的影响也较山地为小。高原与平原具有地表起伏相对较小的地形特征，但高原海拔较高，平原海拔较低。相对来说，高原的地表起伏远远大于平原，因此，高原的不利因素往往大于平原。喀斯特地貌、黄土地貌等则意味着各自的地理景观格局和复杂的地理过程特征，对人类活动的影响也重大，往往形成了特殊的区域，如黄土高原区、喀斯特地区等。前者以土壤侵蚀剧烈著称，后者以特殊的地表-地下水文活动出名。

2. 揭示区域地形地貌的特征

区域地形地貌的特征包括高低、起伏情况及空间差异情况。高低就是区域的海拔情况，包括分析确定区域的最高、最低和平均海拔，这既是确定地貌类型的基础，也是区域地表形态的重要特征。起伏主要是指地表的海拔变化情况，包括分析确定高差、起伏程度等。地表起伏可以用起伏度、破碎度等定量指标进行度量。区域地形地貌特征的空间差异，主要是从整体上看区域内部各小区域的地表高低、起伏等情况的不同之处，如果存在明显差异，则应进行区域内部地貌区划，以便于更好地揭示区域地形地貌的不同，方便区域的差异化开发利用。

（1）起伏度

区域地表起伏度的计量通常有两条途径：一是方格网法，二是剖面线法。方格网法就是将区域按一定大小（如 1 km²）划分为一个个方格，然后对每个方格进行高差测量得出每个方格的高差，最后进行区域平均得出区域的平均高差。也可以进行统计分析，得出区域的起伏情况和程度。剖面线法，首先，通过选定区域代表性的方向，画出一条剖面线，以该方向的平均高度作为横坐标，以海拔为纵坐标，建立坐标系；然后，在坐标上标注各点高程，连接各点得到剖面线；最后，以剖面线为分析对象进行地表起伏情况和程度的分析评价，包括分段计算高、低点之间的高差及出现的次数，然后加总高差或次数除以剖面线长度，就得出该线的起伏情况和程度（图 5-4 和表 5-2）。

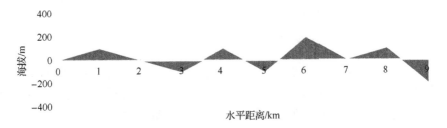

图 5-4　地表起伏示意图（区域某水平方向的地表海拔变化）

表 5-2　剖面法地表起伏度计算表

区段	高差/m	长度/km	起伏次数/次	起伏度	
				程度指数/（m/次）	数次指数/（次/km）
0～1	100	1	1	100	1
1～3	200	2	1	200	0.5
3～4	200	1	1	200	1
4～5	200	1	1	200	1
5～6	300	1	1	300	1
6～7	200	1	1	200	1
7～8	100	1	1	100	1
8～9	300	1	1	300	1
合计/平均	400	9	8	200	0.89

　　如果区域起伏的方向比较单一，则可以用一条剖面线的情况代表区域情况；如果起伏方向不止一个，则根据起伏方向，选择几条剖面线，通过对各条剖面线的起伏情况进行统计分析来反映区域地表起伏情况。

　　从图 5-4 和表 5-2 可知，该剖面地表起伏次数较多，但起伏程度不大，高差为 400 m，平均起伏度为 200 m/次，平均起伏次数为 0.89 次/km。其中，0～5 段，起伏度较小，最大高差为 200 m，平均起伏度为 175 m/次，平均起伏数次指数为 0.8 次/km；5～9 段起伏较大，最大高差为 400 m，平均起伏度为 225 m/次，平均起伏数次指数为 1 次/km。

　　（2）破碎度

　　破碎度是反映区域地表完整程度的一个反向指标。如果一个区域没有任何起伏、各地连成一片，即为一个完整地块，破碎度为零；反之，破碎度为 1。

　　地块是以沟壑分割的，因此划分地块就是要找出沟壑，以沟壑圈定地块。划分时需要考虑沟壑的切割深度和宽度，较小的沟壑不能分割地块，只有大到一定程度的沟壑才能作为地块划分的依据。平原和高原地区地块划分相对较简单容易，而山区和丘陵区则比较麻烦和困难。为此，可以用沟壑系数或沟壑密度来反映地表破碎程度，也就是单位面积内的切割深度大于某一数值的沟壑长度或数量（条数等）来反映地表的破碎程度。沟壑密度越大，地表越破碎，反之地表的完整性越好。

如果不是特别的要求，在做有关地表破碎度分析评价时，一般可以简单地以地图上标出的河流、沟谷来代替，无须进行沟壑的详细界定，具体做法如下：首先利用 GIS 软件自动提取或者人工勾绘谷底线、沟底线（沟谷最低点，即沟谷等高线的转折点的连线），然后确定单位面积（如 $1\ km^2$），最后利用计算机自动测量其长度，用长度除以面积，计算出区域的沟壑密度。

3. 分析评价地形地貌对区域的地理影响

分析评价地形地貌对区域交通、城镇建设、农业生产等的影响一般采用定性与定量相结合的方法进行。地形地貌对区域交通、城镇建设和农业生产等的影响各不相同，但总的主要集中在以下几个方面。

1）影响建设成本。不论是交通还是城镇建设，地形是一个重要的成本影响因素。平坦的地形，土石方开挖回填的数量小，平场工程容易，建设成本低；反之，高挖深填地段多，土石方量大，平场难度高，建设成本高。例如，目前在平原地区修建高速公路，单位建设成本可能每千米也就 7000 万~8000 万元，而在贵州山区，高速公路的桥隧比较高，每千米高速公路建设成本平均高达 1.3 亿元以上。

2）影响区域联系和通达性。地表起伏大的区域，完整的地块少，地表分散、破碎，交通不便，区域内部之间联系较困难；对外来说，其通达性差。区域地表起伏小的，区域之间的联系就比较方便，通达性好，区内外的联系也就比较紧密。

3）影响空间布局。山区由于地形起伏大、地表破碎度高，相关建设项目的空间布局远比平原地区困难。

4）影响交通、物流等经济运行。地形起伏大的区域交通不便，对物资运送等影响较大，反之则影响较小。

5）影响社会经济管理。山区等地因地表破碎，空间连续性低，村镇等社会单元也较小和分散，因此社会管理困难、成本较高；平原地区则相反。

6）资源条件差异较大。山区等地容易产生和形成丰富多彩的地表景观，以及特殊地域文化，旅游资源相对富集，发展旅游的资源条件较好。相对来说，平原地区的地文景观资源等就相对贫乏，旅游发展的资源条件较差。

7）山区地质灾害等容易发生，平原洪涝灾害发生概率较高。

（三）气候条件

区域气候条件的分析评价包括两项内容：一是区域的气候类型及特征的分析界定，二是区域气候条件的优劣评价。

气候类型根据气候学分类直接确定，如亚热带湿润季风气候、温带大陆性气候等，各个区域基本上已经明确所属气候类型，直接引用即可。如果是小区域，则应细化分类，如气候亚类或小气候类型。

气候的特征通过定性、定量的分析加以揭示。定性分析主要是分析其冷热干湿情况和季节变化特征，如温暖湿润、雨热同季、四季如春、寒冷干燥等。定量分析主要是利用气象站点的观测统计资料进行分析评价，如气温、降雨、日照、风等，其中以温度和降雨为主要对象。温度方面，常用年平均气温、最高（最低）气温、冬夏两季均温等进行反映；降雨方面，则多用多年平均降雨量，季节降雨量，雨季长短，各频率的 24 h、1 h 最大降雨量等进行反映；日照方面，主要用日照时数、日照百分率等指标。此外，还需要归纳主要的暴雨、干旱、冰雹、低温等气候灾害。

气候条件的优劣有相对性，要从交通、农业、旅游等角度进行相应的分析评价。气候条件与气候资源通常一起进行分析评价。气候条件的优劣分析评价大多采取对比法，根据需要来分析评价有无相应条件和满足程度。例如，温度条件可以根据温度高低，从农业的角度分析评价发展农业的方向和可能；区域多雾、多凝冻天气等，则可以分析评价其对交通的影响等。

（四）其他

其他条件包括水文、植被、土壤等，在区域分析评价中，除非有专门的需要，否则只需要对其进行简单分析评价即可，主要是弄清楚该区域的类型、数量及主要分布在哪些区域。

三、区域自然资源分析评价

自然资源是人类劳动生产的对象和社会经济活动的直接参与条件，资源的多少、好坏对区域发展起到极其重要的作用。具体来说，满足规划需要的区域自然资源的分析评价包括以下内容：区域自然资源种类和数量的分析评价，回答区域的自然资源类型及数量的问题；区域自然资源质量分析评价，回答区域自然资源好坏的问题；区域自然资源组合情况分析评价，回答区域自然资源是否匹配和形成组合优势的问题；区域自然资源空间分布与区域差异分析评价，回答区域自然资源是否均衡及差异程度的问题。此外，有时还需要对区域自然资源开发条件进行分析评价。

（一）区域自然资源种类、数量分析评价

区域自然资源的种类、数量的分析评价，主要是根据已有调查成果资料，按照国家相关分类标准，分别统计汇总出区域内拥有的自然资源的名称及其蕴藏量，主要分析说明的是各种数量多少。

不同的自然资源其数量的界定有不同的方法和指标。矿产资源的数量指标主要是储量，包括地质储量、可采储量等，一般用于分析的都是已经探明的现状储量，有时候也需要对远景储量进行说明。土地资源的数量用面积来衡量。水资源数量一般用水量反映，包括总水量、可开发水量。生物资源的数量，根据不同的资源种类用不同的指标反映，如森林、草原等用面积，林木用蓄积量，野生动植物品种资源用种类等。气候资源用太阳辐射量、日照时数、日降水量等反映。

区域自然资源数量分析评价不仅要揭示区域本身的拥有量，还要进行对比分析，说明区域自然资源的丰富程度和优势度。对比分析有三个空间层次：一是全球范围的比较，即与世界各国的自然资源和全世界的自然资源总量进行对比分析，得出区域在全球范围内的自然资源富集程度和水平；二是全国范围内的比较；三是本地区的不同范围的区域内的比较，如省级、地州级、市级等。常用的分析指标有占比、排序，如某地的煤炭资源数量占全国的40%、位居全国第一等。有时需要用人均值来更进一步反映自然资源数量情况，如在土地资源、水资源等方面，人均值的意义更大。

区域自然资源数量评价在分析的基础上进行，一般采取定性与定量相结合的方式。定性评价主要是定性判断区域自然资源是否具有比较优势及其程度、已经开发利用了多少、还有多少可以开发利用（开发利用潜力）。定量评价则是制定评价指标和标准（如优、良、中、差的等级标准），然后根据区域自然资源的数量，计算得出具体的评价指数，用数据大小来反映区域自然资源数量的优劣程度。可用综合指数法或单因子法进行评价。

（二）区域自然资源质量分析评价

自然资源的质量高低、好坏对资源开发利用的价值影响较大，开展区域自然资源质量的分析评价是对数量分析评价的补充和完善。

不同的自然资源，其质量判断指标和标准不同。金属、非金属矿产资源一般用品位、有害成分的含量等来衡量，煤炭等用燃烧值、灰分、硫分等的高低、多少来衡量，地下水等用微量元素、矿化度、菌群等含量来衡量，地表水等用泥沙、矿化度、菌群含量等衡量，土地资源等用肥沃程度、承载力等衡量。气候资源、生物资源等一般不进行质量评价。

　　质量评价大多采用等级来区分其质量优劣。一般可以采用优、良、中、差，一级、二级、三级……，一等、二等、三等……进行区别。质量评价的等别应适当，三至八级较好，常用三至五级。

　　不同的自然资源，等级标准不同，具体可参考土地等别、水质标准等国家相关标准，如《城镇土地分等定级规程》（GB/T 18507—2014）、《农用地质量分等规程》（GB/T 28407—2012）、《地表水环境质量标准》（GB 3838—2002）等。表 5-3 为地表水水质等级标准和功能。

表 5-3　地表水水质等级标准和功能

标准分类	功能
Ⅰ类水质	主要适用于源头水、国家自然保护区
Ⅱ类水质	主要适用于集中式生活饮用水源地二级保护区、珍稀水生生物栖息地、鱼虾类产卵场、仔稚幼鱼的索饵场
Ⅲ类水质	主要适用于集中式生活饮用水源地二级保护区、鱼虾类越冬场、洄游通道、水产养殖区等渔业水域及游泳区
Ⅳ类水质	主要适用于一般工业保护区及人体非直接接触的娱乐用水区
Ⅴ类水质	主要适用于农业用水区及一般景观要求水域

　　注：超过五类水质标准的水体基本上已无使用功能。

　　另外，质量评价也要考虑资源优势，通常采用数量与质量相结合的方式分析评价区域的资源优势。区域如果存在独一无二、高品质的某种资源，本身就是重大优势。

　　区域资源质量的分析评价过程和方法与区域资源种类、数量的分析评价相似。

　　（三）区域自然资源组合情况分析评价

　　区域自然资源的组合情况对自然资源的开发利用和社会经济发展有十分重要的影响。如果自然资源种类齐全、相互之间匹配良好，则有助于自然资源的开发利用和产业链的延长；反之，则不利于资源开发利用，区域经济效益也会受到影响。

　　区域自然资源组合情况的分析评价，仅就一个区域而言，是区域内的自然资源组合状况的分析评判。从内容上看，首先是分析评价区域国民经济所需资源，尤其是重要的、关键的自然资源，是否存在、齐全、缺项，以及质量高低，进而评价其是否满足社会经济需要，是形成制约还是构成支撑等；其次是分析各种自然资源之间的搭配关系，重点是矿产资源的主-辅材料、能源-水资源-矿产（冶炼）组合，农业资源的光-水-热气候资源的组合、土地尤其是耕地与气候的组合，分析评价是否形成组合优势，是否存在不匹配情况。

　　从国民经济和区域发展来说，土地资源、水资源和矿产资源是重要的经济资源。一般区域都有水、土和矿产资源，但种类、数量和质量的组合却不尽相同。

有的区域，水资源、土资源丰富，空间匹配较好，如江南地区；有的区域有丰富的土地资源，但水资源短缺，如广阔的新疆、内蒙古等内陆干旱与半干旱地区，有土缺水导致疆域辽阔但人烟稀少、土地荒芜，水的短缺严重制约了土地资源的开发利用，也大幅降低和削弱了土地资源的优势和作用。

矿产资源是重要的经济资源。从区域经济来说，有没有优势矿产资源，对区域开发和经济发展举足轻重。分析评价区域矿产资源的情况成为区域资源组合分析评价的核心。一般地，具有某种或几种重要经济矿种的区域，大多是开发较早的区域，也是工业经济中心，如欧洲的鲁尔工业区、我国的东北地区。在未开发地区或经济较落后的区域，矿产资源的开发利用，往往是区域经济发展的先行者，所以，矿产资源的存在、数量、类型显得十分重要。

矿产资源虽然可以单独开发，但如果资源匹配良好，可极大地促进资源开发和提高经济效益，对区域经济有巨大作用。矿产资源的组合包括矿产与能源、主要矿种与辅助矿种等的组合。其中，矿产与能源组合是区域矿产资源组合情况分析评价的重要方面，尤其是矿产的冶炼加工需要高耗能的矿产资源，如铝土矿、磷矿等。如果有丰富的能源作为后盾，则可以将矿产开采、冶炼、加工一体化，形成依托主要矿种的产业链，充分发挥区域资源优势；反之，则只能销售原矿，经济效益将大打折扣。此外，有的矿产的冶炼加工需要消耗大量的水，因此，水资源是否丰富，以及与矿产分布是否一致，也是区域矿产资源组合分析不可缺少的方面。

区域自然资源组合分析评价大都采用定性分析的形式，但也可以开展定量分析评价，以便深化分析、完善评价。定量分析集中在相互搭配的数量匹配程度方面，即甲、乙，或甲、乙、丙、丁等之间的数量是否相互满足以及满足的程度，可以用匹配指数、协调度等指标进行衡量。

匹配指数是指区域某些资源相互之间的数量比例与必需的固定搭配比例的匹配程度。从自然资源利用角度看，开发利用某种自然资源，必然需要其他自然资源的消耗匹配，如进行铝土矿的开发利用，包括开采、冶炼、加工等，需要消耗大量的电力，因此，铝土矿与电力（能源）之间就存在匹配关系。同样，钢铁工业也存在这种情况。此外，在矿产冶炼过程中，主矿、辅矿等的匹配比例基本上是固定的。

协调度是指供需、变化等的相互接近程度，如果差别不大，则协调；差别大，则不协调。协调是动态的，即如果"你动我动，你增加我增加，你减少我减少"，则协调；反之，则不协调。协调度是指反映这种相差或变化程度的关系的指数。

（四）区域自然资源空间分布和区域差异的分析评价

自然资源的空间分布不是均衡的，而是不均衡的，如有的区域自然资源多，有的区域自然资源少，这是地球运动变化中形成的自然现象。某种自然资源较多的地区，可以外卖该种自然资源，以换取短缺或不足的自然资源；某种自然资源少的地区，可以从外部购买以弥补不足，同时出售区域较多的自然资源进行平衡。另外，有些自然资源，如土地资源是不可移动的，因此，难以通过贸易进行平衡。有的自然资源具有公共资源属性，如气候资源，也难以交易。区域经济发展只能在这种特定的自然资源分布格局中寻求机会，因地制宜。

区域自然资源的空间分布与区域差异是针对一个较大区域进行的，较小的区域只需要进行资源组合、匹配情况分析评价，没有必要再进行区域内部的差异性分析评价。当然，大小是相对的，没有绝对的区域面积规定，在区域分析中可视情况而定。

区域自然资源的空间分布和差异性的分析评价，主要是弄清楚区域内部的自然资源及其分布在区域内的位置，以及分布状况，然后评价区域自然资源差异大小及其空间分布格局对区域自然资源的开发利用和区域经济的影响及程度。

区域自然资源空间分布分析评价，包括单项自然资源分析评价、自然资源组合分析评价两个层次。前者只对区域内的一种自然资源进行空间分析；后者针对区域内的自然资源组合状况的区域差异进行分析评价，分析重在揭示差异及差异的大小，评价重在给出差异的程度和影响。

区域自然资源空间分布和差异分析评价的技术手段，一般是通过调查统计获得区域单元自然资源数量、质量数据，然后编制自然资源空间分布图进行直观展示，计算集中度、差异度指数等，用指数的大小等进行分析和评价。分析评价的常用指标有集中度、差异度指数（二者互为倒数，集中度高、差异度小；集中度低、差异度大）等。

自然资源的空间分布有两种极端情况：一是区域自然资源全部集中在一个分析评价单元内，其他区域完全没有；二是所有分析单元区域都有且质量、数量一样（数量、质量完全一样的情况实际上并不会出现）。前者差异程度较大；后者没有区域差异。如果用 0~1 进行衡量，前者为 1，后者为 0。除去极端情况，区域自然资源分布和空间差异的大部分情况介于 0 和 1 之间。区域差异的程度是按照这种思路进行计算、衡量的。计算过程可参考基尼系数等的计算思路和方式。在具体分析评价时，首先计算差异的指数，然后进行程度划分，给出差异的评价。计算出来的指数介于 0 和 1 之间，没有好坏之别，只有制定标准，才能判断大小（如巨大、较大、大、较小、小）和好坏等。具体的等别及标准，根据不同的区域、不同用途和不同差异进行划定。

（五）区域自然资源开发条件分析评价

区域自然资源开发条件是指区域自然资源赋存地的地质、地貌等自然条件，现阶段所拥有的交通、电力等基础设施条件，以及资金、技术和人力等开发能力条件。

作为自然条件，各种自然资源的赋存情况和所在区域地质地貌对自然资源开发利用影响巨大，埋藏深度、地质构造及地层的稳定性等对开发利用具有直接影响，表现在是否能进行开发和开发成本两方面。尤其是成本因素，往往成为很多自然资源不能开发利用、区域自然资源优势不能转变为经济优势的关键。很多矿产资源赋存分散，形成零星分布格局，每个矿点储量不大，即"鸡窝矿"，这也是规模开发利用面临的一个大问题。虽然储量并不完全决定能否开发，但对建设成本等影响较大，很多矿产因为储量过小，失去了经济开发价值。同时，有的矿产埋藏地区的地质构造复杂，地层稳定性较差，开发利用容易引起滑坡、泥石流等地质灾害；有的位于地震烈度大的地震带，不能开发利用；有的位于现有城市、文物、水库等的地下，考虑现有设施的安全，也不能开发。所以，开发利用条件对自然资源开发利用有巨大的限制作用。

分析评价自然资源开发利用条件、从社会经济角度诊断自然资源的开发利用价值，是进行区域自然资源开发必不可少的环节，也是区域规划等工作中作为区域规划条件分析的重要内容。另外，区域自然资源问题尚不涉及开发条件分析评价，即只要有自然资源、具有一定的社会经济价值，区域就具有重要的条件和优势。至于开发利用条件，只有等到可行性研究阶段等才提上议事日程。因此，在区域分析中，只要不是确实存在重大的限制性条件，一般无须过多关注开发条件。

在规划等宏观层次，区域自然资源开发利用条件的分析评价，大多只进行定性分析和评价，定量的工作较少。具体来说，涉及以下几个方面。

1）分析评价区域自然资源赋存条件是否构成开发利用的障碍和限制。

2）分析评价自然资源的开发利用是否有经济价值、是否值得投资开发。

3）分析评价自然资源开发利用后的环境代价等是否在承受范围内。

如果以上回答都是正面的，则具备开发利用条件，反之则不具备。

不具备自然资源开发利用条件的区域，在分析评价中要重点阐述清楚限制开发的因素及限制程度。具备条件或所受限制的条件不严重的区域，则在区域分析评价中可以不进行开发利用条件的分析评价或简单说明即可。

四、区域社会经济条件分析评价

区域的社会经济条件包括基础设施条件、人口与劳动力及经济基础与产业结构等。社会经济条件是与自然条件一样重要的区域要素，是区域发展的另一个重要基础，有时甚至是最重要的基础。

（一）区域基础设施条件分析评价

如前所述，区域基础设施包括交通、通信、供水、供电、医疗、卫生、教育等。开展区域基础设施的分析评价，主要是分析评价区域现有的基础设施对未来社会经济发展或者规划对象的发展的支撑能力和程度。如果现有基础设施已经健全，并能满足未来较长一段时间的发展需要，则区域的发展基础良好，无须担心；反之，则需要考虑"补足短板"，为区域发展创造条件。

区域基础设施的分析评价，首先分析判断区域有什么、有多少，然后分析社会经济对基础设施的现有需求和预测未来的需要，最后分析评价现有设施能否满足现状需求和未来的需要。如果不满足，则分析在哪方面存在不足、评价短缺的程度。通过分析评价，揭示区域基础设施的条件好坏、优劣，为规划提供基础。

通常来说，并不需要对所有基础设施都进行分析评价，而只针对交通、电力和供水等重要基础设施，尤其是对交通基础设施更应关注。作为区域重要的基础设施，交通基础设施因其建设投资大、周期长、影响深远而深受区域分析与规划重视。

分析评价区域交通基础设施条件的优劣，重点在于硬件设施尤其是路网和场站的完善、通达情况，包括交通方式的齐备程度、道路的通达情况等。首先，需要分析评价现有交通方式和能力（供给），即航空、水运和公路、铁路的起讫、里程、等级、运力等，可以用空港的等级、年起降架次，水运码头的等级和吞吐能力、航道等级和通行能力，公路和铁路的等级、里程和运力等指标来反映，也可以用路网密度、万人拥有量等指标进行补充。其次，需要分析交通需求，评价现有设施是否满足需求。如果不满足，则分析确定缺口有多大。

其他基础设施的分析评价与交通设施的分析评价相似。

（二）区域人口与劳动力分析评价

区域人口和劳动力的分析评价主要是分析人口的数量、质量、结构、增长、分布等，评价人口与资源环境、社会经济的协调程度；分析劳动力供需关系，评价劳动力的数量、质量对区域发展的影响，分析评价劳动力增减对社会经济的影响。

从人口与资源环境（生态）方面看，可以计算区域的资源人口承载力或人口容量，分析评价人口数量与资源环境间的协调程度。资源人口承载力是指在不影响资源环境系统自我更新的前提下，单位资源可承载的最大人口量。最常用的是土地人口承载力、水资源人口承载力。资源人口承载力与资源人口承载量不同，资源人口承载量是指现状负荷，即目前单位资源的人口负荷量，用人口总量除以资源总量即可得出，该指标是中性指标，无好坏区别。资源人口承载力则是指最大的承载能力，即在资源环境系统不受不可逆破坏的情况下，资源环境系统能承载或养活的一定生活质量标准下（特定的资源消耗水平、标准）的人口数量。

土地人口承载力与耕地面积、粮食生产技术和营养水平（食物消耗）、标准有关，水资源人口承载力则与水资源量和人均用水定额、标准有关。从人口与环境（生态）的角度，还可以用人均绿地面积、生态足迹等指标来度量和评价人与环境的关系。进行评价时，分别计算承载量（现状）和承载力或容量（最大），然后进行对比，判断是否超载。

从人口与社会经济方面看，人口既是消费者，也是生产者——劳动力，人口数量的多少不仅影响消费和资源需求，还影响经济规模和类别。例如，人口众多可以提供更多的劳动力，有利于发展劳动密集型产业，有利于发展更多产业，也有利于更大规模的经济体量。分析区域人口的数量，主要看量的多少，用人口总量、人口密度等指标来衡量。同时，应结合就业、医疗、教育等方面，评价区域人口的数量状况，评价供需是否平衡。如果区域人口多，就业压力大，对区域的基础设施需求大，对区域未来的社会经济发展将产生制约作用；反之，则会影响区域劳动力供给和导致消费需求不足，也会影响区域社会经济发展。从社会经济角度看，人口应适度。适度人口是区域人口分析评价的理论基础。适度人口是指与社会经济发展相协调的人口数量，但这个度不是很好把握。究竟多少为适度，多数没有科学的定论，而且这种适度是动态的，即现在是适度的，可能下一步就不适度了，分析评价应从动态的角度看问题，静态的分析评价很难得到科学的结论。

在一般的区域规划中，如果规划对象与人口的关联不是特别大，或者不是特别重要，就只进行分析，说清楚区域人口数量、结构、比例、增长速度等即可，也可以进行简单定性的评价，不需要进行深入或细致的评价。但如果是与人口紧密关联的相关规划，则应该进行详细、深入的分析与评价，论证人口与资源环境、社会经济发展等的协调程度和可能的影响。

（三）区域产业及产业结构分析评价

产业是经济的核心和载体，也是区域的重要组成部分，分析区域的产业和产业结构是弄清楚区域经济现状的重要环节，也是区域规划不可缺少的内容。

分析评价区域产业及产业结构，首先要明确区域有哪些产业、有多少、分布在什么地方及区域的产业现状；其次要明确区域产业构成和特点，确定区域的支柱产业、主导产业、特色产业等；最后分析评价区域产业及产业结构的完整性、协调性、先进性、优势度、竞争力等。

进行区域产业及产业结构的分析评价需要具有产业分类知识，根据产业分类标准，对现有产业进行归纳整理。一般来说，各区域的统计部门已经进行了这一项工作，因此在进行区域分析、规划工作时，无须再专门开展此项工作，可直接引用统计公报的数据，即可知道区域有哪些产业。产业的数量和种类也能通过统计数据分析得出。产业结构和特点分析，在统计公报中一般只有各产业的产值比重（即比例结构），其他方面没有，需要进行相关分析。例如，对于区域的支柱产业、主导产业、特色产业、优势产业等，只有利用统计数据进行更深入的分析才能明确。

从区域支柱产业情况看，大多数区域有支柱产业，区别在于支柱产业的数量和类型。如果区域存在某个或某几个产业的产值、从业人员数量等远远大于其他产业，在 GDP 中的比重较大，则这个或几个产业即为区域的支柱产业。反之，如果区域各产业的产值或从业人员数量没有多大差异，则说明该区域没有明显的支柱产业。分析评价区域支柱产业，就是分析比较各产业对区域经济的贡献度，一般是计算其占 GDP 的比重，占比明显较大即为支柱产业。区域的支柱产业可以是一个，也可以是几个。总的来讲，如果区域存在支柱产业，则区域经济的稳定性受支柱产业的影响较大；反之，区域产业发展比较均衡，单一产业的波动对区域经济影响较小。支柱产业往往是区域优势产业，没有支柱产业，一般也没有优势产业。

主导产业是具有一定的先进性、关联产业多、能带领区域经济发展的新兴产业。不是每个区域，也不是每个时期都一定有主导产业。存在主导产业的区域，未来经济的发展具有较好的确定性，能够在经济替代中取得先机。例如，贵阳 2015 年以来大力发展的大数据产业，已经成为贵阳的新兴主导产业。培育主导产业是区域经济的一项重要任务，也是经济发展的需要。分析区域是否有主导产业，首先要收集整理区域各产业相关数据，初步判断其可能是主导产业的产业类型；然后按照主导产业划分标准，计算该产业的先进性、关联度等指标；最后根据这些指标，对比分析后，明确区域主导产业。

特色产业是区域特有的或者具有竞争力的产业，可以是支柱产业，也可以是主导产业。特色产业也就是区域特色，是某区域区别于其他区域的产业。特色产业比较集中在与区域地理环境、文化传承关联度较高的农副产品、矿产品、旅游等产业方面，也有部分出现在高科技产业，如贵阳的辣椒产业、磷化工产业、中医药产业等，丽江、海南的旅游业等，上海的临海加工业、海洋运输业等。有的区域产业特征明显，具有较强的竞争优势，特色产业发展较好；有的则缺乏特色产业。一般来说，发展区域经济需要培育和发展特色产业，以增强区域竞争力。区域特色产业的分析确定，需要收集整理区域生产、贸易等数据，然后进行对比分析、判断确定。

产业结构的分析评价，主要看产业结构是否与区域的资源结构相协调、是否形成区域优势、是否与区域发展阶段相适应。产业结构并不是越高级越好，而是应与区域资源、发展阶段等相协调，尤其是以充分发挥区域优势为最佳。过度追求产业结构的高级化并不可取。具有农业优势的地区，第一产业比重大，但并不意味着区域产业结构低级、发展水平低下。

（四）区域社会经济优势分析评价

区域社会经济优势是指区域与其他区域相比在社会经济方面所具有的比较优势、竞争优势。没有比较就没有优势。区域优势主要从人口与劳动力、区位条件、基础设施、经济基础、产业等方面进行比较，可以采用单指标列表比较法进行逐一评判，从不同方面揭示区域的特色和优势所在，也可以通过计算综合指数进行评价。

人口与劳动力方面，主要从数量、质量（文化程度）、年龄和性别结构等方面进行比较。

区位条件方面，可以分别比较区域与中心城市的距离、是否临海临边、是否地处交通枢纽等。

基础设施方面，则分别从交通、供水、供电等方面进行比较。交通方面既可以按交通方式分别从等级、里程方面比较，也可以用路网密度、交通便捷度、综合运力等来衡量。供水供电主要从供给能力方面进行比较。

经济基础方面，则多用投融资能力、经济实力、产业状况及其配套等进行比较。投资能力取决于区域存款余额，余额越多，优质能力越强。融资能力与区域资源环境、社会经济密切相关，但比较复杂，难以度量。一般来说，资源丰富、社会制度优越、经济发展潜力较大的区域，融资能力相对较强。经济实力与区域经济总量有关，一般用 GDP 衡量，GDP 越大，现有经济规模越大，经济基础越好，优势越明显。

产业是经济的核心，现有产业的多少、规模、相互的配套情况等也是经济的重要方面，是区域优势的具体体现之一。区域与区域相比，真正的优势最终以产业的形式表现出来，区域是否具有优势，最终取决于区域是否具有优势产业。区域具有优势产业，就具有优势；反之，则不具备真正的优势，即使有优势也是潜在优势，并没有转化为经济优势。区域具有主导产业、支柱产业，且产业配套良好，则区域经济发展潜力巨大，区域优势可以持续；反之，则可能在未来的竞争中丧失优势。

五、区域资源环境容量分析评价

（一）区域资源环境容量含义

随着人口的不断增加和城镇化范围的不断扩大，区域发展问题与整体的区域容量的关联越来越大。许多地区由于人口过多过密，城镇化面积越来越大，各种环境问题不断恶化，再也承受不住人口的增加和城镇的扩大，也难以承载经济规模的扩大。资源环境容量的限制日益突出。因此，分析评价区域资源环境承载、容纳的人口和城镇、经济扩展的能力十分必要。

从资源环境角度看，一个区域的自然要素及其相互作用形成了区域自然环境系统，有其自身的运动变化规律，也有其局限性。当人们从自然环境系统中获取各种资源和向环境中排放各种废物时，会对该系统产生影响。自然系统抵抗外界干扰的能力与系统的组成、结构和规模等有关，但有上限，在限度以内，自然系统可以通过系统的自我调节作用消除影响，从而正常运转并自我恢复；但如果超过系统的承受能力，则系统将不能消除影响，并逐渐失去自我净化能力，系统的功能将逐步萎缩直至完全崩溃。与此相应，自然环境将逐步恶化，区域将失去生产能力和生态支持。资源环境的承载力分析评价是指揭示区域自然环境系统的生态、环境阈值，分析评价区域是否还能扩大生产和规模。

资源环境容量可以从两方面进行分析评价：一是资源承载力，二是环境容量。资源承载力主要是指土地的承载能力和水资源的承载能力，其他资源是非生存资源，往往不进行承载力的分析评价。环境容量是指环境系统对相应的污染物的容量能力，主要涉及水环境容量、大气环境容量等方面。

（二）区域资源承载力分析评价

资源承载力是区域现有资源能够承载的最大人口量，也就是在一定资源消费约束下的资源能够养活的最大人口量。其也是一种极端值，也就是在人均最低资源消耗标准下区域能养活的总人数，可以称为区域资源承载力的极限值。例如，将人的食物需要全部折算成粮食需求，然后按最低标准，如每人每天需要的粮食量为 1 kg，则区域的土地生产能力决定了人口的承载力。资源承载力不能达到这个极限，否则自然系统将崩溃，人类本身的生存也将处于极度困难状态。一般情况下，不同的资源消耗水平，现有的资源能承载人口的多少也不相同。资源消耗水平可高可低，高代表生活质量较好，低代表生活质量较低，但不是绝对的。

根据有关部门的分析研究，资源消耗可以确定正常水平标准，即国家或地方消耗标准，如联合国制定的满足一定营养水平的粮食消耗标准、满足一定质量的人均水资源用量标准等。根据这种标准和区域的资源量（可用量），即可推算区域合理的或者适度的资源人口承载情况和承载力。

评价是指对承载情况的好坏、高低进行评判，一般用超载、正常等标准进行衡量，具体做法如下：首先，计算区域的单位资源承载的人口量。其次，将承载量数据与标准值进行对比。最后，进行判断评价，如果超过标准值，则属于超载；反之，则还具有潜力。差值越大，潜力越大。

适度是资源环境承载力的核心和关键，也是衡量区域资源环境承载状况的基本标准。评价也要围绕资源环境承载力是否适度展开。适度人口、适度经济规模是区域资源环境与人口、经济的关系的度量标准。适度就可持续；反之，则不可持续。

（三）区域环境容量的分析评价

区域环境容量一般包括水环境容量、大气环境容量等，有时也计算和评价区域的固废环境容量、噪声环境容量。首先调查区域环境容量现状值，然后对照环境质量标准，分析评定区域环境容量。环境容量如果超过标准值，则属于超载；反之，则具有潜力，并且差值越大，潜力越大。区域环境容量既包括针对某污染物的环境容量，也包括针对污染物的综合容量能力。例如，大气环境容量包括针对 $PM_{2.5}$ 等单项污染物的容量，也包括 $PM_{2.5}$、PM_{10} 及二氧化硫、氮氧化物、恶臭气体等的容量；水环境则主要考虑大肠菌群数，pH，化学需氧量，生化需氧量，氨氮、总磷、重金属等的含量。

国家实行区域环境总量控制目标管理方式，如果区域环境容量超标，污染型建设项目实行限制建设。只有尚有容量的区域才能建设相关项目，这对区域规划有重大影响。开展相关规划时需要全面认真分析、梳理，确保区域环境容量不超标，符合国家产业政策，满足区域环境管理目标。

第三节　区域规划环境及其分析评价

一、区域规划环境

区域规划环境是规划区域之外的政治、经济和社会方面的情况，是区域规划的背景条件，包括区域发展所处的时代背景、技术进步状况、国内国际政治经济形势、社会格局等综合情况。

区域所处的时代背景就是区域在人类社会演变的历史进程中所处的阶段，取决于不同的阶段划分，判别和认识区域所处的历史阶段就是对照各种社会经济发展阶段划分理论所确定的阶段划分因子和指标，分析确定区域和世界目前发展状态对应的历史阶段，了解区域与国家、世界发展状况的差距。该工作需要区域、国家和世界的相应指标数据，获取这些数据，主要采取资料分析法（文献调查法）。

区域的国内外政治经济环境状态的判识主要通过资料分析、综合思考解决。需要收集整理和分析的资料包括各种社会经济综合分析报告、具体的社会经济数据、各种社会经济事件等，这些资料不仅需要某一时间断面的，也需要某个时间历程的，并且需要随时更新，只有这样才能正确分析和判断社会经济环境状况。

目前，收集国内外社会经济情况资料的途径很多，常用的有图书档案馆途径、互联网途径、报刊途径、会议论坛途径等。通过图书档案馆主要收集过往的历史资料和数据，时效性较差；通过互联网主要收集即时的数据和事件等资料，时效性较好，但须认真甄别；报刊的时效性介于二者之间；会议论坛是针对性的问题探讨、活动交流，从中可以获取大量的关于某方面的认识、判断，尤其是关于某些热点问题的认识、判断。

二、区域规划环境的分析评价

规划环境包括国内和国际两个层面，涉及政治、经济、技术等各要素。在进行区域规划时，需要从总体上分析评价区域所处的不同环境，以便正确预测区域未来的演变过程中可能受到的干扰和影响，从而做出正确的规划决策。规划环境的分析评价一定要从总体、宏观、长远角度展开，不要局限于一时一地的情况，尤其要考虑变化趋势。

区域所处的环境主要是指社会经济环境。区域所处环境的评价是对区域所处的历史时代、国家制度、政治氛围、政策环境和技术发展态势等的综合分析与评价。多数情况下，人们需要正确判断所处的环境对自身发展是否有利、有利程度如何。

区域所处环境的综合评价相对较复杂，往往涉及多个方面，评价标准也较难确定，多数只进行定性评价。

（一）政治环境分析评价

政治环境主要包括国内政治和国际政治环境两方面。

（1）国内政治环境

从国内政治环境来说，主要需要考虑现行的国家体制、政治形势、政策导向及领导人更替等。

1）国家体制是指政治制度，是立国之本，长期不变，所以一般不着力进行分析。

2）政治形势是指一定时期内的政权稳定性、执政能力、法制状况等，这也是规划的重要背景。

3）政策导向往往是区域规划的重点分析评价对象，因为这一因素的变化较快，对区域规划的实施和区域发展等的影响也较大。要从各种现有政策出发，分析评价未来的政策导向和可能产生的影响，根据政策导向进行规划安排，不能违反政策。

4）领导人更替在很大程度上意味着政策的变化，所以，考虑未来领导人的变化和政策导向，对区域规划也有十分重要的作用。进行区域规划无须猜测下届领导人是谁，但需要分析评价领导人更替的政策变化，以便在进行规划安排时，有所为有所不为，从而提高规划的可操作性。

（2）国际政治环境

国际政治环境方面主要考虑世界的稳定性、大国博弈、邻国关系等。综合来说，就是分析评价未来政治格局的可能状态和变化，如保持长期稳定或者动荡不安，或关系紧张、纷争不断等。稳定的环境对区域规划来说是正常状态，不稳定的国际环境对区域规划来说是特殊情况，但有时必须面对和考虑。

政治环境的分析评价，在区域规划中一般进行定性分析评价，无须投入过多精力，也不需要进行详细、定量的分析评价。采用的方法多为文献法分析法、综合比较法等。

（二）经济环境分析评价

经济环境相较于政治环境变化要快得多，对区域规划的重要性也更大。从规划的角度，经济环境主要考虑经济周期、贸易政策等。对于区域来说，国内经济环境尤为重要，但在对外贸易比重较大的区域，国际环境有时更重要。

经济具有一定的周期性，无论国内或是国际，都有高峰和低谷的情况，既有从低谷向高峰的上升或景气期，也有从高峰向低谷的滑落或衰退期。分析评价经济处于哪个阶段，对区域规划安排十分重要，顺势而为往往更利于规划的落实，也更有利于区域发展。也就是说，分析预测规划实施期间国内外经济可能所处的阶段及可能的演变方向，并根据这种分析评价结果进行相应的规划安排，对规划（尤其是与经济有关的规划）实施有利。行业发展也有周期性特点，相关规划必须考虑周期性问题。

在进行经济环境分析评价时，可以借助各种专业的经济研究机构（如国家统计局、经济研究院所、高校研究机构等）的分析评价成果，无须再进行研究工作，只需要收集整理相关机构、专家的分析研究报告，从中提取相关信息和数据，得到与规划有关的内容，所以使用的方法是文献分析法。但需要注意的是，因相关分析评价较多，结论可能不一致，需要规划人员进行专业的分析、判断，一旦判断错误，可能会形成错误的决策，对规划造成更大的影响。

（三）技术环境分析评价

技术环境是指当今世界的技术进步水平和技术发展趋势状况。技术环境的分析评价主要是弄清楚未来区域发展面临的技术革命及其影响。重大技术进步、重大技术创新可以改变整个社会经济发展格局。区域规划分析更多关注新技术的出现及其对老技术淘汰的影响。

区域规划需要对未来的某些重大事项进行安排部署，如果安排部署的事项涉及技术、产品等，就必须考虑技术进步的影响。例如，规划一项现有技术和产品的生产项目，而该项目或该产品在规划实施期间可能被淘汰，则不是规划无法实施，就是不能发挥效益。所以，了解技术进步趋势，规避落后技术和淘汰项目，是技术环境分析评价的目的。

同经济环境的分析评价相似，在区域规划中，技术环境的分析评价更多的是通过资料收集、整理和分析评判来得到技术进步的方向、趋势，无须规划人员进行专业的技术分析。

相对于经济发展的分析预测，技术进步发展的分析预测要简单得多，也准确得多。

第四节　区域规划条件与规划环境的综合分析评价

区域规划条件与区域环境的综合分析，一般采用 SWOT 分析法，主要是分析确定区域在某方面的比较优势、劣势及环境中的机会、威胁。

根据已有的区域分析评价实践，区域的优势一般集中在资源、环境、区位、资金、技术等方面。落后地区主要集中在资源和环境方面，发达地区则集中在资金、技术、人才方面。区位优势往往也是发达地区的优势条件，但落后地区有时也有区位优势。

对于区域的劣势，落后地区往往集中在基础设施、资金、技术和人才等方面（有时区位也是一个方面）；发达地区则大多集中在环境容量、资源承载力、劳动力成本等方面。

环境中的机会主要是来自产业政策调整、经济周期变化、区域开发政策变化、技术和消费升级换代等产生的机会，威胁则来自区域竞争、政策变化、环境保护等。

SWOT 分析是将区域优势、劣势与环境中的机会、威胁结合起来进行综合分析，具体做法如下。

1）构建 SWOT 分析模型。

2）分析区域的优势、劣势与环境中的机会、威胁的匹配情况。

3）根据分析结果，提出对策。

可能的组合情况如下。

1）环境中出现机会，区域恰好有优势。

2）环境中出现了机会，但区域不具备优势。

3）环境中存在某些威胁，但区域在此方面有优势。

4）环境中存在威胁，区域也不具有优势。

第一种情况是最有利的情况，应该顺势而为，充分集中人财物力尽最大努力发挥区域优势，将优势转变为竞争力，促进区域快速发展。例如，国家实施西部大开发战略，实施"西电东送"政策，贵州正好有丰富的煤炭、水电资源，因此，贵州顺势而为，积极建设了一批大中型电站，向广东等地送电，将资源优势转变成了经济优势，促进了区域发展。

第二种情况应该根据环境中出现的机会，尽力"创造条件"，积极抓住发展机遇。例如，贵阳除气候和能源优势外，其他方面并无优势，但大数据产业刚刚兴起（环境中出现了机会）时，贵阳市政府反应灵敏，迅速组织人力物力开展相关工作，通过积极争取、以情动人，提供土地税收等优惠，争取了相应的会议在贵阳召开、相应的大型骨干企业落户贵阳，从而形成集群效应，迅速发展起大数据产业，并成为举世瞩目的发展创举。

第三种情况下是区域有优势，但环境中存在影响优势发挥的威胁，因此需要想办法消除环境中的威胁。例如，某地具有发展劳动密集型产业的优势，但贸易保护比较严重，出口受限较大，因此，需要积极开展外交活动和贸易谈判，努力消除贸易保护威胁。

第四种情况是最不利的，面对此种情况，不是等待机会的出现或者区域规划条件的改善，就是通过"无中生有"等手段，创造条件、制造机会。

第六章　区域规划预测

规划预测包括两方面：一是规划要素发展变化预测，如规划条件和规划环境预测；二是规划需求预测。规划要素预测是指区域规划条件和规划环境的变化趋势预测，目的是弄清楚未来这些规划影响因素会出现何种变化，并预测其对规划的影响，从而进行科学部署与安排。规划需求预测则是针对规划事项的需要开展的预测，目的是弄清楚规划期内需要解决的事情的数量、分布等，从而科学合理地进行规划安排。规划要素预测是规划需求预测的基础。规划要素预测是手段，规划需求预测是目的。

第一节　区域规划预测方法

调查主要针对现状，预测则是针对未来的判断和推测。预测未来的方法有很多，但预测的准确性很难得到有效保证。科学、准确地预测未来，是人类长期以来的追求。

在区域规划研究中，预测区域规划条件变化和规划对象的未来发展、变化趋势，对科学地开展规划和确保规划任务的完成，十分必要。

区域规划预测方法分为定性预测和定量预测两种。定性预测是根据预测人员的经验，以及对事物运动变化过程和趋势的定性分析，对未来可能出现的情况做出预测判断。定量预测则是利用数学模型，计算分析未来情况。定性预测与定量预测各有优缺点，在进行区域分析时，根据实际情况进行选择使用。

一、定性预测

1. 周期律法

无论是经济运行规律还是自然、社会等其他方面的因子，在其发展演化过程中多多少少都显现出一定的周期性特征，如昼夜变化、季节变化、人口增长的 S 形变化等。在周期运动的不同时段，事物的运动状态和特征各不相同，根据事物运动的特点和规律，利用事物发展演化的周期性，对事物未来某一定时期内的状态进行预测，是可行的。根据以往研究的周期规律，可以推测未来一段时间内的情况。周期律预测也包括根据发展阶段理论进行的推断。

使用周期律进行预测，必须对事物发展的周期性有充分认识和确定判断。周期变化有长有短，有的规律性明显，有的规律性较差，有的周期比较平顺，有的则波状起伏，在预测时均要认真分析研究，不要将预测简单化。

经济学常见的经济周期理论如下。

1）短周期：1923 年英国经济学家基钦提出的一种为期 3~4 年的经济周期。

2）中周期：1862 年法国经济学家朱格拉提出的一种为期 9~10 年的经济周期。

3）长周期：1925 年俄国经济学家康德拉季耶夫提出的一种为期 50~60 年的经济周期。

4）库兹涅茨建筑周期：1930 年美国经济学家库兹涅茨提出的一种为期 15~25 年，平均长度为 20 年的经济周期。由于该周期主要是以建筑业的兴旺和衰落的周期性波动现象为标志加以划分的，因此也被称为建筑周期。

5）综合周期：1936 年，熊彼特以他的创新理论为基础，对各种周期理论进行综合分析后提出，每一个长周期包括六个中周期，每一个中周期包括三个短周期。短周期约为 40 个月，中周期为 9~10 年，长周期为 48~60 年。

2. 时空转换法

在区域预测中，有时会采用区域类推的方式。例如，各国社会经济发展程度不同，在同一时段处于不同的发展阶段，因此，可以实现预测的时空转换，将难以进行的区域发展等时间预测转换为空间比较分析。在自然演替方面，也可以使用时空转换法，对自然演替某一地的植被等进行自然演替预测，用不同空间地域的处于不同演替阶段的同类植被的情况代替。

当然，事物发展变化的过程受很多因素的影响，时代不同，发展过程和情况也会有较大差异，因此，时空转换法也有较大的局限性，仅仅能做出一个粗略的推测，误差较大。

使用时空转换法进行预测，重要的是选择替换对象。基本的原则和要求是两者的组成、结构和发展历程要有相似性或类同性，也就是具有可比性，否则，预测的误差将会较大。例如，在预测植物群落演替或自然系统演变方面，可以采用时空转换方法——用火烧迹地来预测其他裸地的植被演变，但需要考虑地质地貌、气候因素等的一致性，也就是基本要素和基本影响的一致性，如都在亚热带、都是山地等，如果一个是平原，另一个是山地，则不可替换。

3. 直接引用法

直接引用法是指根据某专项规划确定的与本规划有关的目标值或要素值，预测本规划对象的需求的方法。例如，在开展城镇建设规划时，规划建设用地需求远远大于土地部门确定的土地供给上限，因此，为了保证规划的实施，开展城镇建设规划可以直接引用土地利用规划的建设用地规划值作为城镇建设用地规划的目标值，不需要再进行相关分析预测。又如，天然林保护规划和水土保持规划都涉及天然林保护问题，如果已经有了天然林保护规划，则在进行水土保持规划时可以直接引用天然林保护规划的相关数据作为水土保持规划的天然林保护需要值。直接引用法在一些约束性指标方面特别适用。

4. 逐级分解法

逐级分解法是将上级规划确定的目标值分解为下级规划的规划预测值的方法。例如，水土保持规划有国家、省级和市县级规划三级规划，各级规划均涉及水土保持监测内容和目标，在开展县级规划时因上级已经分析预测了监测需要、制定了监测规划目标任务，因此县级规划可将上级的规划值分解落实到到本级，作为本级规划监测的预测值。当然，这是基于水土保持监测网络建设本身的特殊性来定的，其他的不一定可以使用这种方法。

采用逐级分解方法也存在一定的限制条件。上级规划需求与下级规划需求有时有十分明显的差异，甚至相反，因此必须充分考虑本级规划的特殊性。

5. 图上量算法

图上量算法即依据地图，在图上对规划对象或要素进行量算、统计，得出规划对象的需求值的方法。例如，在水土保持规划中，可以在水土流失现状图上进行斑块登记、面积量算，得出需要治理的水土流失的面积。其他的如自然保护、污染防治等都可以采用量算法。

二、定量预测

1. 趋势外推法

趋势外推法就是运用物理学中的惯性定理，根据事物发展的基本趋势，推测未来一段时间内的该事物可能出现的状况的方法。惯性定律告诉我们，任何事物都有保持其运动趋势的特征，只要没有阻力，其趋势就会一直保持下去。如果有阻力则随着时间的推移而逐渐停止其运动趋势。根据这一原理，在较短时间内，事物运动变化的趋势是可以简单地根据其原来的运动状态进行预测的。趋势外推法就是如此。

趋势外推法对事物未来的趋势的预测，不需要过多的数据，而是简单地根据过去到现在的演变趋势，利用其变化的速率等进行预测。例如，人口增长预测中的固定增长率法，就是利用过去到现在的平均增长率估算未来的增长情况。利用简单趋势法进行外推预测，误差较大，只有在较短时期内，其预测结果才会比较准确，如果时间较长，预测就会出现较大误差。

从数学的角度看，趋势外推法是线性预测，预测过程是一种直线，直线的斜率就是其变化的速度，确定直线的斜率就是预测的核心和关键。利用过去到现在的趋势或发展惯性，预测现在到未来的变化，有时候误差会较大，并产生严重的后果。

趋势外推法中较常用的方法是时间序列法。一般是将过去的相关数据按照时间顺序进行排列，从排列的数据中分析趋势。由于过去到现在的数据往往是不规则的，为消除相关影响，在统计学上往往采用统计平均值的方法，进行数据平滑处理。可以采用移动算数平均法和指数平滑平均法两种基本的处理方法。前者主要假定未来的状况与最近的情况有关，与更早的情况无关，利用最近的数据进行平均；后者采用加权平均的方式进行处理。

移动算数平均法是根据时间序列资料数据，按时间序列逐项计算某个阶段的平均值，用平均值来反映其趋势变化的方法。因此，如果时间序列的数值由于受周期变动、随机波动等的影响而变动起伏较大，使用实际数据不易显示出事件的发展趋势，就可以采用移动算术平均法消除这种影响。移动平均线能够反映事物发展的基本方向和大致趋势，预测时，可以根据趋势线分析预测某一时间序列的基本变化趋势。移动算术平均法又分为简单移动平均法和加权移动平均法。

简单移动平均法的计算公式为

$$Y_n = (A_0 + A_1 + A_2 + \cdots + A_n)/(n+1) \qquad (6\text{-}1)$$

式中：Y_n——下一时段的预测值；

　　　A_0——基期值；

　　　A_1——第一期数值；后面以此类推。

例如，计算 Y_1，取 $A_0 + A_1$ 之和除以 2；用 Y_1 代替 A_0、A_1，或者说 Y_1 是 A_0 与 A_1 的平均值。以此类推。

加权移动平均法的计算公式为

$$Y_n = (\omega_0 A_0 + \omega_1 A_1 + \omega_2 A_2 + \cdots + \omega_n A_n)/(n+1) \qquad (6\text{-}2)$$

式中：ω——权重。

在加权移动平均法中，权重选择是一个需要注意的问题。常用的方法为经验法和试算法，也是选择权重的最简单的方法。经验法是根据个人经验直接赋权；

试算法是在经验法的基础上，进行多次赋权尝试，最终得到权重值。

2. 趋势曲线法

趋势曲线法又称为趋势分析法或趋势曲线分析法，是一种较为常用的定量预测方法。人类几千年的历史演替，相关科学研究已经研究积累了十分丰富、确定的趋势曲线供现代的人们利用。趋势曲线法是调用已知的数学曲线模型，与根据预测对象的"过去—现在"数据拟合出来的趋势曲线进行比对，选择接近的趋势曲线作为预测模型，然后按照模型进行相关预测的一种方法。已知的趋势曲线包括线性趋势曲线、对数曲线、幂函数曲线、指数函数曲线、逻辑斯蒂（Logistic）曲线、龚伯茨（Gompertz）曲线等。

在多数情况下，选择合适的趋势曲线，确实也能给出较好的预测结果，但不同的模型曲线预测给出的结论往往相差很大，因此应注意模型的适用性和误差分析。使用趋势曲线法进行预测的具体做法如下。

1）根据预测对象的情况，分析确定预测因子及其指标。

2）统计过去到现在的历史数据，构建散点图。

3）根据点的分布情况，初步拟合一条曲线。

4）将拟定的曲线与已知的模型曲线相比较，确定可以用来作为预测模型的曲线。

5）使用已知的模型曲线的方程式进行预测。

3. 回归分析法

回归分析法是一种统计分析方法，即利用统计学原理，分析数据间的相关性，建立回归方程，用回归方程模型预测事物的变化趋势。

回归分析预测是一种因果关系预测，其重点是利用大量的统计数据建立散点图，然后分析这些数据的分布情况，看其分布情况与已有的数学曲线或直线较为相似，拟合出一条数学曲线或直线，或者说用一条既定的数学曲线或直线来描述这些数据分布规律，定性描述变量间相关关系的类型、方向、相关程度，通过分析，测算这条曲线或直线对这些数据的拟合程度，然后应用最小二乘法确定变量间相关关系的具体表达形式，描述变量间的数量关系，并由一个变量的值去推测另一个变量的值。

进行回归分析需要通过相关分析表明变量间的相关程度，只有变量间存在高度相关时，由回归分析得到的变量间的具体形式才有意义。只有在相关程度较高的情况下，才可以使用这条曲线或直线的方程来代替这些数据的分布规律和趋势，也才可以用来进行预测。

回归分析法依据描述自变量与因变量之间因果关系的函数表达式是线性的还

是非线性的，可分为线性回归分析法和非线性回归分析法。线性回归分析法是最基本的分析方法，遇到非线性回归问题可以借助数学手段化为线性回归来处理。求一个变量对另一个变量的因果关系，称为一元回归分析；求多个变量之间的因果关系，称为多元回归分析。

回归分析预测需要建立在大量的统计数字之上，数据量是决定该方法是否可行的关键。回归分析法进行预测的具体做法与趋势分析法基本相同，基本程序如下。

1）根据预测对象和目标，确定回归方程的自变量和因变量。进行回归分析预测，首先要明确预测的对象和具体目标是最大还是最小。预测对象是因变量，与目标关系十分紧密，确定了预测目标基本上就确定了因变量。例如，预测目标是经济增长速度，则经济增长速度 V 就是回归预测方程的因变量，而影响经济增长速度的投资、消费、贸易等则是自变量。通过调查，分析影响因素对实现目标的影响程度、筛选或确定主要的影响因素是进行回归分析预测的首要任务。

2）分析确定因变量和自变量的关系，构建回归方程（预测模型）。根据对一定长度的历史阶段的自变量和因变量的统计数据绘制散点图，观察、分析二者的关系，探索寻找回归模型，构建回归分析方程，这是进行回归分析预测的重要环节，也是决定回归分析预测好坏的关键。

构建回归方程，通常要绘制散点图。散点图是指数据点在直角坐标系中平面上的分布图，即将因变量作为纵坐标（Y 轴），将自变量作为横坐标（X 轴），然后将调查统计得到的因变量的历史数据填入坐标系内，从而得到的数据分布图。图 6-1 为散点图的示意图。

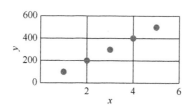

图 6-1　散点图示意图

通过散点图，可以看出 X、Y 之间存在线性回归关系，可以建立回归方程，即

$$Y = A + BX + \omega \tag{6-3}$$

式中：Y——因变量；

　　　X——自变量；

　　　A——常数；

　　　B——关系系数；

　　　ω——随机误差。

3）进行相关分析。回归分析是对具有因果关系的影响因素和预测对象所进行的统计分析，只有当影响因素（自变量）与预测对象（因变量）之间存在某种因果关系时，所建立的回归方程才有科学意义。因此，自变量对因变量的变化是否影响，二者之间是否存在相关、相关程度如何，以及判断这种相关程度的可靠性有多大，这些问题是回归分析的核心。进行回归分析，必须进行二者之间的相关性分析，并计算相关系数。相关系数的大小是判断自变量和因变量的相关程度的一个重要指标，相关系数越大，二者的相关性越强，反之则弱。

相关系数 R 的绝对值的大小表示相关程度的高低，有以下三种情况：①当 $|R|=0$ 时，说明是零相关，Y 的变化与 X 无关，不存在回归关系；②当 $|R|=1$ 时，说明是完全相关，X 与 Y 之间之间存在密切关系，二者关系为函数关系；③当 $|R|$ 介于二者之间时，说明是部分相关，R 值越大相关程度越高。具体见表 6-1。

表 6-1　相关系数取值范围及相关性

$|R|$ 的取值范围	$|R|$ 的意义
0.00～0.19	极低相关
0.20～0.39	低度相关
0.40～0.69	中度相关
0.70～0.89	高度相关
0.90～1.00	极高相关

相关系数 R 可根据最小二乘原理及平均数的数学性质得到，即

$$R = \frac{N\sum XY - (\sum X)(\sum Y)}{N\sigma_x \sigma_y} \tag{6-4}$$

或

$$R = \frac{\sum XY - (\sum X)(\sum Y)/N}{\sqrt{\sum X^2 - (\sum X)^2/N}\ \sqrt{\sum Y^2 - (\sum Y)^2/N}} \tag{6-5}$$

式中：R ——相关系数；

X，Y ——变量；

N ——变量数；

σ_x，σ_y ——标准差，$\sigma_x = \sqrt{\sum X^2 - (\sum X)^2/N}$，$\sigma_y = \sqrt{\sum Y^2 - (\sum Y)^2/N}$。

4）检验回归预测模型的可用性，明确误差范围。构建了回归方程（预测模型），尚不知是否可用于实际预测，需要对回归方程进行相关性检验，计算误差大小，并分析判断是否可以接受。只有通过各种检验，且预测误差在可接受范围内，才能将回归方程作为预测模型用于实际的预测。

5）进行实际预测，计算预测值。将相关数据输入回归方程，利用回归预测模型计算预测值。

4. 关联系数法

关联系数法是根据规划对象和其他要素之间的关联系数预测规划对象的需求的预测方法，如经济增速预测可使用关联系数法：在已知现有经济结构下经济增长速度每增长1%可以提供1000万个工作岗位，如果未来一定时期这种关联关系不发生明显变化，就可以按照过去的这种关系，预测就业方面对经济增长速度的需要。各行业增长速度预测，也可以根据过去各行业与经济总量增长速度的关联系数来进行推算。例如，在原来的经济结构下经济总量增长速度与第一、第二、第三产业的增长速度存在一定的比例关系（如总量增长1%，第一产业增长5%），如果已经确定了未来某个时间段的经济总量增长速度（如预测总量增长2%），则可以根据原有的比例关系预测第一、第二、第三产业的经济增长速度需要（如预测保证总量增长2%的速度的第一产业增长速度须达到2×5%=10%）。

目标倒推法是关联系数法的一种，主要用在规划和区域经济分析等事项的预测工作中。思路是当总的目标确定后，根据目标构成和以往各要素对总目标值的贡献、比例，反过来推算要素的目标值。例如，规划确定某区域地区生产总值增长目标为7%，则可以根据现有经济结构和地区生产总值的构成比例分别推算出未来一定时期内农业、工业和服务的增长要求，即预测出相应产业的增长率。又如，城镇化分析中对土地需求的预测，可以根据城市化的目标值进行反推，如城镇化率的目标是每年增长2%，如果以往城镇化率每增长1百分点平均需要新增建设用地1000公顷来支撑，则可以按城镇化率与城镇建设用地需求的这种比例关系推算未来每年对土地的需求是2000公顷。

关联系数法仅是简单的推算，可能存在较大误差，因为事物的运动变化和需求比例关系是不断变化的，不是固定不变的，根据过去对未来进行预测，需要面临各种影响因素不断变化所产生的影响的问题。如果在关联系数基础上再对事物发展变化的影响因素及其作用进行更深入的分析研究并找出相互作用规律，建立科学的预测模型，该方法的预测就会更科学合理。

5. 灰色模型法

根据认识程度，可以将人们面对的对象分为白色系统、灰色系统和黑色系统。白色系统是对系统的组成、结构等完全了解的系统，黑色系统就是对其组成、结构等一无所知的系统，灰色系统介于二者之间。总的来说，在目前的科学技术水平下，社会系统、经济系统、生态系统等区域系统多数仍属于灰色系统。

对于白色系统，人们已经充分认识和了解，可以按事物的运动变化规律进行比较准确的预测；对于黑色系统，人们还什么都不了解，对系统的运动变化无法进行预测；对于灰色系统，人们对系统有一定认识和了解，但不全面、不透彻，只能根据已知的部分信息及对系统运动变化特征的初步认识，对系统的运动变化进行某种程度的分析预测。例如，中医的问诊方法就是典型的灰色预测方法，医生对人体的组成、结构和生理功能有部分认识和了解，但并不完全知晓其整体的、全面的生理情况和运行原理，也不知晓内部病变部位的具体情况，只是根据病人身体的某些外部特征（病症）来诊断病人的疾病。这种预测方法推测的结论的准确性受医生经验等很多因素影响，诊断结果具有一定的不确定性。为解决灰色系统预测问题，1982年我国著名学者邓聚龙教授提出了灰色系统理论，其核心思想是通过对部分已知信息的生成、开发，提取有价值的信息，实现对系统运行规律的正确认识和确切描述，并据此进行科学预测（刘思峰等，2010）。灰色模型法就是建立在灰色系统理论基础上的预测方法。

灰色模型法是针对灰色系统的特点，利用模糊数学方法，对灰色系统的组成、结构和运行进行分析预测的方法，总体上是一种模拟方法，但模拟的对象是灰色的，只能采用较少的因子。灰色模型法的精髓是在较少的数据支持下可获得更精确的预测结论。在灰色系统理论中，利用较少的或不确切的表示灰色系统行为特征的原始数据序列做生成变换后建立的，用以描述灰色系统内部事物连续变化过程的模型，称为灰色模型（gray model，GM）。采用灰色模型法进行预测不需要大量样本数据，数据不需要有规律的分布，计算工作量较小。

灰色模型法的基本做法如下：用原始数据组成原始序列（0），经累加生成法生成序列（1），对序列（1）建立微分方程型的模型即灰色系统模型。常用的是GM（1,1）模型，即一阶的、一个变量的微分方程模型。在GM（1,1）模型群中，新陈代谢模型是最理想的模型。建立模型的程序一般为定性分析—因素分析—初步量化—动态量化—优化。

灰色预测模型可以利用数据处理系统（data processing system，DPS）、SPSS等计算软件进行计算，并且这些系统、软件的获取相当方便。

6. 定额法

定额法是指根据单位定额来预测总体需求或用量的一种方法，需水量预测、能源需求预测、用地需求预测等，均可以使用定额法进行预测。

用定额法进行预测首先需要明确预测的对象，如区域需水量；其次要确定定额，如居民用水定额、农业用水定额、工业用水定额、商业用水定额等；然后预测各影响因素在未来一定时段的数量，如城镇人口增长数量、农工商各业发展规模等；最后用数量乘以相关定额就可以得出未来某一时段某要素的区域需水量，各要素需水量相加就得到总的区域需水量。水资源利用规划、能源利用规划、土地利用规划等区域规划常用该方法进行需求量预测。当然，该方法只适用于有定额的区域要素需求预测，没有定额的就不能用。

定额有最低限额、最高限额两种，要注意区别使用。例如，用水定额一般是用水的最高限额，以便控制水的消耗，节约用水。

第二节　区域规划条件变化预测

规划条件变化是指区域自身拥有的自然、社会经济条件在规划期的变化。自然条件变化历时较长，需要较长时间才会发生明显变化，短期内变化不大，因此预测自然条件变化对规划的意义不大。相对于自然条件，社会经济条件变化迅速，短期内就有可能出现巨大变化，因此，规划条件变化预测更集中在社会经济条件方面。不过，由于勘探、开发利用等社会经济因子的影响，区域自然资源的数量、分布等在规划期内仍可能有较大变化，尤其是土地资源、矿产资源，因此，规划需要对自然资源变化进行预测。

一、自然资源变化预测

区域自然资源的变化源于两点，一是开发利用导致的资源消耗，二是勘探调查新发现的资源增量。对于不可再生的自然资源，资源消耗是不可逆的，矿产资源等不可再生资源的数量将随着开发利用而不断减少，但可再生、可更新资源不会因为开发利用而减少，如水资源、土地资源、气候资源等。可再生、可更新自然资源虽然总量不会减少，但资源状况（质量、类型或者空间分布）会发生改变，可利用量会减少。此外，随着自然资源勘探技术的发展和勘探工作的展开，区域自然资源的数量在某些时段，不仅不会随着利用而减少，反而会因勘探发现的储量增加而增加，有时甚至会从无到有，产生巨大的资源结构、数量变动。例如，矿产资源、旅游资源等会因为调查的深入和勘探水平的提高而不断有新的发现，一方面会增加区域的资源种类和数量，另一方面也会改变资源空间分布格局。

分析预测区域自然资源变化需要综合考虑，多方平衡。首先进行资源消耗情况的分析预测，其次对调查、勘探引起的增量进行分析预测，最后将两者结合起来综合分析评判区域资源状况的可能变化。进行自然资源消耗的分析预测，需要结合社会经济发展来进行，因为资源消耗变化来自社会经济的发展变化。

区域自然资源消耗预测有多种方法，其中最简单的是趋势法和定额法，但需要注意其适用性。在资源消耗预测中，定额法用得最多。消耗预测中采用的定额与消费标准相关，不同的标准，定额（单位需求或消耗量）不同，在区域规划资源变化预测时，需要考虑高、中、低或者最佳、一般、最差三种情况，分别进行相应的消耗预测，并以一般或中等作为规划的依据，这样比较有利于规划决策。如果只进行一种情况的预测，规划决策时就会没有比选机会，导致规划决策的风险增加。在进行社会经济对自然资源的需求预测时，由于资源需求存在配比关系即在某个生产活动中，在消耗某一种资源的同时也要消耗一定比例的其他资源，尤其是工业领域，因此需要考虑主、辅材料的比例关系，预测相关资源的配比消耗，方法上可以考虑利用比例法进行计算。

区域自然预测资源增量预测主要采用文献法，通过收集、整理地质勘探成果资料、旅游资源调查报告等区域自然资源调查资料直接匡算未来的资源增量值。由这种方法得到的数据的准确度取决于调查资料的来源和深度。

二、社会经济发展预测

（一）人口预测

区域规划时的人口数量增长预测通常采用两种方法：一是固定增速法，二是生育率法。

1）固定增速法。固定增速法又称为平均增速法，是一种简化的方法，对预测精度要求不高时可以根据人口增长趋势，用平均增速这一固定增速进行预测。增速预测一般需要分高、中、低三种增速方案。过去一段时间的区域人口平均增速为过去到现在的人口增长总量除以时间长度，也可以分段进行计算以消除阶段波动的影响，然后用各段的速度进行平均。固定增速是过去增长态势演变趋势向未来的顺延。平均增速还可以直接采用相关机构计算的数值，也可以人为假定一个增速。平均增速预测人口数量的模型为

$$p_k = p_0(1+k)^n + \Delta p \tag{6-6}$$

式中：p_k——预测期末人口；

p_0——预测基期人口；

k——人口平均增长率；

n——时段长度；

Δp——规划期机械增长人口。

2）生育率法。生育率法是根据育龄妇女的平均生育率和育龄妇女数量进行预测。简单点的主要采用平均生育率和育龄妇女数量计算，复杂点的采用分年龄段确定生育率和育龄妇女数量进行计算，也可以通过分析预测生育率的变化进行人口预测。生育率是指平均每个妇女一生生育的小孩数量，育龄妇女是指可生育小孩的年龄段的妇女。

劳动力预测基于人口增长预测，以年龄结构和人口增长为基础，多采用比例

法即按劳动力占总人口比例进行推算。

（二）经济预测

区域经济发展速度、产业结构变化等的预测类似于人口预测，一是采用趋势法，分析确定平均增速，然后进行预测；二是根据经济发展规律，综合考虑影响经济增长的各种因素及其作用，然后根据其关联系数等进行综合分析预测。前者较简单，但预测精度较差；后者较复杂，预测精度相对较高。

在区域规划中，也可以采用规划目标倒推法进行预测，即根据相关规划确定的目标，以该目标中确定的定量的目标值为预测基础，然后根据关联系数，逐项预测相关要素值。例如，经济增长目标规划确定为7%，则要求农业、工业、服务业等各行各业有相应的增速，预测这些增速，可以根据区域过去的地区生产总值构成和各业的贡献预测各行各业的增速。

其他经济预测的方法很多，也很成熟，可以参考相关著作。

第三节　区域规划环境变化预测

规划环境的变化预测对规划十分重要，有时甚至决定规划是否能顺利实施，因此，在进行区域规划时分析预测规划环境的变化是极其重要的一个环节。规划环境预测十分重要，但并不意味着预测的精度要求就一定较高、较细。从对规划的作用来说，规划环境是指规划的背景、环境，规划的安排部署，最终并不需要根据环境情况来决定，仅需考虑规划的实施是否顺应时代潮流。因此，规划环境预测并不要求精细化，但对其趋势预测一定要准。如果趋势不准，就会背道而驰，严重影响规划的实施。

规划环境预测一般只要求进行定性预测，采用的方法也大多较简单，如专家法、文献法、趋势法等。专家法是指专家长期对世界社会经济的发展趋势进行相关领域的研究和跟踪，对趋势把握一般较好，因此，通过采用特菲尔分析法等方法判断、打分，即可基本上得到某方面的发展变化趋势的正确判断。文献法是指使用公开发表的相关研究论文和分析预测文章，综合各家观点，进行总结归纳，得出定性的预测结论。这种方法类似于专家法，但无须请相关专家参与，而是由研究者自行搜集、整理和分析判断。趋势法则属于定量方法，根据各种统计报告、表格的统计曲线进行趋势分析预测。

一、政治环境变化预测

相对于其他方面来说，政治环境变化比较复杂，随机性也较高，因此，准确预测的难度也较大。对于影响因素较少、趋势明显的政治人物更替、政策变化等，可以进行相对简单的分析判断，也可以使用专业机构的预测分析结论，但需要注意的是，任何预测都存在意外，不要过于简单化，即要考虑出现偏差的情况。对于影响因素多、变化比较快的政治要素和国际国内政治形势，需要更专业的预测。有时候，需要考虑某些意外因素引起的国际关系、政治军事形势等变化，如政变、战争等，这些往往有较大的随机性。当然，之前的力量对比、政治形势等，都是有各种表现的，也可以从方向和趋势上做出一定的判断。虽然时间、事件本身不一定可以预测准确，但是否发生某些事情是可以分析预测的。

二、经济环境变化预测

经济环境变化主要是指国家经济政策、国际贸易关系和区域竞争对手情况等的变化。国家经济政策，特别是区域经济政策、产业政策等，对区域的发展尤其是经济发展至关重要。政策的变化意味着外部条件的改变，规划安排必须跟随政策而变化。

经济环境的变化有两种情况。一种是比较明确的变化，即在一段时间内是确定的变化。例如，国家经济政策制定者在国家级相关规划编制的时候制定的政策（如《中华人民共和国国民经济和社会发展第十三个五年规划纲要》《"十三五"国家战略性新兴产业发展规划》等）、贸易协定确定的规则等，这些变化是肯定而明确的，通过分析整理，即可明确未来的经济环境。另一种是目前不明确的而未来可能发生的改变，主要是经济发展的各种市场因素综合作用引起的经济周期性变化或者突发因素导致的经济变化等，这种变化较复杂，难以预测。

从经济周期性来看，目前有各种经济学预测模型，可用于周期性变化预测，如宏观经济景气指数预测模型、经理人指数预测模型、经济周期预测模型等。当然，由于各种因素的综合影响，经济运行的各阶段的时长、跨度等基本上没有一次是相同的，所以预测也有难度。多年来，经济学家不断努力，通过不断的探索经济运行规律和各种因素的作用关联，建立起了相应的预测模型，适用于不同的经济预测。总体来说，只要相关要素较清楚，预测的准确率仍较高。经济环境预测本身精度要求不是太高，只要趋势成立，具体的时间节点并不重要，因此，现有各种经济运行预测模型完全可以满足区域规划的经济环境变化预测的需要。

三、技术环境变化预测

技术环境变化就是在当代技术水平下，由技术革新引起新技术、新方法的应用，从而形成的技术升级换代等变化。这种变化会对未来的经济活动、社会活动产生巨大而深远的影响。例如，互联网、大数据等的出现，引领了当代的一系列经济、生活、娱乐等社会经济变化，也影响了区域规划的各种部署与安排。预测技术环境的变化，并顺应技术革命的变化，对科学合理地规划区域经济活动十分重要。

从区域规划角度来看，技术环境变化的预测相对要简单得多，主要是弄清楚未来规划期内的重大技术更新和应用可能性，以便相关规划安排具有超前性和适应性。具体来说，主要采用文献法，广泛收集整理有关技术更新的相关文献（包括分析预测报告），然后进行归纳总结，得出技术变化趋势和影响。技术环境变化预测是一种趋势分析，属定性预测。由于技术革新的过程比较复杂而漫长，因此，预测技术环境变化准确度较高。

第四节 区域规划需求预测

规划需求是指需要做的规划事项及其数量。规划事项是实现规划目标需要进行的事项。不同的规划，规划需求不同，如土地利用规划的规划需求涉及建设用地需求、耕地保有量需求、生态用地需求等，水土保持规划需求涉及水土流失防治、水土保持设施（如高密度的林地等）保护、水土保持监测、水土保持监督管理能力建设等方面。规划需求有的较好确定，有的较难确定。例如，水土流失治理需求就较好确定——用水土流失面积减去已经治理的水土流失面积，而经济增长的需求涉及人口、就业、资源、环境等各个方面，因此，其需求较难确定。

开展规划需求研究，实际上包括分析和预测两个方面。

规划需求分析主要针对规划问题明确、比较简单的事项，如前述的水土流失防治需求通过分析即可得出，无须进行复杂的预测。对比较复杂的规划需求进行预测时，首先要进行分析，弄清楚规划对象的现状、影响因素及其作用，分析需求的各种变化及其规律等，然后构建预测模型或计算关联系数等，最后进行预测（通常采用定量预测方法）。例如，区域发展的经济增长速度需求预测涉及要素供给、就业需要、环境保护等各个方面，需要逐项分析相互的关系，才能预测其需要。

第七章　区域规划目标与指标体系

从技术上来说，规划是指针对规划对象，分析明确规划需要解决的问题——规划的需要和目标，然后研究解决问题的办法和路径，最后根据资金等各种约束限制，筛选出最优的、可行的办法和路径的过程。在这个过程中，核心内容就是构建规划方案，即：分析规划需要，明确规划目标任务；探索实现目标的途径，构建解决问题的候选方案；根据约束条件，优选最佳方案，做出规划部署安排。

确定规划目标、任务是构建规划方案的第一步，也是重要的一步，在整个规划中居于"牵一发而动全身"的地位。合理的规划目标是规划科学性的重要体现，也是规划顺利实施的前提。目标定得过高或过低，都不是好的规划，也不利于规划的实施。

第一节　区域规划目标

一、规划目标

（一）规划目标的含义和类别

1. 规划目标的含义

从字面上看，目标就是眼睛所看到的标的（物），一般是指人们想要的、理想化的结果和状态。目标有几个基本特点。

1）目标是人的需要、想法，与人密切相关。

2）目标是人想要得到但尚未实现的想法，即目标一定是指未来的，不是现在的。已经成为现实的东西不是目标。未来有长短，目标也有期限之别，如长期目标、短期目标。

3）目标是一种理想状态或者理想的结果。一般来说，目标是理想状态或者理想的结果，即目标是人的理想，不是幻想。目标应该是好的、有一定高度，经过努力可以实现的。

4）目标是针对未来的，在人的前方，因此目标具有指引性、方向性。制定目标，不是为了好看，而是为了对人们的行动加以指引和约束，促使人们向着目标前行。

5）目标具有多样性和动态性。人的需要是多方面的，因此目标具有多样性；人的需要也是随着时间的推移和目标的不断实现而变化的，因此目标具有动态性。目标的多样性促使人们在谈论目标时，应就事论事，不能一概而论。目标的动态性意味着目标是可变的，即具有阶段性特征，只能是某个时期的。目标的动态性促使人们必须考虑时间和阶段。

规划目标是指规划某件事项时制定的、某个阶段的规划要实现的理想与努力的方向。规划目标与一般的目标并无本质区别，也一样具有理想性、指引性、动态性等特征，但规划是针对宏观的、全局的、重大事项的安排与部署，因此，规划目标是宏观目标、全局性目标、战略性目标，它一定不是小目标，而是大目标。

2. 规划目标的类别

（1）综合性目标和单方面目标

规划目标根据涉及事项的多少可以分为综合性目标和单方面目标。涉及多个事项、几个方面的为综合性目标。只涉及一个方面、单个事件的目标为单方面目标，如经济目标中的方向（方式）目标、规模（总量）目标、速度目标、结构目标、效益（率）目标等，但如果将它们综合起来得到的区域经济发展目标即为综合性目标，如小康目标涉及收入、住房、教育、环境许多方面，是综合性目标。

（2）最终（总体）目标和阶段性目标

规划目标根据时段可以分为最终（总体）目标和阶段性目标。按规划期进行划分的目标，如果是规划最后阶段的目标，就是最终（总体）目标；如果是规划期间的则为阶段目标，如远期目标、中期目标和近期目标。

（3）约束性目标和预期性目标

规划目标根据性质可以分为约束性目标和预期性目标。约束性目标是必须做到、必须实现的目标，是强制性目标；预期性目标是希望能做到，能实现就更好、不能实现影响也不大的目标。约束性目标是刚性目标，预期性目标是弹性目标。在区域规划等规划中，既要有约束性目标，也要有预期性目标。

（4）定量目标和定性目标

规划目标根据是否量化可分为定量目标和定性目标。定量目标用数字来表达，如增长率为7%、人口增长率不超过0.5%等。定性目标是概略性、定性描述的目标，用语言来表达。例如，同为经济增长目标，定性表达时用经济增长较快、在原来的基础上翻倍等文字进行描述，没有具体的数值，目标不具体。

（二）区域规划目标

区域规划与其他规划，如行业规划、个人职业规划等不同，区域规划是关于区域的相关规划（广义），如区域发展规划、区域环境保护规划、区域资源开发利用规划等，涉及空间安排和区域布局，其他的规划则不涉及这些。

区域规划的目标与其他规划的目标有所不同。区域规划目标既涉及时间方面，也涉及空间方面，是二者的有机结合。区域规划一般涉及以下几个方面的目标：区域形象目标、区域社会经济发展目标、区域资源开发利用目标、区域环境保护目标、区域空间均衡目标、区域其他目标等。各方面目标又由方向（方式）、规模（总量、水平）、结构（行业、空间）、速度、效益（社会、经济、生态效益）五个方面构成。但不是所有目标都要有这几个方面，如区域形象就是一种笼统的、综合的印象、看法，细分目标也不涉及上述几个方面，而涉及贫富、民风民俗、自然环境优劣、交通方便程度、社会治安等方面。例如，贵州以往的区域形象是"地无三里平、人无三分银、天无三日晴"，而如今则是"山美、水美、人更美""景色优美、文化多彩"等。

二、区域规划目标的确定

（一）目标构建的原则

提出和确定规划目标是区域规划的重点内容，也是区域规划的第一项规划任务。目标的提出和确定应遵循一些基本的原则，按照相应的方法展开。规划的基本原则如下。

1. 先进性与现实性相结合且适度超前

任何规划都要考虑超前性，考虑规划期间各种社会需求、技术进步等带来的需求变化，做到超前规划。目标必须具有先进性，只有做到高瞻远瞩，才能确保规划对实际工作的指引和引导作用。当然，过于超前，规划实施的难度会加大，资金需求会增加，而且经济效益等会打折扣。例如，道路等基础设施建设规划，如果仅仅考虑最近几年的交通需求，超前性显然不足，经常会出现道路建设尚未完成，交通需求已经远远超出建设规模和标准，或者建成几年后，又必须进行复建和增密扩容等工作的状况；但过于超前，考虑时间太长，交通流量太小，道路建成后的经济效益不佳。适度超前才是最佳选择。适度是制定规划目标的关键，但超前多少为适度的问题很难确定，因此在开展相关规划时，需要进行大量的研究预测工作。

2. 远粗近细

从规划目标来说，远期规划目标宜粗、近期规划目标宜细，这是基本的常识和规则。未来间隔的时间越短，越容易预测和把控，需要做的事情也越明确；时间间隔越长，越难以预测和把控，制定的目标只需要指明方向和确定大体的要求即可。因此，制定近期目标就应该细一点，以便于操作和实施；制定远期目标则应该粗糙、笼统，无须很细致。

3. 定性与定量相结合

制定规划目标，一般都是定性与定量相结合，一方面是远粗近细原则使然，另一方面是规划的可操作性的要求。

定量目标使用数字进行界定。定量意味着目标是确定的、明确的，也是刚性的，在实施过程中，可变性较差，可以非常清楚地看出和衡量目标是否实现。定性目标使用语言进行描述，相对于定量目标较粗、模糊，因此弹性也较大，实现与否的判定空间较大。例如，经济增长目标，采用定量方法，可以确定为增长 7%或 7%左右；定性目标则是有较快增长或有较大的增幅等。前者非常明确，后者有很大的不确定性，不同的人可以有不同的理解和认定，因此，目标弹性较大，操作空间较宽。

4. 协调性

从内容上看，规划协调主要是指规划目标的协调。区域各种规划之间有约束和限制或者相互影响，如土地利用规划与城市建设规划、经济发展规划与环境保护规划等。如果不协调，则会出现各规划相互影响，导致规划难以实施落地的情况。为此，近年来出现了多规融合的要求和趋势。在战略层面，将土地利用规划、资源开发利用规划、环境保护规划、城镇建设规划，甚至经济发展规划等关联性较大的规划合并为一个总体规划是可行的，也是必要的，但在详细规划的时候，多规融合是不科学的，还是应该各自进行规划，不过应注意规划目标的协调一致，更应注意相互作为约束条件的情况。

5. 约束性与预期性相结合

规划从其作用来说，需要将约束性目标、指标与预期性目标、指标相结合。一个规划既要有约束性目标、指标，也要有预期性目标、指标，不能都制定成约束性的或者预期性的。否则，规划的作用将降低，而且规划的权威性也会受到挑战，这样规划实施的难度就更大。

6. 重点突出与兼顾一般

区域规划涉及很多方面，即使是单项的规划也是如此。因此，规划目标要突出重点，不要面面俱到，但须兼顾各个方面的需要，也就是要有各个方面的目标。为此，应该对重点方面的目标尽量进行定量表达，越详细越好，而一般性的目标则尽量描述得粗一点，可以进行定性描述。

（二）确定目标的基本方法

1. 经验法

经验法是指在进行某区域相关规划时，规划人员根据已有的行业经验或者当地工作经验，对规划区域的相关规划目标进行提炼与确认的方法。经验法是一种定性方法，但也涉及部分定量指标的确定，如区域社会经济发展五年规划经常是当地发展与改革委员会的规划人员先行根据自己的经验提出 GDP 的增长速度、总量目标等规划目标，然后与相关部门的规划人员进行多次反复讨论、论证，最后予以确认。

运用经验法进行规划目标提炼、确定规划目标有很大的随意性，并不十分精确，有时甚至会出现较大的误判，但总体来说不失为一种简单、快速的目标确定方法。如果规划人员的经验十分丰富，则根据经验提出的规划目标一般具有较强的针对性，难易适中，合理性较强；相反，如果规划人员缺乏相关经验，就难以提出和确定合适的规划目标。由于使用经验法提炼和确定规划目标在很大程度上取决于规划目标制定者的经验和水平，因此为纠正个人经验不足或者判断失误导致的目标偏差，使用经验法时往往会采取集体讨论的方法进行修正和完善，也就是先由个人或规划小组人员提出规划目标，再在比较广泛的范围内、更深入细致的程度上征求区域各行业、各部门的意见，然后组织召开讨论会，经多轮集体讨论后再由领导决策，最终确定规划目标。

经验法的优点是简单、快速、节约，不足之处是可能会因经验的不足或判断错误等导致确定的目标不科学、不恰当，目标确定过程的随意性大，无法提供目标确定过程的科学性依据。

2. 趋势法

趋势法是根据事物发展的基本趋势预测、推断未来一定时期内可能出现的情况和态势的方法。例如，可以根据区域过去五年的 GDP 增长速度、影响增长的因素及影响，分析推断未来的 GDP 增长速度趋势，制定区域经济发展目标。

在进行区域规划确定规划目标时不能采用简单趋势法，要综合考虑目标本身发展趋势与目标影响因素发展变化趋势，经过综合分析评价影响因素发展变化对目标发展趋势的干扰，并对目标趋势进行修订，才能最终确定目标。例如，提出确定区域经济增长速度目标，如果采用简单趋势法，只需要将过去经济增长的速度标注在以时间为横轴的坐标系中，然后按其发展变化趋势直接推测未来几年的增长速度，即可完成提出和确定规划目标的任务，但这种趋势预测方法没有充分考虑影响区域经济增长的因素（如正在建设、规划期间将投产的大型产业及劳动力增长等）及这些因素的变化可能对经济增长的影响，未来的经济增长延续过去经济增长的趋势的可能性很小。只有增加影响因素及作用分析、评价，并据此提出趋势修订后，才能用趋势法提出和确定未来经济增长的速度目标。分析评价的要素越多，趋势的把握就越好，规划目标制定的科学性也就越强。

进行趋势分析可以使用定量方法，也可以使用定性与定量相结合的方法。为使趋势分析和把握更准确，应适当进行集体讨论，综合分析。

3. 比例分配法

比例分配法也称为贡献权重法，常用于区域规划总目标已定的规划子目标的确定。例如，当地 GDP 增长目标已经确定，需要制定农业、工业等的增长目标，可以使用比例分配法进行规划。一般来说，根据过去农业、工业等对区域地区生产总值的贡献、比例，可按照以往的比例大致确定未来的农业、工业的增长目标。

虽然按比例分配法确定子目标的过程较简单，但因过去的经济结构在未来发生彻底改变的可能性不大，所以，只要时间不太长，据此确定的子目标偏差也不大。如果结合趋势分析法，规划的子目标就会更科学合理。比例分配法有其实用价值，但适用范围较窄。

4. 类比法

类比法是指根据区域之间、类似规划之间的比较来确定规划目标的一种基本方法。该方法也可以称为类推法，即根据相似的规划类推本次规划的目标。例如，在进行某个县的经济发展规划时，可以根据与其面积、规模、自然条件、社会经济发展相似的另一个县已经完成的社会经济发展规划来类推该县的社会经济发展规划目标组成、目标值等。

类推只能得到初步、大致相同的规划目标，不能照搬原有的规划，而应该在原有的基础上，根据规划区域和规划对象的现实情况和影响因素的发展态势，进行目标调整和修订。多数情况下，人们在做规划的时候，都要参考已有的规划和其他区域所做的规划，包括目标的提法和指标，先做一个类似的目标，再进行各种调整和修改。目标构成、定性目标和主要指标等多是如此。

5. 试错法

试错法也称为尝试法，是指不断地尝试，直到得到一个较准确、较满意的值为止。具体的做法是，规划人员先根据自己的认识提出一个目标构成和目标值，然后提交给相关部门或人员进行讨论，如果大家都不认同，则根据大家的意见对目标值进行修改后再提出一个新的目标，再次进行讨论，然后再次修改。如此进行多次，直到大家都满意、认可为止。

试错法的好处是提出目标的人员无须专业知识和丰富经验，提炼目标也无须深思熟虑，相当于随意提出，然后看对不对——试错。如果不对，则继续试错，不断进行下去，最终就会得到正确结果。试错法对规划人员的专业水平要求不高，提炼目标的过程简单，应用方便，但错误率可能很高，甚至有时会很离谱。因此，试错法一般不单独使用，往往与经验法、类比法等其他方法相结合，以提高正确率。而且，试错法所需时间和人员较多，规划时不一定能够满足试错需要。

6. KJ 法

KJ 法是一种总结、归纳方法。KJ 法总体来说是一种工作思路，是对那些纷繁复杂的事项进行直观整理的一种方法。通过这种整理过程，可以直观地将问题展现出来，方便人们发现问题和找到解决问题的关键。

在目标比较复杂、涉及事项较多，规划人员难以很快地找出问题的关键、提炼出目标时，KJ 法是十分实用的。规划人员可以通过做问题卡片，将问题不断地进行归纳、整理，从中直观地发现问题，最终将目标提炼出来。

7. 需求决定法

需求决定法是将目标建立在需求的基础上，以需求的多少来确定目标的大小。例如，某区域水土流失治理率目标可以根据该区域需要自理的水土流失治理面积来推算、确定：假定区域目前仍发生比较严重的水土流失，需要进行治理的面积是 1000 公顷，且规划时间比较长、经费充足，则可以按对需要治理的区域全部进行治理来进行规划，将规划期水土流失治理率目标定为 100%。

采用需求决定法制定规划目标的前提是假定规划实施没有约束条件，如果存在约束条件，采用需求决定法就会有一定的缺陷，需要剔除制约因素的影响，按能力来确定目标。

8. 能力决定法

根据投资能力等规划实施保障能力来设定相关规划目标的方法，称为能力决定法。例如，确定区域水土流失治理率目标时除考虑水土流失治理需求外，关键的是看区域水土流失治理投资能力，能力决定了最终实施的程度。根据以往的经验，可以估算出每治理 1 km^2 的水土流失面积所需的投资额（即单位投资额），根据单位投资额可以测算治理不同面积的资金需求，在此基础上，根据区域的投资能力的大小确定治理率目标值。

从实际情况来说，如果没有任何限制，规划目标可以按需求决定；如果有限制，则按能力来决定。

在进行区域规划时，目标的制定与提炼一般不是通过单一方法就能确定的，而是需要多种方法的有机结合。

（三）区域规划目标的确定

区域规划目标的提出大多采用经验法配合其他方法。为使规划目标制定得更加科学合理，一般由规划人员依个人经验提出规划目标，然后进行集体讨论，反复进行多次，最终确定规划目标。具体做法如下。

1）规划编制人员中的一人或几人，根据以往的规划经验以及对区域和区域规划对象的发展、变化的认识、了解，按照规划目标原则，提出规划的初步目标（或目标值），并整理成文。

2）将规划目标文本发给规划区域的各行业，广泛征求意见。

3）邀请规划编制部门、规划管理部门和实施部门以及其他相关部门的主要领导、专家、技术负责人等召开规划研讨会，分析讨论规划目标的合理性，提出规划目标的修改方向和要求。

4）规划编制人员根据规划研讨会精神进一步修改规划目标，形成修改后的规划目标，再次提交前述与会人员和单位征求意见。

5）重复第 3）和第 4）步，直至各方意见一致。

6）经相关部门和领导审核同意后，形成规划目标文稿进行公示，征求公众意见。

7）根据公众意见，修改确定规划目标。

经验法也可以通过结合某些"修偏"的科学手段来使用，以便消除经验和个人判断可能带来的偏差，从而提高决策的科学性。

数理方法也常用于规划目标的确定，数理方法将规划目标决策过程交给模型和计算机，由规划人员进行操作演算，最终得出最优方案。目前，在规划目标决策过程中还无法采用完全意义上的数理方法，数理方法大多用于规划辅助决策，即通过数理方法将决策参数定量化，方便决策者看清各种条件；或者通过数理方法推演出不同条件下的几套规划方案，并让决策者明了各方案的优缺点和实现条件，从而帮助决策者进行规划决策。目前，在区域经济规划、资源环境规划等方面已开发出多套规划辅助决策系统，可供规划决策人员使用。区域规划的辅助决策系统一般通过在 GIS 系统软件基础上开发相应模块来实现。线性规划模型、灰色系统模型、系统动力学模型等是常用的规划辅助决策工具。

第二节　区域规划指标体系

一、规划指标体系概述

（一）指标及指标体系的含义

指标是目标的具体化。规划指标是指为实现规划目标而必须完成的具体的目标分值，是对目标分解的结果。有的规划，其目标和指标基本一致，如经济增长目标和经济增长指标没有多大区别；有的规划，其目标比较笼统，指标则比较具体。

大多规划的指标不是一个而是多个，但各指标之间紧密联系，共同反映规划目标情况，故称为指标体系，即由若干相互联系又有区别的指标构成的指标系统。例如，规划目标为实现小康，目标比较笼统，需要从经济发展、生活水平、社会发展、社会结构、生态环境等方面对小康进行分解（一级指标），然后筛选出各方面的具体指标（二级指标），每个指标均给出小康标准。

（二）区域规划指标体系的含义

区域规划的指标由经济、社会、环境（生态）三方面构成，每个方面又包括众多指标，构成一个十分复杂的指标体系。具体进行规划时，应根据规划的性质、类别和目的，构建基本的指标体系，反映规划目标，不需要面面俱到。不同的规划，目标不同，指标体系也不同。

经济指标涉及规模、速度、结构、效益四个方面。规模指总量或水平，具体指标有 GDP 总量、总收入、总产值、总产量等，规模指标也可用平均值（人均、地均）、层次指标（如高收入、中等收入、低收入等）反映。速度指标包括增长速度、变化速度（变化率）方面的指标。结构指标包括空间结构、种类结构、数量结构等方面的指标。效益指标涉及经济、社会和生态三大效益：①经济效益大多根据投入产出来确定，一般包括劳动生产率、万元产值消耗（能耗等）、投资收益率、投入产出比、资产收益率、降低率（量）、增加率（量）等；②社会效益则主要考虑对社会的贡献，涉及公平、稳定、安全等方面；③生态效益指标包括生态系统维护指标（如天然林保护、生态质量改善、水土保持、植树造林等方面的指标）和污染治理指标（如森林覆盖率、水土流失治理率、三废治理率、三废排放达标率）等。

社会指标包括人口与劳动力指标、基础设施指标、社会公平指标、可持续发展指标：①人口与劳动力指标包括数量（规模）、增长、结构、迁移、空间分布等方面的指标；②基础设施指标则包括数量、增长、结构、效率等方面的指标；③社会公平指标包括贫富差距、基本保障等方面的指标；④可持续指标发展比较复杂，既有综合性指标也有单项指标。

环境（生态）指标涉及资源、环境、生态方面，包括数量、质量、结构等指标。

区域规划部分常用指标如表 7-1 所示。

表 7-1　区域规划部分常用指标

目标项	目标	指标
区域形象	总体印象	好感度、亲和力
	自然环境条件	海拔、起伏度、破碎度、多样性指数、优美度等
	社会经济	发展水平、富裕程度
区域经济	规模	GDP、财政收入、存款总额、发展阶段、水平
	速度	增长速度、增长率
	结构	第一、第二、第三产业比重，产业集中度，首位度，霍夫曼系数，主导产业，支柱产业
	效益	劳动生产率、人均产值、投入产出比、投资收益率等
区域社会	人口与劳动力	总人口数、各年龄段人口比重、文盲率、万人大学生数、劳动人口比重、失业率、就业率等
	基础设施	交通便捷性、设施完备性、人均床位数等
	社会公平	人均可支配收入、人均住房面积、人均受教育年限、平均寿命、恩格尔系数、基尼系数等
	可持续发展	可持续发展指数等
区域资源	资源开发	可采储量、开发率、利用率等
	资源保护	保护面积，保护区数量、各级保护区占比等
	资源结构	种类、数量、比重等
	资源开发条件	资源开发难度系数等
区域环境	污染治理	治理率、排放率、达标率
	环境质量	各类环境标准、质量分区
区域生态	生态质量	绿地率、森林覆盖率、生物多样性、景观异质性、景观多样性等
空间均衡	功能区、区域协调	区域协调度等

二、区域规划指标体系构建

规划指标体系的构建需要考虑指标的信息荷载、互斥性等是否符合逻辑要求。

首先，某个指标应承载一定的信息，这种信息应是特定的，所反映的内容也应是明确的。在指标体系中，所有指标的信息荷载加起来，应该等于目标的全部信息，既不能有遗漏，也不能有多余。

其次，指标与指标之间的信息原则上不能重叠，应该是完全互斥的——独立的、不相干的，只有这样，每个指标才能起到具体的作用。当然，有时为了更好地反映目标的某一方面的特征，会出现几个指标反映同一件事情的情况，但这样会放大某个方面的信息和作用，导致评价结果的偏离。

指标体系构建具体到某个规划，应根据行业、性质和规划要求等进行指标筛选，如果有行业技术规范，则应依据行业技术规范确定；如果没有技术规范，则应根据规划编制任务、要求进行筛选。

第八章 规划目标实现过程
与总体方案构建

实现规划目标是一个十分复杂的过程,受各种因素影响,需要大量的资源条件支持和不懈努力,因此需要预先进行研究,弄清目标实现的过程及影响因素,寻找实现目标的途径,制定解决问题的方案即构建规划总体方案(也称为战略规划),然后,将总体方案制定的策略与措施分解落实到各项规划安排中,即进行分项规划。分项规划方案涉及的方面较多,一般涉及项目方案、空间布局方案、时间安排方案等。总体方案、分项方案相结合形成完整的规划方案,但总体方案是纲,分项规划是目,纲举才能目张。因此,科学合理地编制规划总体方案是规划的首要任务。

要科学构建规划总体方案,需要了解规划目标实现的基本过程,弄清影响目标实现的基本因素及影响,分析研究实现目标的路径和解决问题的办法,制定战略策略。

第一节 规划目标实现过程及影响因素

一、规划目标实现的基本过程

1. 确定目标

从目标实现过程来看,确定规划目标是指对规划目标的再认识过程。从规划的工作流程看,提出确定规划目标后,就需要开始分析研究如何实现规划目标,但在此之前,要进一步了解目标的内容和规划的相关要求,深化目标认识,细化目标构成,对目标的科学性、先进性、实现难度等进行分析探讨,对实现难度较大的目标,要进一步分析难在何处、主要受什么因素影响和限制。

2. 目标分解

规划目标分解包括将目标分解为各阶段目标与各要素目标或子目标,并用指标逐一进行表达。目标分解基于对目标的更深的认识和更细的了解,目标分解需要结合目标实现途径和方式进行综合分析与考虑，也包含逐步探讨寻求实现目标途径的目的。目标分解得越细，越容易寻找实现目标的途径，对解决规划问题较有利，但目标分解过细，会增加后续规划工作难度和工作量。

3. 寻找实现目标途径，构建解决问题的方案

从规划内涵来看，规划是面对未来，针对重大、全局性问题的部署与安排，涉及事项较多、问题复杂，因此规划目标的实现是比较复杂和困难的，为此，开展深入细致的规划研究，寻找实现目标的各种途径和解决问题的候选方案，便是编制规划的主要工作任务，是规划的重大事项，关乎规划的科学性、可操作性。这一环节在整个规划编制过程中十分重要，对规划的影响极大，需要投入较大的精力开展深入研究。

4. 分析约束条件，确定实现目标的方案

规划目标的实现受多种因素影响，有较多的约束条件。编制规划时，规划人员需要分析规划实施受到的约束和限制，从候选方案中选择确定可以操作、能够实施的方案作为规划推荐方案，并据此开展事项规划、空间布局、时间安排，匡算实施规划所需资金，形成最终的规划方案。

5. 实施规划方案

规划方案做得如何好，实现规划目标的关键还是看实施。实施规划是实现规划目标的唯一选择。如果只进行方案编制而不组织实施，规划将是一纸空文，规划目标也无从实现。实施规划是一个漫长的过程，贯穿整个规划期。规划方案的实施可以分阶段进行，将规划目标分解到各个阶段，一项一项地实施完成。

6. 规划方案修正

在规划方案实施过程中，如果出现规划方案编制时未能考虑充分的事情出现，或者环境政策改变、影响因素变化等，需要实时进行方案的修正，包括规划目标的微调、规划事项的调整、规划布局优化、规划投资的修改等。

方案的修正是必要的，也是难以避免的，需要在规划实施过程中加强监测、评价，根据影响因素、环境等的变化实时进行。

二、影响规划目标实现的因素

影响规划目标实现的因素包括规划对象自身拥有的规划条件和规划环境两方面，进一步细分为人、财、物、时间、环境五大因素。

1）人。影响目标实现的人这一因素可以理解为人才、劳动力等，是所有影响

目标实现因素中影响最大的因素。无论是什么事情，都必须有人才能完成，绝大多数工作是由人来完成的，绝大多数事情也是需要人来做的。有没有足够的人手、有什么样的人（劳动技能、知识水平、工作态度等），对是否完成预定的目标影响巨大，因此，在制定规划方案时，应将人的因素充分纳入对目标实现影响的分析研究中。

2）财。这里所讲的财是指资金。要实现目标，没有一定的资金肯定是不行的，各种事项的展开和实施都需要大量的资金。目标的实现与资金的投入有很大关系，投入的资金越多，事情越好办，目标越容易实现。不同的资金条件，目标实现方案可能完全不同。不过，资金对实现规划目标的影响是间接的，是通过影响人和物来产生作用的。

3）物。物作为目标实现的影响因素是指实现目标的物质条件，包括工具、设备、原材料等硬件和工艺、技术等软件。要实现规划目标，毫无疑问需要各种物质条件的支持。不同的目标，其实现目标所需的物质条件不同。

4）时间。时间也是影响目标实现的重要因素，有时甚至是决定性因素。人再多、再有钱、设备技术再先进，没有充足的时间，很多事情也办不了、完不成，所以，规划中一定要充分考虑实现目标所需要的时间，不能要求短期内必须实现各项规划目标，也不要将大量的事项集中安排在短时间内实施。

5）环境。环境是规划目标实现的外部因素，它间接影响目标的实现，但有时也可直接影响。规划环境对实现目标的影响主要是政策导向、市场需求、技术进步等方面变化带来的影响，一些突发事件如战争、自然灾害等对规划实施也会产生较大影响。不同的时代，具有不同的政治、经济、社会、技术环境，这些特定的环境影响这一时期的各种规划目标的提出和实现。

制定规划目标和构思实现目标的方案，应充分考虑以上五大因素及其组合的影响，将之作为规划约束条件，纳入目标实现方案的分析研究中。需要注意的是，实现不同目标需要不同的条件，实现规划目标的具体影响因素及对目标实现的影响差别很大，在制定相关规划目标时应具体问题具体分析，细化人、财、物、时间、环境因素并深入分析评价其影响。

第二节　区域规划总体方案构建

一、区域规划总体方案构建的一般过程

区域规划总体方案是目标实现路径和解决问题方法的系统集成，是解决如何实现规划目标这一规划核心问题的总体思路和战略安排。规划的总体方案通过分

析研究，探索实现目标的各种途径与解决问题的办法，并将实现目标的各种可能性进行组合，形成一个解决问题的总体思路与工作方案。总体方案相对于分项方案而言，是一个总体的、全局性的、战略性的对策集。

不同的规划，其目标实现过程不同，影响因素也不同，需要构建不同的目标实现途径与解决方案，即构建不同的总体方案。为了更好地理解规划目标实现的过程和解决问题的途径，以一个最简单的旅行规划问题为例进行说明，即某人从A地到Z地，应该如何去？对于该规划问题，涉及规划目标的确定、规划路径和交通方式选择以及时间、经费等约束要素分析，具体过程如下。

1）进一步明确规划目标。虽然已经明确规划问题是从A地到Z地，A是出发地，Z是目的地，到达Z地是规划目标，但还需要明确与目标相关的时间、经费等要素，即要求什么时间之前、多少时间之内到达Z地，有多少规划经费、经费使用有无限制。通过分析细化后的目标，才是具体的、实用的，可用于规划安排的目标。例如，对前述旅行规划目标进行分析细化后，规划目标变成：用最少的钱最快的时间到达Z地，或者不管花多少钱用最快的时间到达Z地，或者花最少的钱到达Z地等。显然，经过细化后，目标十分明确、清楚，可据此进行实现目标方案的构建。

2）分析研究实现目标的过程和涉及的相关要素，构建实现目标的各种可选方案。要实现从A到Z的目标，涉及交通方式、路径、工具等要素，如交通方式有航空、航海、陆路交通等，实现目标可以单选某一种交通方式，也可以选择组合交通方式，如果选择陆路交通方式去实现目标，则需要确定采用的交通方式是铁路还是公路，抑或是相互结合。选择交通方式后，还需要进一步选择行走路径（线），构建路径方案。如前述规划问题，可以简单地构建出如图8-1所示的路径方案。

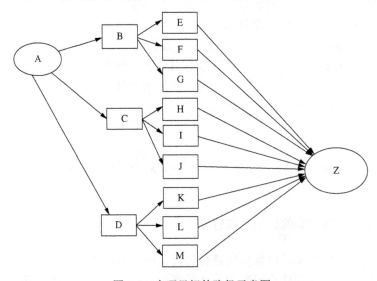

图 8-1　实现目标的路径示意图

从图 8-1 可以看出，从 A 到 Z 有三条主要路径（最简单方案）：方案一为 A—B—Z。方案二为 A—C—Z。方案三为 A—D—Z。进一步看，方案一又可分为三种路径子方案：①A—B—E—Z；②A—B—F—Z；③A—B—G—Z。方案二、方案三同样也有多种组合方案。合计共有 9 种路径方案。从理论上来讲，路径方案其实还有很多，如 A—B—E—H—Z、A—B—C—H—Z 等，可达数十、上百种之多。不过，在实际规划中，由于受到的约束条件较多，真正可选方案并没有理论上的多。

如果各种交通方式与路径相结合，则有更多的组合方式，可以构建若干种实现目标的可选方案。例如，选择公路交通方案，就有汽车、自行车等不同的交通工具可选，如果使用汽车则又有私家车、公共汽车、出租车可选，还有自驾和代驾等方式，十分复杂。如果路径与工具共同考虑，则有不同组合方式，如整个路段可以只选一种交通工具，也可以分路段选择不同的交通工具。

上述规划实际上是较为简单的规划问题之一，区域规划远比这种规划复杂。从上述案例可以发现，解决相关规划问题的方案实际上非常多，能够全部找出来的工作量十分巨大，也比较困难。构建上述规划问题解决方案相对简单，至少有比较清楚的构建思路，除了工作量大之外技术难度不大；如果是其他规划问题，尤其是区域发展等的规划问题，则没有这么容易，有时甚至无从着手，需要规划编制人员认真细致地开展研究工作。

3）分析规划的约束条件，从已经构建的方案中，挑选出符合条件的方案，进行方案优选，最终确定规划推荐方案。例如，前述规划问题的约束条件包括财——可供使用的经费，物——实际可供选择的交通方式、交通工具，时间——规划要求到达的时间期限，环境——有无地质灾害，若地质灾害发生，是哪种灾害、灾害及其影响程度如何。根据这些约束条件的具体情况，分析测算实施各方案所需的资金、时间，分析地质灾害限制等方面的影响，排除无法实施和不符合规划约束条件的方案，构建规划可选方案，然后对照规划目标关于资金、时间等的要求比较各方案的优劣，最终提出推荐的规划方案（最优方案或次优方案）。

二、区域规划总体方案构建的注意事项

（一）区域规划总体方案构建的基本要求

在进行规划时，确定规划目标是第一任务，科学合理地罗列出实现目标的备选方案是规划的第二任务。不同的规划，实现目标的路径和方案不同，需要进行专业的学习和科学研究。专业知识是解决这一问题的前提，专业技术是解决这一问题的手段，如区域经济发展规划需要有经济学、发展经济学、地理学等专业知识，以及 SPSS 等相关专业软件知识。土地利用规划则需要有土地科学知识和经

济发展等知识，以及熟练操作 GIS 软件的能力。

从规划的角度来看，应该将实现目标的途径和方案全部找出来，不能有遗漏，否则无法进行优选。竭尽所能是进行规划时关于这一方面的基本要求。当然，不仅是规划问题需要这样，一般的决策过程也应如此。能否将解决问题的方案和可能全部找出并罗列，取决于工作人员的知识和水平，也需要足够的时间与工作量。

从理论上说，实现目标的途径和方案应该全部找出来，否则优选出来的方案可能不是最优方案。竭尽所能地找出各种可能路径和方案是进行规划时构建规划总体方案的基本要求。难以全部找出实现目标的途径和解决问题的各种方案，是规划实践中普遍存在的问题，对规划的科学性有较大影响。

寻找和构建规划总体方案的方法很多，可以采用经验法、头脑风暴法等思维方法，也可以采用实验、试验等研究方法。为了便于尽可能地找出实现目标的各种可能方案，具体开展规划工作时，可先不考虑方案的可行性、约束条件、要求等，只需要根据"能否解决问题"这一要点去分析研究、寻找、构建解决问题的方案。

在实际规划工作中，并不是所有的规划都有数量庞大的规划方案需要找出来，有的规划解决问题的方式相对简单，解决问题的方案数量较少。对区域规划而言尽管方案数量不多，但实际构建起来还是比较复杂的，需要大量的研究工作。

为了减少构建总体方案的工作量，提高规划效率，可采用以点带面的方法来规划解决问题的方案。例如，水土流失治理规划，可先根据区域地形地貌特点、水土流失情况等进行水土流失防治分区，然后在分出来的各个区域内选择典型区域（即样区，一般是典型小流域），以典型区域作为治理区的代表进行相对详细的调查研究和试验性的措施布设，经过调查和试验，推广到全部治理区域，最终确定规划治理方案。这样可大幅度减少规划方案编制的工作量。不过，如果要使规划方案更细致、更详尽，分区就应该更细，典型区域就应更多。一般来说，每个治理区有一到两个典型样区为好。区域的其他规划与此类似。

（二）构建区域规划总体方案构建的几个要点

1. 区域问题的瓶颈与关键

从区域发展角度来看，制约区域发展的主要因素称为瓶颈。区域发展的瓶颈分欠发达地区（或者未发达地区）、发达到地区两种情况。欠发达地区社会经济发展的瓶颈大多集中在资金不足、人才短缺、交通不便、缺乏技术等方面。例如，贵州由于地形条件限制，交通不便成为长期制约贵州社会经济发展的瓶颈，严重影响贵州社会经济发展，直到近年来贵州加大交通建设力度消除交通不便的瓶颈后，社会经济才进入高速发展阶段。发达地区社会经济发展的瓶颈往往出现在土地短缺、水资源不足等资源环境供给不足，以及污染严重导致区域环境容量不足等方面。近年来，劳动力短缺也正逐渐成为发达地区的一个瓶颈。例如，北京等经济发达地区，社会经济发展面临的最重大问题即瓶颈是水资源短缺、土地尤其是建设用地供给不足、环境污染严重、劳动力成本过高等。

对区域发展有重大影响、支撑和带动区域社会经济发展的因素，在区域规划中称为关键。区域发展的关键集中在国民经济中占比较大、影响深远的支柱产业、主导产业以及具有竞争优势的特色产业等方面。

构建实现区域发展目标的规划总体方案，其重要思路之一就是弄清区域发展面临的瓶颈和关键，进而采取措施突破瓶颈对区域发展的限制，抓住关键，引领社会经济做大做强。至于区域的其他规划，其瓶颈和关键则与区域发展问题有所不同。例如，资源开发利用规划，其瓶颈在于资源的质、量与需求的不匹配、时空分布的不一致等，其关键是本地资源的开发和外部资源引进的有机结合。又如，污染防治规划，其瓶颈与关键是发展与保护的矛盾或者是资金投入与经济效益的问题。

有针对性地分析各规划中区域面临的瓶颈与发展的关键，对构建目标实现的规划总体方案十分重要，在规划时应加以重视，认真研究。

2. 经验借鉴与模式选择

规划总体方案可以通过借鉴已有的经验和模式来进行构建。人类几千年的发展历史积累了丰富的经验、留存了大量的模式，可供区域相关规划时参考和借鉴。已有模式为构建解决规划问题的方案提供了重要支撑，通过经验借鉴和参照已有模式来构建解决问题的方案，是构建规划方案的重要路径和方法。

从区域发展来看，模式是区域发展现成的可以参照和借鉴的发展路径的总结，有的以区域命名，如华西村模式；有的以发展方式命名，如出口替代模式。区域发展有很多发展模式，如资源开发带动、增长极发展带动、梯度开发、出口导向型、进口导向型、投资拉动、消费升级等区域发展战略模式，均可以有选择地用在区域发展路径选择中。但是，需要注意不能不加分析、不加区别地使用。由于区域差异较大，不同区域的区域发展影响因素不同，并且时代在变、影响因素在变，因此选择区域发展路径时不能照搬套用模式。有时，不仅无须套用模式，甚至还可以根据区域特点规划自己的发展道路。例如，贵州正安是一个贫穷落后的山区县，地处偏远，不沿边、不临海，按照其他地区的发展模式，应该借鉴资源开发带动模式，挖掘自己的特色资源进行开发，然后逐步发展，但正安县却走了一条与以往完全不同的道路——发展吉他制造产业，年产吉他数百万把并一举成为全世界的吉他制造中心、中国吉他之乡，而且吉他生产的原料和市场甚至设计都不在当地，只有生产在当地。正安县这种发展属于"无中生有"方式，是县域经济的一个奇葩。正安县的这种发展方式根本无模式可借鉴，反而创造了一个全新的发展模式，即正安模式。

其他区域规划也涉及模式问题，但与区域发展模式的含义差异较大，如水土流失防治、石漠化综合治理中的小流域综合治理模式，污水处理的集中处置与分散处理模式等。这些模式在相关区域规划中也可以借鉴使用，但也要注意推广条件和适用范围。

3. 解决问题的顺序和步骤

解决问题需要按一定的顺序进行，有一定的步骤，这是事物发展变化的内在规律决定的。在制定相关方案时，也应根据事物发展变化规律，按解决问题的顺序和步骤进行构思安排，以便更容易地实现目标。事物的发展有一定的顺序和规律，解决问题也要有一定的步骤和顺序，但也不是一成不变的，开展相关区域规划时，应灵活使用。

从解决问题的步骤来看，针对规划等比较复杂的问题，解决问题的基本的顺序应该是先易后难、先重点后一般。先易后难是解决问题常用的思路，尤其是在缺乏足够的能力、技术、资金等条件时，要解决面临的复杂问题，应从简单、容易的问题入手，先解决容易的问题，然后逐步推进，最后攻克难关。如果直接从最难的一点入手或者同步进行，则需要更多的投入、更强的能力和更多的资金，实施起来可能会使问题长期得不到解决。先重点后一般的思路强调抓住重点，采取先集中力量突破重点，然后以点带面全面解决问题。在区域发展等复杂问题中，制约区域发展或区域问题解决的关键在于瓶颈，瓶颈对问题的解决起到控制和约束作用，如果不消除这一制约，其他问题会受制于瓶颈而无法解决，或者即使其他方面的问题得到解决，但最终也会集中到瓶颈从而形成区域问题的"堰塞湖"，对整体问题的解决不利，因此，集中力量突破瓶颈是加快问题解决的突破点。

从区域发展的顺序来看，按产业产值占国民经济的比重大小，区域的产业结构应该是从"一、二、三"结构到"二、一、三"结构，再到"三、二、一"结构逐步演化提高的过程。推进区域发展的规划方案，一般也构建与区域发展顺序相应的顺序发展方案，但也有些区域不按正常的顺序进行，而是采取直接从高端产业进入的发展模式即逆序发展模式，如直接发展第三产业，使国民经济结构呈现第三产业比重最大、第二产业比重次之、第一产业比重最低的"三、二、一"产业结构形式。例如，旅游资源比较富集的区域，大多采取先发展第三产业，然后逐步带动第一、第二产业发展的方式。另外，有些国家和区域的发展也会采取逆序发展方式，如印度不是在传统农业基础上通过加大第二产业即加工制造业来推动社会经济发展，而是率先从第三产业——计算机软件、网络等高端服务业入手，形成了计算机软件、网络等高端服务业产值占比较高，第一、第二产业产值占比较低的国民经济格局。

在推动区域发展方式上，有的区域采取渐进式发展方式，有的则采取跨越式发展方式。渐进发展属于逐步推进、稳扎稳打的发展；跨越式发展则是跳跃式的，发展中一步到位，不重复其他地区的老路和发展阶段。在制造业发展过程中，后发区域常采取跨越式发展方式，摒弃其他地区走过的弯路和一些不利的环节，直接发展循环经济或者高端制造等，一方面可以避免先污染后治理的恶性循环，另一方面则可以增加区域竞争力。如果采用按部就班的渐进式发展方式，后发地区可能难以赶上和超越发达地区。

（三）规划总体方案的确定

规划总体方案的确定是在经过规划研究已经找出了各种实现规划目标的可能方案的基础上，通过比较然后筛选出规划采用的方案的过程。规划采用的方案是考虑了约束条件和实施可能性后的最优或次优解决方案。确定规划总体方案的过程，也是排除不符合规划目标要求和约束条件的规划方案的过程。规划确定的总体方案不宜太多，一般有一到三个方案即可。

规划方案包括推荐方案、备选方案。无论是通过数学模型一次性优选出来的规划方案，还是人工构建罗列出来的各种方案，原则上需要给出一个推荐方案、一个到两个备选方案。否则，在进行规划决策时，会缺乏比较，增加决策的难度和风险。在规划文本中，送审稿只列推荐方案和备选方案，报批稿只列推荐方案，其他方案在规划说明中给出。

规划的推荐方案是规划人员认为的规划问题的最佳解决方案，也是实现规划目标的最优方案，要求方案比较详细、具体。规划的推荐方案必须列出规划问题及其解决思路、方法、具体的工作事项（规划项目），以及时间安排和资金需要。另外，在规划文本中不一定在一个章节位置全部写出以上内容，可以根据规划文本格式，分别在不同的章节给出相应内容。汇报时需要按此进行汇报，以方便专家、领导弄清楚规划的基本过程、思路和方案等相关内容。

第三节　规划总体方案构建的常用方法

随着科学技术的发展，规划的方法也在不断创新和进步。目前，将规划问题与对策、途径等综合考虑，定量分析决策的方法体系越来越成熟，辅助决策手段也越来越完善，因此，区域规划的方法实际上已经转变为建立在以运筹学、系统工程等理论与方法基础上的"以定量为主+计算机辅助决策"的模式，常用的方法有线性规划法、多目标决策法、动态规划模型法、过程决策程序图法和层次分析法等定量方法。

一、线性规划法

在区域规划中，人们经常碰到"在资源投入有限的前提下，如何进行行业或地区分配，才能使得区域经济目标最大化"或者"在目标确定的情况下，如何分配有限的资源，才能使投入最小化"等规划问题，这些问题都可以使用线性规划法来解决。一般地，线性规划问题需要同时满足以下两个条件：①有决策变量、目标函数和约束条件；②目标函数是决策变量的线性函数。

线性规划法是一种传统的定量规划方法，其基本的思想是将规划问题转化为一个数学的求最优解的过程，从而定量地将目标与实现目标的途径选择等一次性地加以解决（程理民等，2000）。

线性规划模型涉及以下几个概念。

决策变量：影响目标的各种因子，常用 x_j 表示。

目标函数：想要解决的问题的数学函数，一般用 maxZ 或 minZ 表示。

约束条件：决策变量的数量限制情况，如非零条件、资源数量条件、投资等。

线性规划的一般数学形式为

$$\max Z = c_1 x_1 + c_2 x_2 + c_3 x_3 + \cdots + c_n x_n \tag{8-1}$$

$$\begin{cases} a_{11}x_1 + a_{12}x_2 + a_{13}x_3 + \cdots + a_{1n}x_n \geqslant (\text{或} = \text{或} \leqslant) \ b_1 \\ a_{21}x_1 + a_{22}x_2 + a_{23}x_3 + \cdots + a_{2n}x_n \geqslant (\text{或} = \text{或} \leqslant) \ b_2 \\ a_{31}x_1 + a_{32}x_2 + a_{33}x_3 + \cdots + a_{3n}x_n \geqslant (\text{或} = \text{或} \leqslant) \ b_3 \\ \qquad\qquad\qquad\qquad\vdots \\ a_{m1}x_1 + a_{m2}x_2 + a_{m3}x_3 + \cdots + a_{mn}x_n \geqslant (\text{或} = \text{或} \leqslant) \ b_m \\ \qquad x_1, x_2, x_3, \cdots, x_n \geqslant 0 \end{cases} \tag{8-2}$$

或者简写为

$$\max Z = \sum_{j=1}^{n} c_j x_j \tag{8-3}$$

$$\sum_{j=1}^{n} a_{ij} x_j = b \tag{8-4}$$

式中，$x_j \geqslant 0, j = 1, 2, 3 \cdots, n$。

具体运用时，输入影响目标的各个因子 x，构建目标函数和约束方程，然后求解，就可以得出最优的目标值和在目标值确定的情况下的最优要素分配方案。

线性规划可以运用计算机软件帮助进行线性规划模型的求解。

二、多目标决策法

如果目标有多个，则线性规划等单目标规划模型就解决不了，只能使用多目标决策模型。为求解使规划时的多个目标同时达到最优结果或者在目标制约下的资源要素最优分配方案问题，常采用多目标规划模型。

由于目标较多，有时目标之间还可能相互冲突和矛盾，如既要追求经济的高速增长，又要保证环境得到保护，这就使如何处理好多个目标之间的关系、寻求最优方案，变得十分复杂和困难，因而多目标规划越来越受到人们的重视。

多目标规划决策涉及三大要素，即目标、方案和决策者。在规划中，目标有多层含义，有总目标和子目标，高层次的就是总目标，低层次的就是子目标，子目标其实是指标，即反映总目标的各项子目标的值。方案就是模型中的决策变量，备选方案就是规划问题的可行解。在多目标规划中，有些问题的方案是有限的，有的则是无限的。每个方案都有其特征属性，一般分为两种：一种是准则，与目标有关；另一种与方案有关，是方案的约束条件。决策者可以是个人，也可以是团体。决策者的偏好、需求等对多目标规划决策影响较大。

（1）多目标规划问题的数学模型

设 $x = (x_1, x_2, x_3 \cdots, x_n)$ 为决策变量，不同的 x 定义不同的方案。方案集定义为

$$X = \left\{ x \in E_n \mid g_i(x) \geqslant 0, i = 1, 2, \cdots, p \right\} \tag{8-5}$$

式中，$g_i(x)$ 为第 i 个约束函数。设 f_j 为第 j 个目标，$j = 1, 2, \cdots, m$，则多目标规划问题的模型为

$$\text{opt } F(X) = \left(f_1(x), f_2(x), f_3(x), \cdots, f_m(x) \right)^{\mathrm{T}}$$
$$x \in X \tag{8-6}$$

式中，$m \geqslant 2$ 且 $x \in X$ 表示决策变量应满足约束条件基体 X。

设多目标规划问题为最大化问题，即

$$\max F(x) = \left(f_1(x), f_2(x), f_3(x), \cdots, f_m(x) \right)^{\mathrm{T}}$$
$$x \in X \tag{8-7}$$

若希望目标 f_1 和 f_2 越大越好，则假定它们有若干种解，其中，一部分是各方面指标都比其他解更差，可以放弃，这部分解称为劣解；一部分为一个方面差，却总有另外的某方面较优，但又不是全优，这部分解称为非劣解。非劣解在规划决策中有非常重要的作用，规划决策人员可以根据偏好从中选择出满意解。满意解在多目标规划中就是规划的最优解，具体如下。

1）绝对最优解：若对于任意的 $x \in X$，都有 $f(x^*) \geqslant f(x)$。

2）有效解：若对于任意的 $x \in X$，都有 $f(x^*) \leqslant f(x)$。

3）弱有效解：若对于任意的 $x \in X$，都有 $f(x^*) < f(x)$。

（2）多目标优选问题的数学模型

设 $x = (x_1, x_2, x_3 \cdots, x_n)$ 表示含有 n 个备选方案的方案组，$f_1, f_2, f_3, \cdots, f_m$ 表示 m 个目标属性，$f_i(x_j)$ 为第 j 个方案在第 i 个属性下的偏好值，则多目标优选问题的模型结构为

$$\max F(x) = \left(f_1(x), f_2(x), f_3(x), \cdots, f_m(x) \right)^{\mathrm{T}}$$
$$x \in X \tag{8-8}$$

多目标规划的求解有一套完整的数学方法，其简单、常用的方法是将多个目标转化为单个目标，利用单目标规划模型进行求解，把复杂问题简单化，具体有两种途径：一是将多目标转化为单目标，二是将多个目标转化为多个单目标。目前，可以利用计算机辅助进行求解。

三、动态规划模型法

动态规划是解决多阶段决策问题的数学方法。多阶段决策问题是指问题的决策过程是一种在相互联系的多个阶段分别进行决策以形成序列决策的过程（程理民等，2000），每个阶段的决策并不一定追求最优，而是为获得最终的总体最优服务。例如，前面提到的从 A 地到 B 地的最优决策/规划问题，如果涉及各个路段，则会形成多阶段决策，若从 A 地到 B 地将经过三段路程，各路段都可以有陆路、航空、水路等选择。因此，如何才能使路线最短或用最节约资金的方式到达 B 地，就将是一个分阶段决策以形成序列决策，最终求取总体最优的决策问题。

在简单的情况下，以上决策方案将分三个阶段、九种方案。每个阶段都需要做出路径和交通工具等的选择。假定最优问题是路径最短，那么，该项决策不是以本阶段路线最短为目的，而是以三个相联系的阶段的路径之和即总路线最短为规划设计依据，如 A—a 可能是第一阶段路线最短的，但从 a—a₁—B 则未必比 b—b₂—B 的短。

将以上规划决策问题数学化，运用动态规划模型进行设计和求解，可以使规划结果更精确。

动态规划的基本特征是多阶段性、无后效性、递归性、总体优化性。

1. 动态规划模型的几个概念

（1）阶段

在动态规划中，阶段即从顺序上划分出来的规划决策问题的步骤或者时序。根据解决问题的需要，可以将决策过程划分为几个相互联系的阶段，将问题分解成几个子问题，分段进行决策，有利于问题的最终解决。一般用某个字母表示，如 k，则 $k \leqslant n$，n 为阶段总数。如前述决策，分三个阶段，则 $k = 3$。

（2）状态与状态变量

状态是用来描述事物或系统运动变化的一个物理量，是系统或某事物的运动变化特征的外在表现，如污染设施运行状态、经济运行状态等。

状态变量是反映系统状态的物理量，是一个与时间有关的参数，如人的身高、体重等均是人的身体状态函数的一个状态变量，因其与时间相关联，随时间而改变。

某个阶段所有可能状态的集合称为状态集，可表示为 $S_i = \{B_1, B_2, B_3, \cdots, B_m\}$。其中，$S_i$ 为第 i 阶段的状态集；B_m 为第 m 个状态。

（3）决策与决策变量

决策也就是选择，即在各种可能之中选择其一。在动态规划中，决策就是在某一阶段状态给定的情况下，从该状态演变到下一阶段的某状态的选择（程理民等，2000）。决策变量可用 $d_k(s_k)$ 表示第 k 阶段处于状态 s_k 时的决策变量。$d_k(s_k)$ 的全体可能的集合构成决策集合 $D_k(s_k)$。

（4）状态转移与转移方程

系统由前一个状态转变到下一个状态的过程称为状态转移，描述状态转移的方程称为状态转移方程。状态转移与状态变量有关，也与决策变量有关。用数学方式表达：若第 k 阶段状态变量 s_k 与决策变量 d_k 确定后，第 $k+1$ 阶段的状态变量 s_{k+1} 也可以确定，则它们的关系式 $s_{k+1} = T_k(s_k, d_k)$ 称为由状态 s_k 转移到 s_{k+1} 的转移方程。

（5）策略与子策略

由过程的第一阶段开始到终点为止的每个阶段的决策所组成的决策序列称为全过程决策策略，简称策略，记为 $p_{1n}(s_1) = \big(d_1(s_1), d_2(s_2), \cdots, d_n(s_n)\big)$，$d_n(s_n)$ 为决策变量。

从第 k 阶段的某一初始状态 s_k 到终点的过程称为全过程的 k 后部子过程，其相应的决策序列 $p_{kn}(s_{1k}) = \big(d_k(s_k), d_{k+1}(s_{k+1}), \cdots, d_{k+n}(s_{k+n})\big)$，称为后部子策略（简称子策略）。

（6）阶段指标

对过程中某一阶段的决策效果衡量其优劣的一种数量指标，称为阶段指标。第 k 阶段状态变量为 s_k、决策变量为 d_k 时的阶段指标为 $v_k\big(s_k, d_k(s_k)\big)$。

（7）指标函数与最优指标函数

指标函数是用来对多阶段决策过程效果衡量其优劣的数量函数，表示为

$$V_{kn}(s_k) = V_{kn}\big(s_k, p_{kn}(s_k)\big) = (s_k, d_k, s_{k+1}, d_{k+1}, \cdots, s_n, d_n) \tag{8-9}$$

指标函数的最优值称为最优指标函数，记为

$$V_{kn(s_k)} = \sum_{i=k}^{n} v_i\big(s_i, d_i(s_i)\big) \tag{8-10}$$

式中：$v_i\big(s_i, d_i(s_i)\big)$ 表示第 i 阶段的初始状态为 s_i 且决策为 $d_i(s_i)$ 时该阶段的指标值。

2. 最优原理与函数基本方程

在求解动态规划问题方程时，建立递归关系和反向递归关系是关键，而这些均以最优原理为基础。最优原理是指作为整个过程的最优策略是无论过去的状态和决策如何，对前面的决策所形成的状态而言，余下的决策必须构成最优策略。根据这个原理，可以将多阶段决策问题的求解过程看成对若干个相互联系的子问题的逐个求解的反递归过程。

根据最优原理，可得到最优递归方程的函数基本方程，即

$$f_k(s_k) = \text{opt}\{v_k(s_k, d_k(s_k)) + f_{k+1}(s_{k+1})\}$$
$$d_k(s_k \in D_k(s_k))(k = n, n-1, \cdots, 1)$$
$$f_{n-1}(s_{n-1}) = 0$$

$$(8\text{-}11)$$

式中，opt 为最优，表示最大或最小。

四、系统工程方法

系统工程是运用各种基础理论，通过系统综合分析，设计、构建最优系统的一般方法论科学，它主要思考如何将工作对象——系统——最优化（最优管理、最优目标、最优效果、最优设计等）。美国学者切斯纳于 1967 年提出"系统工程是按照各个目标进行权衡，全面求得最优解的方法并使各组成部分能够最大限度地相互协调"。

系统工程方法运用于区域规划设计，就是贯彻系统思想，将规划对象看成一个系统——区域系统，然后在全面分析系统的组成、结构与功能基础上，运用系统工程思想分析构建系统目标，根据区域实际，提出实现系统目标的整体方案，求解最优的要素投入和最佳效果。系统工程方法为规划提供了一套整体思考的工具和解决问题的工作流程。系统工程方法的基本特点如下。

1）系统工程的工作思路是，先进行系统的总体思考与设计，然后进行各子系统或具体问题的研究设计。

2）以系统整体功能最佳为系统设计目标，对系统进行综合分析和系统分析，构造系统模型来调整改善系统的组成与结构，使其达到整体最佳。

3）系统工程是一种集成技术与方法。系统工程没有专门的理论与方法，而是将各学科、各领域的理论和方法用系统理论和思维加以集成运用。

4）系统工程强调多方案设计与评价。系统工程强调系统综合分析和系统综合设计，系统分析是其核心内容。

五、过程决策程序图法

过程决策程序图（process decision program chat，PDPC）法也是一种系统分

析决策方法，是指在制订计划阶段或进行系统设计时，事先预测可能发生的情况，从而针对性地设计出一系列对策措施（预案），以便最大限度地将系统或事态引向最理想的结果——目标或避免出现重大事故的一种决策方法。实际上就是事前进行分析预测可能出现的情况，预先设计解决方案的一种思维和解决问题的方法。PDPC 法可以采用顺向思维，也可以采用逆向思维。顺向思维是按顺序分析、思考实现目标的途径和可能的对策，逆向思维反其道而行之，是从设想的最终结果出发，考虑实现这个目标的前提条件，逐步回推，一直推到出发点为止。PDPC法要求顺着走可行，倒着走也可以行得通。

例如，前述从 A 地到 Z 地的规划过程，使用 PDPC 法，其基本的图示过程如图 8-2 所示。假定 A_0 表示初始状态，Z 表示目的地。则从 A_0 到 Z 的方案，可以这样设计：

1）方案一，从初始状态 A_0 开始，实施 A_0—A_1—A_2—A_3—A_4—Z，这是最短距离，也是最佳的方案。

2）方案二，如果分析预测到 A_2 后遇到较大困难，则改用 A_0—A_1—A_2—B_1—B_2—B_3—B_4—Z 方案。

3）方案三，假如从 A_1 到 A_2 时受阻，则采用 A_0—A_1—B_1—B_2—B_3—B_4—Z 方案。

4）方案四，假如从 A_1 到 A_2 时受阻，也可以采用 A_0—A_1—C_1—C_2—C_3—C_4—Z 方案。

5）方案五，如方案四的实施中，到 C_3 时受阻，则从 C_3 转入 D_1—D_2—D_3—D_4—Z 方案。以此类推，不管在哪个环节遇到困难，都可以找到解决的方案，最终实现 A_0 到 Z 的目标。

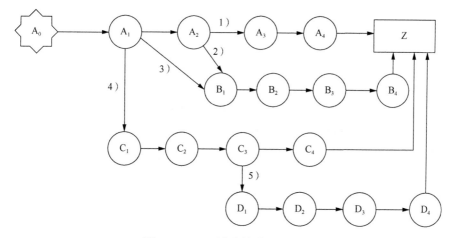

图 8-2 PDPC 法决策过程示意图

六、层次分析法

层次分析（analytic hierarchy process，AHP）法是美国运筹学家匹茨堡大学教授萨蒂（Saaty）20 世纪 70 年代初提出的一种多目标、层次权重决策分析方法。AHP 法的特点是在对复杂的决策问题的本质、影响因素及其内在关系等进行深入分析的基础上，利用较少的定量信息使决策的思维过程数学化，从而为多目标、多准则或无结构特性的复杂决策问题提供简便的决策方法。

AHP 法将定量分析与定性分析相结合，用决策者的经验判断确定各变量之间的相对重要程度，并给出定量的权重，然后根据权重确定各方案的优劣顺序。该方法较好地解决了面对复杂问题时人们难以取舍的问题，被广泛运用于规划、决策等相关社会经济事务的分析、决策过程中。

AHP 法的基本原理是将目标、影响目标的因子分解为不同的层次，将高层次问题转化为低层次问题加以判断、解决，逐层归纳，最终求解各因子对总目标的贡献程度，即权重。AHP 法所要解决的核心问题就是关于因子或措施层对目标层的相对权重问题。具体的方法和程序如下。

1）建立递阶层次结构模型。将决策问题分为目标、方案和因子，并按因果关系或影响关系归并为最高层、中间层和最低层，构建分析层次结构图。

① 最高层：该层是分析问题的预定目标或理想结果，因此也称为目标层，一般只有一个元素。

② 中间层：该层包含为实现目标所涉及的中间环节，可以由若干个层次组成，包括所需考虑的准则、子准则，因此也称为准则层。中间层的层次数不受限制，但一般为一至三层，一层的最多。层数的多少和问题的复杂程度与需要分析解决的问题的详尽程度有关。

③ 最低层：该层包括为实现目标可供选择的各种措施、决策方案等，因此也称为措施层或方案层、因子层。

在层次结构中，每一层次中各元素所支配的元素一般不超过九个（支配的元素过多会给两两比较判断带来困难）。

例如，在区域发展规划中，经济增长的问题可以分解为如下层次（图 8-3）：最高层（目标层）为经济增长；中间层（准则层）为投资、贸易、消费；最低层（因子层、措施层）为人口、劳动力、财政收入、居民收入、储蓄余额、技术进步、自然资源、自然环境、产业结构等。

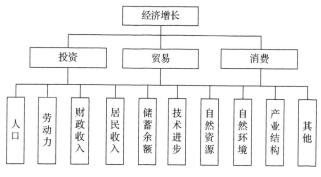

图 8-3 层次结构图

2）构造判断矩阵。判断矩阵是表示本层所有因素针对上一层某一个因素的相对重要性的比较。在面对的问题较多时，人们往往难以给出明确的重要性判断，甚至会出现相反的一些判断。要比较 n 个因子 $X = \{x_1, \cdots, x_n\}$ 对某因素 Z 的影响大小，可以采取对因子进行两两比较建立起比较矩阵的办法解决，即每次取两个因子 x_i 和 x_j，以 a_{ij} 表示 x_i 和 x_j 对 Z 的影响大小之比，全部比较结果用矩阵 $A = (a_{ij})_{n \times n}$ 表示，称 A 为 $Z \sim X$ 之间的成对比较判断矩阵（即判断矩阵）。

a_{ij} 的值用数字 1～9 及其倒数表示，判断时，两个数值之间的间隔尽量大，一般用 1、3、5、7、9 或 2、4、6、8 表示。1～9 标度的含义如表 8-1 所示。

表 8-1 层次分析法判断矩阵赋值的含义

标度	含义
1	两两相比，同等重要
3	两两相比，前者比后者稍重要
5	两两相比，前者比后者明显重要
7	两两相比，前者比后者强烈重要
9	两两相比，前者比后者极端重要
2、4、6、8	表示上述相邻判断的中间值
倒数	若因素 i 与因素 j 的重要性之比为 a_{ij}，那么因素 j 与因素 i 的重要性之比为 $a_{ji} = \dfrac{1}{a_{ij}}$

判断矩阵如表 8-2 所示。

表 8-2 判断矩阵

Z	A_1	A_2	A_3	A_4	A_5
A_1	1	3	5	7	9
A_2	1/3	1	3	5	7
A_3	1/5	1/3	1	3	5
A_4	1/7	1/5	1/3	1	3
A_5	1/9	1/7	1/5	1/3	1

在进行两两比较时，需要做 $\frac{n(n-1)}{2}$ 次两两判断，提供更多的信息，得出一个合理的排序。

3）层次单排序及一致性检验。判断矩阵 A 对应于最大特征值 λ_{max} 的特征向量 W，经归一化后即为同一层次相应因素对于上一层次某因素相对重要性的排序权值，这一过程称为层次单排序。

在判断矩阵中，难免会有一些非一致性的判断，因此，需要检验构造出来的（正互反）判断矩阵不一致的程度是否足够小（大），以便确定是否接受。对判断矩阵的一致性检验的步骤如下。

① 计算一致性指标 CI，其公式为

$$CI = \frac{\lambda_{max} - n}{n-1} \tag{8-12}$$

② 查找相应的平均随机一致性指标 RI。对 $n=1,2,\cdots,9$，RI 的值如表 8-3 所示。

表 8-3　RI 值表

n	1	2	3	4	5	6	7	8	9
RI	0	0	0.58	0.90	1.12	1.24	1.32	1.41	1.45

RI 的值是这样得到的，用随机方法构造 500 个样本矩阵：随机地从 1～9 及其倒数中抽取数字构造正互反矩阵，求得最大特征根的平均值 λ'_{max}，并定义

$$RI = \frac{\lambda'_{max} - n}{n-1} \tag{8-13}$$

③ 计算一致性比例 CR，其公式为

$$CR = \frac{CI}{RI} \tag{8-14}$$

当 CR $<$ 0.10 时，认为判断矩阵的一致性是可以接受的，否则判断矩阵不好，需要修订。

4）层次总排序及一致性检验。前面得到的是一组元素对其上一层中某元素的权重，但最终需要的是最低层中各因子或方案对于总目标的排序权重，以便进行方案的选择，因此需要进行层次总排序。

设上一层次（A 层）包含 $A_1,\cdots,A_m$，共 m 个因素，它们的层次总排序权重分别为 $a_1,\cdots,a_m$，又设其后的下一层次（B 层）包含 n 个因素 $B_1,\cdots,B_n$，它们关于 A_j 的层次单排序权重分别为 $b_{1j},\cdots,b_{nj}$（当 B_i 与 A_j 无关联时，$b_{ij}=0$）。现求 B 层中各因素关于总目标的权重，即求 B 层各因素的层次总排序权重 $b_1,\cdots,b_n$，计算按表 8-4 所示方式进行，即 $b_i = \sum_{j=1}^{m} b_{ij}a_j$，$i=1,\cdots,n$。

表 8-4　层次总排序

B 层	A 层				B 层总排序权值
	A_1	A_2	...	A_m	
	a_1	a_2	...	a_m	
B_1	b_{11}	b_{12}	...	b_{1m}	$\sum_{j=1}^{m} b_{1j} a_j$
B_2	b_{21}	b_{22}	...	b_{2m}	$\sum_{j=1}^{m} b_{2j} a_j$
$\vdots$	$\vdots$	$\vdots$	$\vdots$	$\vdots$	$\vdots$
B_n	b_{n1}	b_{n2}	...	b_{nm}	$\sum_{j=1}^{m} b_{nj} a_j$

对层次总排序也需要做一致性检验。

设 B 层中与 A_j 相关的因素的成对比较判断矩阵在单排序中经一致性检验，求得单排序一致性指标为 $\mathrm{CI}(j)$ （ $j=1,\cdots,m$ ），相应的平均随机一致性指标为 $\mathrm{RI}(j)$ [$\mathrm{CI}(j)$、$\mathrm{RI}(j)$ 已在层次单排序时求得]，则 B 层总排序随机一致性比例为

$$CR = \frac{\sum_{j=1}^{m} CI(j) a_j}{\sum_{j=1}^{m} RI(j) a_j} \qquad (8\text{-}15)$$

当 CR < 0.10 时，认为层次总排序结果具有较满意的一致性，该结果可以接受。

AHP 法提出了一套系统分析问题的方法，为科学管理和决策提供了较有说服力的依据，但层次分析法也有其局限性：①AHP 法在很大程度上依赖于人们的经验，主观因素的影响很大，它至多只能排除思维过程中的严重非一致性，却无法排除决策者个人可能存在的严重片面性；②AHP 法比较、判断过程较为粗糙，不能用于精度要求较高的决策问题，只能算是一种半定量（或定性与定量结合）的方法。

第九章　项目与重点项目规划

项目规划是区域规划的一项不可缺失的内容。项目是一个统称，是指一切以项目形式表现出来的规划安排和要做的事项。一般来说，从规划角度解决区域社会经济、资源环境等方面的问题，最终都要以项目的形式体现出来。换句话说，区域规划所做的部署与安排，最终都要用一个个的项目来落实。没有项目，规划将是一种空洞的思维和构想，因此，项目规划在区域规划中具有十分重要的作用。当然，规划有层次性，概念性规划、战略规划等更强调方向性和指引性，对项目或者具体的事项安排并不是规划重点，但一些大的事项安排也必不可少。其他的规划，如详细规划、短期规划等，都比较强调规划的实施和具体的事项安排，因此，项目规划是规划的重点。

项目规划既包括总的项目规划，也包括重点项目规划。项目规划主要是根据目标实现的总体方案，分项构建不同的规划事项并以规划项目库或项目表的形式予以反映。重点项目规划是在项目规划的基础上，通过分析项目对规划目标实现的影响大小，从项目库中筛选出来影响较大的项目，尤其是短期或近期需要实施的重点项目。

第一节　项　目　规　划

一、项目类别规划

项目类别是项目规划的重点。进行区域规划时，通过实现目标的途径与对策研究，构建了实现目标的总体方案后，需要进一步通过规划项目来进行落实。

规划项目与规划密切相关。不同的规划有不同的规划项目。例如，矿产资源开发利用规划，其项目涉及资源的开发、加工、贸易等各个方面，包括勘探项目、矿山建设项目、矿产品加工项目、道路等基础设施建设项目、贸易市场建设项目等。又如，水土保持规划，其项目包括水土保持工程、水土流失监测、水土保持监督管理能力建设、水土保持信息化等，其中水土保持工程项目又包括预防保护项目、水土流失治理项目两个方面，预防保护项目则包括封禁、天然林保护等；

治理类项目则包括坡耕地综合整治项目、小流域综合治理项目、退耕还林还草项目、清洁小流域建设项目等。具体的建设项目还包括坡改梯、退耕还林、保土耕作、农田水利、田间道路等。社会经济类的区域规划同样如此，最终需要以各类建设项目来承载规划事项，通过项目的实施来实现规划目标。

很显然，不同的规划对象，项目类别各不相同，这需要立足现有的项目分类思想和方式，构建承载实现目标任务的项目体系，将目标实现的途径和方式分解落实到项目，并最终以项目规划的方式得以体现。

项目类别规划不能简单化，特别是不能将现有的项目类别直接拿来套用，需要认真分析研究，有时还要创新性地提出项目类别。

开展项目规划首先要从目标出发，详细、全面地分析理解规划的目的、任务，然后开展实现目标的途径和对策研究，寻找最优解决方案，最后提炼出确保目标实现的项目类别和数量，并且要多次反复论证。

二、项目规模和数量规划

项目的规模、数量是相辅相成的，但又不完全相同。规模强调的是单个项目的任务多少、总量大小，数量是指项目的具体个数。例如，水土保持规划中的坡耕地综合治理项目规划，其规模是指单个坡耕地综合治理项目的面积大小，数量则是指坡耕地综合治理项目总的个数。项目规模和数量的规划是目标任务的延续，主要是将目标任务分解落实到具体的项目。

开展相关规划时，具体规划多少个项目，每个项目规划多大的规模，要具体问题具体分析。如果规划目标一定，规划项目的数量太多，实施起来比较困难；但如果规划的项目数量太少，单个项目的规模将太大，实施的时候也不方便。所以，开展项目规模和数量规划，首先要求项目规模适中，大小切合实际。具体规划时，要对区域投资能力、建设管理能力、建设时间与规划期限等各方面进行综合，既要确保实现目标，又要确保规划能够实施。其次，规划项目的数量要适中，既不要太多，也不要太少。项目数量可以结合以往的规划实施情况来定。在进行规划时，可以采取平均法、试错法、专家咨询法等进行确定。

此外，项目规模和数量规划还要与时间规划相结合，也就是要分别安排近期、中期、远期的项目数量和规模即分期项目规划。分期项目规划受规划实施时间长短、任务多少和区域投资能力等因素影响。近期规划时间较短，规划安排的项目一般不要太多，但如果实施规划的时间紧、任务重，规划近期也需要多安排一些项目。综合考虑，具体的项目安排要以有足够的经费、足够的时间、可以完成相关任务为原则。

另外，不是所有的规划都涉及规模规划问题，有些项目规模是固定的或者说是特定的，无须进行规划。例如，天然林保护工程，每个项目（林区）的面积是确定的，项目规划时没办法进行单个项目的规模规划，也不需要进行规模的规划，但总的规模（任务）是存在的。

第二节　重点项目规划

一、重点项目的概念

重点项目是规划的项目中能够影响全局，重要性、急迫性等较高的项目，该类项目的实施对规划目标的实现有重要影响，是项目规划的关键所在。重点项目的规划是项目规划的核心和要点。特别是近期规划，重点项目规划必不可少。

二、重点项目规划的原则

1. 重要性原则

重要性原则是指根据项目实施对目标实现的重要性进行重点项目选择的原则。一般来说，对目标实现将产生重大影响的项目，优先选择其作为重点项目。当然，重大影响的界定比较困难，在重点项目确定过程中，不一定都要进行重要性计算和排序，可以根据实际情况，能定量计算的就进行定量计算和排序；不能定量的，则大致、粗略地进行估算。

瓶颈和关键是重要性的具体体现，重点项目应优先从中选择。

2. 示范性原则

示范性原则是指项目实施对其他区域、同类项目具有示范作用，能促进和带动规划项目顺利实施的原则。在项目实施时，经常会遇到由于不了解实施效果，公众反对或不太支持的情况，这时需要有项目先实施，让公众了解效果，以有利于整体规划的顺利实施。因此，在项目规划中，重点项目选择需要考虑示范性和带动作用。

3. 紧迫性原则

紧迫性原则是根据项目实施的急迫性进行重点项目选择的原则。在污染治理、地灾防治、扶贫攻坚、经济发展等方面，区域规划中经常会碰到一些较紧急的区域事项，需要尽快实施相应的项目，尽快解决问题，遏制事态发展。例如，水土流失防治规划，在选择重点项目时，首先要考虑治理的紧迫性，对水土流失严重、危害较大的区域优先安排防治项目，尽快开展治理。这些地区安排的项目就是重点项目，其他区域问题不是很严重、危害不大的或不是很紧急的，则可以依次延后。按照这样的原则进行规划、选择重点项目，符合根据事情的轻重缓急进行安排的思想和指导原则，是解决问题的有效途径和做法。

4. 积极性原则

积极性是指当地政府、公众的积极性，有些地方，政府和公众对规划项目持积极态度，强烈要求尽快实施；有的地方则相反，甚至不愿意规划项目实施。一般来说，同等情况下，当地越积极，项目实施越顺利，效果也越好，因此，重点项目规划中可以将当地的意愿和积极性作为一项重要指标进行考虑，优先选择当地政府和公众对实施项目持积极态度的区域作为重点区域，选择公众和当地政府持积极态度的项目作为重点项目，以有利于规划的顺利实施。

三、重点项目规划的内容

重点项目规划涉及重点项目的数量、规划实施安排，其中项目数量是重点项目规划的核心。

首先，重点项目的数量取决于规划项目的数量。规划项目数量越多，重点项目的数量越多；反之，则越少。其次，重点项目的数量原则上不应太多，太多既会分散重点，也会降低投资力度，并且作用也将降低。从以往的规划实践看，重点项目不要超过项目总数的三分之一。具体规划重点项目数量时，需要考虑以下几个方面的因素。

1. 项目规模

一般来说，项目规模与项目数量是成反比的，规模越大，项目数量越少。重点项目也是如此。规模大的项目实施时间长、所需资金多、管理复杂、实施效益覆盖区域大，因此，规划安排的数量不宜太多。

规划的重点项目规模和数量应适当。具体规划时，应根据区域的能力和限制、规划事项的复杂性、实施难度等各方面来综合考虑。

2. 投资能力

项目建设需要资金支持，没有资金，所有项目都无法实施。资金是规划项目实施的关键。投资能力强，项目规模和数量可以考虑大和多；反之，则小和少。

规划重点项目规模与数量必须全面、综合地考虑区域、国家等在该规划事项方面的投资能力和安排。有具体投资安排的，根据安排进行规划；没有具体安排的，根据过去的投资情况和国家、区域社会经济发展趋势，预测、估算能力变化，并以此作为规划的依据，进行重点项目规划安排。

3. 建设时间

规划重点项目的数量还要考虑建设所需时间，并与规划期结合起来，综合考虑。近期或短期的规划期长度一般不超过五年，近期重点项目尽量考虑五年内可以完成，不要跨规划期安排重点项目。当然，有时候有些项目建设周期较长，一个规划期不能完成，可以在下个规划期继续作为重点项目进行安排。规划时，如果项目建设时间长，则数量安排少；反之则数量可多安排一些。

4. 规划协调

区域规划的重点项目数量安排需要考虑与其他规划的关系和协调问题。例如，如果有几个规划都安排重点实施项目在某个区域实施，则该区域项目实施时相互影响的可能性就较大，资金投入等也会产生矛盾和冲突，必须慎重和分析评估实施的可能性和限制因素。有时，需要对重点项目进行整合，以便分解重点项目的资金来源，提高重点项目实施的可行性。不同的规划从不同的角度和更小的区域进行相应的分工、安排，是尽快推动区域发展和相关规划实施的重要举措。重点项目规划同样如此。如果完全不考虑这些方面的影响，项目落地会受到较大影响。

重点项目规划需要考虑空间布局问题。首先，重点项目与重点区域必须有更大的重合，也就是重点项目要更多地、尽可能地放在重点区域实施，否则两个重点都无法体现。其次，进行重点项目规划，还要考虑重点项目实施涉及的各方面情况，既要考虑当地政府的积极性，也要考虑公众意愿；既要考虑经济条件，还要考虑生态、环境容量等可能产生的限制因素。重点项目的选择还应遵循项目布局的空间经济原则，将区域需要与项目实施的条件，项目实施的社会、经济和生态效益有机结合。在做好项目综合效益分析的基础上，择优布局。

从实施顺序来看，重点项目按其重要性、迫切性进行选择，也可以考虑已有条件，如立项情况、建设的前期条件，已经基本具备各项条件的可以优先安排为重点项目，不具备条件的则不宜安排为重点项目。

从影响来看，瓶颈与关键是区域规划的重点要素，区域规划的重点项目一般也都要从区域的瓶颈和关键方面进行选择。

在区域规划中，重点项目一般安排在近期，远期一般不安排重点项目。主要原因是远期距离现在的时间较长，影响规划项目的各方面因素的可变性较大，不利于重点项目安排。

第十章 规划分区与空间布局

第一节 规 划 分 区

规划分区是服务于规划的区域划分，简称区域划分。规划分区是根据区域划分的目的，按照一定的分区规则对区域进行划分，将大区域划分为若干内部一致性更强的小区域。规划分区有助于因地制宜地开展规划布局和空间安排。

规划分区实际上是为规划布局而进行的区域细分，即将规划区域划分为更小的区域，以便揭示区域差异，同时得到区域一致性更强的小区域，以便较好地贯彻因地制宜原则，科学合理地布置相关规划项目。

规划分区是一个地理概念，它包括狭义的区域划分和广义的区域分类，属于分区的逻辑范畴。规划分区从逻辑上说，属于逻辑学的划分范畴，就是按照一定的原则和依据，将对象区分开来的思维过程，涉及"划"和"分"（划是过程，分是目的）。划分包括分类、分区两种：前者是指将大的区域划分为小的区域的过程，核心是"划"，就像切蛋糕一样将区域切分开来，这是传统的分区概念，也是主要的区域划分方式；后者属于区域的归类，也就是将一定大小的区域单元作为分类的对象，运用归纳法，将小区域归并成更大区域的过程。二者思路和方法不同，但目的和结果相同，都是将区域分开，得到内部差异最小化、区际差别最大化的区域系统——不同层次、不同大小的区域体系。

一、规划分区的主要内容

进行区域划分，其基本的过程和步骤是：①确定分区的范围与目的；②确定分区原则与依据，明确分区标准和精度要求；③选择分区方法，确定分区等级和命名；④进行实际的区域划分，得到分区结果。前三步是理论与方法研究，在开展实际规划分区之前完成。分区完成后，在编制规划报告时，需要对规划分出来的区域进行描述。

分区的范围是指进行分区的地理空间范围——规划区域，涉及区域大小、尺度。作为分区对象的区域可以是行政区，也可以是自然区。区域划分涉及的分区范围，最大的是全球、全世界，即以地球表面为区域划分范围，属全球性区域划分；其次是大洲、大陆级别；再次是国家级，最后是省区级、地州级、市县级、乡镇级。如果区域划分是在同一级行政区域内进行，属于区域内的划分；如果是跨行政区域进行划分则属于跨区域划分，应在更高一级行政区来考虑。自然区域既有流域（河流分布的区域）、地形区、气候区（带）等自然要素分区，也有综合自然地理区。自然区域有大有小，按尺度进行划分，一般分为大尺度区域、中尺度区域和小尺度区域。流域、地形区、气候等均可如此划分。

规划分区原则是分区的基本准则，用于框定分区的行为，确保分区不脱离既定目标，分出来的子区域的一致性能满足规划布局要求。区域划分的依据是指进行区域划分的凭据，由各种要素、指标等构成，如区域的气温、降雨量、区域的GDP、人均收入等。不同的分区要有不同的依据，同样的分区要有同样的依据。分区的标准与依据相连。例如，以 GDP 为分区依据，将区域分为发达地区、欠发达地区等，则需要有确定发达地区与欠发达地区的 GDP 标准。此外，进行区域划分需要确定分区的精度，精度不同，进行区域划分的过程不同，划分出来的区域空间大小不同，指标的详细程度也不同。分区的方法有很多种，在进行分区时需要进行选择和取舍，原则上应选择最佳方法进行区域划分。

另外，还要对划分出来的区域等级、数量等进行界定。例如，是进行一次划分还是二次划分甚至三次划分，是一分为二还是一分为三等。这与精度要求有关，也与分区目的和用途有关。同时，需要对划分出来的子区域进行命名。

在区域规划中，分区完成后，需要在规划文本中对所划分出来的区域进行简要的描述，指出各区域的特征及其之间的差异。

二、规划分区的目的和意义

从区域规划的角度来看，分区的目的主要是揭示区域差异、得到内部一致性更好的小区域，以便因地制宜地进行区域规划。在进行区域规划时，由于规划区域面积一般较大，区域内部存在较大空间差异，如果不进行分区，就难以揭示区域的特征和空间差异性，也难以得到内部一致性较好的规划区，因而难以因地制宜地布局相关规划事项。因地制宜进行空间布局是安排规划项目的重要原则和基本要求，要贯彻执行这一原则，在进行区域规划时就必须进行分区——将大的区域划分成小的区域，然后在小的区域内进行规划事项的布局安排，只有这样，规划的科学性才能得到保证。

此外，分区也是认识区域的一个基本过程和必不可少的环节。规划人员多数不是区域内部人员，对区域的认识和了解较少，即使有些规划人员是区域内部人员，但由于受专业等限制，也很难对区域有专门的、科学的、全面的认识，因此，在规划时有必要进一步深入细致地了解和认识区域情况。分区过程是规划人员加深区域了解的十分重要的手段和途径。

三、规划分区的原则

分区原则是分区的基本准则，包括三个层次：第一层次是分区的逻辑原则，也就是最基本的原则；第二层次是分区的一般原则，是所有分区都必须遵循的原则；第三层次是分区的专项原则，也就是不同的分区各自遵循的原则。

（一）分区的逻辑原则

从第一层次看，分区属于划分这一逻辑范畴。划分就是把一个概念的全部对象按一定标准区分为若干个小群的一种揭示概念外延的逻辑方法。任何划分都包括三个部分：划分的母项、划分的子项和划分的依据。划分的母项就是被划分的对象，如按年龄对人进行划分，划分母项就是人。划分的子项是被分出的类型或部分，如按年龄对人进行划分，划分出来的儿童、少年、青年、中年人、老年人等即为划分的子项。划分依据是进行划分时遵循的标准，如前述对人的划分，其遵循的标准就是各年龄段的年龄。

区域划分属于逻辑学上的划分，是按照一定的目的或区域特征将一个大的区域（母项）划分为若干个小的区域（子项）的基本过程。因此，分区必须遵循划分的基本逻辑规则，具体如下。

1. 子项互斥

划分的目的是根据母项的外延将划分对象分成若干子项，因此，如果划分后各个子项不互斥就不能达到划分的目的，也就是未分开。互斥就是各子项之间完全不同，相互之间不存在相似性。

2. 划分依据的一致性

每次划分，必须使用统一的、一致性的依据和标准，不能在一次划分中出现不同的依据和标准。一次划分只能用一个依据和标准，如果同时用不同的依据和标准，就会出现子项不互斥的现象，被划分出来的子项的外延会相互交叉、重叠，造成逻辑混乱，因此必须一把尺子量到底。例如，对某个学校的新生进行划分，如果划分时对一部分专业的学生按性别划分，对另一部分专业的学生按学生来源地划分，就会出现划分的逻辑混乱，违反划分依据与标准统一的逻辑原则。

3. 外延应周延

划分后，子项的外延之和必须等于母项的外延，即外延必须周延，不允许出现外延过宽和过窄的现象，否则将犯外延不周延的逻辑错误。例如，一个班有60

个学生，60 是母项的外延，如果按某种规则对 60 个学生进行划分，那么无论采用什么标准，划分出来的个体类别数量加在一起必须是 60，既不能多，也不能少。

4. 不能越级划分

每一次划分时，必须把母项划分为它最邻近的子项，不能越级，如果越级划分就会遗漏某些子项。例如，把句子分为单句和复句，然后再将复句划分为递进复句和并列复句等，是符合逻辑的，即是正确的划分；但如果直接将句子分为递进复句和并列复句，就是错误的，因为这种划分遗漏了单句等其他句子类型，是不符合逻辑的划分。

（二）分区的一般原则

分区的一般原则是指各类分区都应遵循的原则，或者说各类分区都应按照这些原则进行区域划分，具体如下。

1. 空间连续性原则

区域是一个独立无二的空间个体，对应着确定的地理位置，占据特定的空间范围。分区只是将大区域切分成小区域，分出来的小区域即子区域在空间上须是连续的，各子区域之间没有空间阻隔，且加在一起等于原来的区域。可以形象地说，分区后的子区域是可以拼接在一起的，而且拼接在一起后与未进行分区前的区域是完全一样的，没有缺口或者缝隙。如果出现缺口、缝隙，或者空间不连续，则分区是不科学的。尤其是按组成要素一致性进行的区域划分即均质区域划分（如气候区域划分、植被区域划分等）必须严格遵循这一原则，不允许出现空间不连续的情况。

需要说明的是，在实际的区域划分中，有两种不遵循空间连续性原则的情况：一种是行政区域划分中的飞地，另一种是类型区域划分。

1）飞地。在行政区域划分中，经常会出现行政管辖中的飞地情况，例如，大湾镇在贵州省威宁县境内，长期以来都属于威宁县行政区域，但现行行政区域划分上属于六盘水市，是六盘水市地域空间之外的飞地。飞地是特殊原因造成的，不是区域划分本身的问题。

2）类型区域划分。从划分的性质上看，类型区域划分不属于分区而属于区域分类，但从逻辑上看，二者都属于划分，在实际工作中，二者也经常被混淆。例如，水土保持规划中重点防治区域划分，各重点防治区分散于各地，空间上完全不连续。这是因为该分区省略了一个重要环节，从而引起了没有按照分区的空间连续性原则进行分区的误解。实际上，重点防治区划分是要先进行重点防治区、非重点防治区域划分的，然后再进行重点防治区域划分。从该分区隐含的区域划分看，非重点防治区在空间上是连续的，重点防治区因非重点防治区的阻隔而形成空间不连续。这是比较特殊的区域划分。重点防治区的后续划分也就是实际开展的重点防治区域划分，本质上是对区域进行分类，即先确定独立的重点防治区，然后将重点防治区划分为不同的区域类型（通过命名来实现），如滇黔桂石漠化水土流失重点治理区、黄土高原水土流失重点治理区等。类型区域划分应归属于区域分类，不能被作为分区处理，因此，也不需要遵循空间连续性原则。

2. 区内一致性与区间差异性的最大化原则

均质区域划分的目的是揭示区域内部差异并将区域内部各子区域相互区别开来，利用该方法划分出的子区域应该具有区域内部一致性（同质化），子区域与子区域之间具有差异性（异质性），而且一致性和差异性越大越好。当然，分区时是做不到完全一致或不同的，只能尽量追求最大化。因此，最大化是进行均质性区域划分的基本要求。

进行功能区域划分不要求区内一致性和区间差异性，只强调功能上的联系性。例如，在进行城市经济区域划分时，将区域划分为核心区、外围区、边缘区等，划分出来的子区域不要求发展水平、经济结构等的一致性，而要求其在功能上紧密联系，实现功能互补。

3. 地理单元的完整性原则

不论是何种区域划分，区域划分的对象都是区域，区域经常形成特定的地理单元。地理单元的形成和发展既有历史的渊源，也有长期以来基本固化的区域性质和特点，在进行区域划分时，必须充分考虑地理单元的完整性。例如，从自然地理学的角度看，黄土高原、四川盆地等区域在空间范围和自然特征上都是界线十分明显、特征显著的区域地理单元，在进行相关区域划分时，应尽量保持其完整性，这也是确保区域内部一致性的重要手段和要求。又如，社会经济发展过程中由于历史上的区域管控和人口迁移等，形成了不同的语言分布区域、民族聚居区域、传统行政区域等，在进行相关区域划分时，应该充分考虑区域的历史沿革，尽量保证相关区域的完整性。

地理单元的完整性具有多重性，在进行相关区域划分时，应有所侧重。例如，贵州北部的赤水市，从文化和经济上看，长期受重庆、四川的影响，属巴蜀文化区，如果考虑文化、经济的完整性，应该融入重庆经济圈，但在行政管理上赤水市长期受贵州管辖，已经是贵州不可分割的一部分，考虑行政区的完整性，则将其划为贵州省的一个行政区域。这种情况在边疆和大中城市周边较易出现。

4. 主导因素与综合考虑相结合原则

进行区域划分时，会涉及各种各样的分区因素，如果按照全部因素进行分区，工作量就会较大，而且会比较复杂，因此，以主导因素作为分区的主要依据是必要的，但不能完全忽略其他因素。以主导因素作为分区的主要依据同时用其他因素进行修订，是较好的做法。按照这样的思路进行区域划分，不仅可以减少工作量，突出区域划分重点，而且也可以兼顾其他，不至于漏项或顾此失彼。区域划分的对象、类型等不同，主导因素也不同，因此要根据实际情况进行分析确定。在数量上，主导因素也因区域划分的对象、类型等不同而不同，少则一两个，多则三五个。

5. 实用性与可操作性原则

区域划分必须实用，无用的区域划分是不必要进行的，所以必须遵循实用性原则。区域划分应尽量结合实际应用的需要展开，同时要考虑各种限制条件，必须做到可以操作、能够展开。

（三）分区的专项原则

一般来说，进行相关区域划分时，遵循前述原则已基本可满足工作开展的需要，但有的区域划分除前述两方面的原则外，还需要根据该区域的划分对象、内容等确定一些只适用于该类区域划分的原则即区域划分的专项原则，否则，区域划分原则不能涵盖区域划分的基本需要，或者说前述原则还不足以满足开展这类区域划分的要求。例如，一般地理意义上的气候区域划分、服务于交通的气候区域划分、服务于种植业的气候区域划分等，它们各有不同的服务对象和不同的区域划分目的，在进行区域划分时，需要补充强调服务对象要求的相关原则。例如，满足交通需要的气候区域划分，需要增加"与交通规划相衔接原则""按影响交通的重要性选择分区主导因素的原则"等。

四、规划分区的依据与标准

（一）分区依据

分区依据是进行分区时的分区要素、指标等的统称。依据是分区的关键，分区依据确定分区结果。分区依据有很多，其中比较简单的如下。①地理方位。不考虑区域其他方面的差异，只考虑地理方位的差别，地理方位是分区依据，如按东、南、西、北等方位进行分区，可将我国分为传统的西北地区、华北地区、东北地区、华中地区、华南地区、西南地区等。②空间顺序与空间关联。以空间顺序和空间关联为分区依据,如按河流的关联,有上游地区、中游地区、下游地区之分;按与中心城市的关联,有中心区、近郊区、远郊区之分等。前者是自然空间顺序、空间发展关联,后者是经济关联。③相对位置。根据相对于某项事物的位置进行分区,如根据相对于海洋的位置关系,有滨海地区、内陆地区之分等。

不同的分区有不同的依据,如自然分区中的地形有山区、丘陵区、平原区、盆地区的划分,主要依据是海拔、平均高差。同样的区域,采用不同的依据,划分的结果不同,如同为气候区域划分,以热量条件为分区依据,可分为热带、亚热带、温带、寒带等气候区,而以干燥程度为依据,则可分为湿润区、半湿润区、干旱区、半干旱区等气候区。社会经济方面的区域划分也是如此,如行政区域划分、经济区域划分等,各区域划分的分区主导因素均不同。

分区依据既可以是量化的指标,也可以是非量化的文字,前者用得较多,但后者有时也不可缺少。例如,地貌分区可以用海拔、相对高差等可量化的指标,但也需要使用地貌类型这种非量化指标,如使用黄土地貌、喀斯特地貌等类型指标将我国分为黄土高原区、喀斯特地区等。

(二)分区标准

分区标准是将区域分开的指标的数量值。若按干燥或湿润程度(依据)分区,指标是干燥度,标准是干燥度 K 值,划分标准如下:当 $K \geqslant 4$ 时,为干燥区;当 $1.5 \leqslant K < 4$ 时,为干旱区;当 $1 \leqslant K < 1.5$ 时,为半湿润区;当 $K < 1$ 时,为湿润区。当然,不同的分区,依据和指标不一样,标准也可能不一样。经济上也同样如此,如用人均 GDP 指标来衡量地区发展水平,世界银行的划分标准(2020 年)为:低于 1036 美元的国家为低收入国家(地区),1036 美元至 4045 美元的为中等偏下收入国家(地区),4046 美元至 12 535 美元的为中等偏上收入国家(地区),高于 12 535 美元的为高收入国家(地区)。但其他组织或国家的划分标准则与世界银行的并不相同。

分区的标准受等级影响,一般是从上而下逐级缩小的。例如,在水土保持重点治理区域划分中,各级区域划分均涉及“集中连片面积”这一分区指标,但面积是逐级减少的,全国性水土保持区域划分中的连片面积数量要比省级大、省级的要比县级大。一般采用等差级数法,按不同等级,确定不同级差,逐级确定数值。例如,集中连片面积的值,全国区域划分可以放在千、万平方千米这一量级,省级区域划分的在百、千平方千米这一量级,县级区域划分的则在十、百平方千米量级。级差的大小根据实际确定。另外,也可以按等比级数法或非等比级数法等确定。

需要说明的是,分区标准的级差的确定,多数情况是为了方便行事。例如,前述的水土保持重点防治区面积指标之一的集中连片面积标准,国家级的使用标准是大于等于 10 000 km² 的为集中连片区域,小于 10 000 km² 的就不算连片区域,而 9999 km² 的区域与 10 000 km² 的区域从水土保持角度看并无本质区别。这一数据的确定是规划人员对水土流失重点区域的一个大致分析统计的结果,有一定的统计学依据。其实,很多区域的分区标准多是一种权宜之计。当然,如果不确定一个界线标准,则区域划分中的指标无法应用,区域划分也无法进行。

与之相对,也有很多区域划分的分区标准有确定的科学意义的临界值,例如,坡度值 25°、35° 等在坡面物质的稳定性方面具有重要的物理意义,超过该值,稳定性就会不同。分区时的坡度指标和分区标准具有明确的科学依据。

五、规划分区的方法

1. 定性与定量方法

定性和定量是相对而言的。定性方法是指凭感觉、经验进行区域划分的方法。定量方法是指借助各种指标,定量取值,然后根据指标大小进行统计分析来进行区域划分的方法。

1)定性方法主要根据实际调查、借助地图等,直观地在图上划出各区域及其边界线,然后进行调整、修正等,最终得出分区结果。例如,在自然地理区域划分中,将待划分区域的自然要素、分布情况制成同比例尺的区域分布图,然后在计算机软件支持下进行空间叠置分析,从而直观地确定区域的差异性和界线,直接划分出二级区域,这是地理学传统的、常用的区域划分方法,具有直观、简便、省时省力的特点。

2)定量方法则是先确定分区要素、指标,然后调查、统计指标数据,借助制图软件和相关工具进行分析计算,根据分析计算得出的数值绘制分区界线,从而实现分区。

在实际工作中,区域划分一般采用定性、定量相结合的方法。首先根据经验、观察等,初步进行区域划分,然后采用定量方法进行详细的区域划分。

2. 自上而下划分法

自上而下划分法是切分方法,其过程类似切蛋糕,即确定好需要切分的块数和大小(标准),直接下刀切割。自上而下划分法是典型方法,分区的概念也来源于此,其关键在于切分的标准和规则。

很多区域划分适合采用自上而下划分的方法,但具体如何划分,需要视情况而定。一般可采取要素(指标)叠置法,即将各要素(指标)制成图并进行空间叠置,然后进行图上分析,观察各要素的空间地域分异情况和相互重合情况,如果各要素(指标)或大部分要素(指标)重叠较好,则可以根据要素(指标)界线确定分区界线，将区域划分为若干单元。也可以采取地理相关分析的方法，进行各要素（指标）的空间关系分析，弄清楚这些要素（指标）的空间分布情况、基本规律和特征，然后定量计算分区标准和指标值，以计量后的指标值进行分区。

3. 自下而上归并法

自下而上归并法是指借助分类思维所进行的分区方法。基本的做法如下：首先根据分区的目的、要求等，确定分区的最小区域（空间）单元；然后调查统计各单元内部的相关要素（指标）特征，进行统计分析；最后根据合并同类项的逻辑思维和归并方法，将相邻、同类的区域单元合并在一起，形成新的、范围更大的区域单元，得到分区结果。以此类推，逐级归并，最终达到分区的目的。

1）确定最小区域单元。从区域概念和分区角度来看，区域是存在最小单元的，也就是不可再分的区域。最小区域如生物的细胞一样虽然可以继续划分，但分出来的区域实际上已经丧失其作为区域的整体功能，或者说不是完整的区域了。在具体的区划过程中，不是每次区划都需要找到不可再分的最小地理单元，而是根据需要确定相对的最小分区单元。例如，按行政区划来说，最小行政区是村，但很多全国性的区划所确定的最小分区单元是县。自然地理区划同样如此。

2）确定分区要素（指标）。分区需要有区域的特征要素和特征值作为其指标和标准。同样的区域，进行不同的分区所用的要素、指标不同，如对同一个行政区，可以开展农业区划、土地利用分区、水土保持分区、经济分区等不同的区划。进行农业区划，其分区要素是影响农业的自然、社会经济因素。进行土地利用分区，分区要素是土地属性和区域经济需要。开展水土保持区划，其分区要素是水土流失强度、水土保持功能等。进行区域划分时，应确定分区要素和指标，并将每个最小单元的相关要素和指标值列出或者绘制在地图上，得到可以进行比较的区域单元，以方便归并。

3）确定区划等级和分区标准。标准和等级紧密联系，分区时，应先确定等级，然后确定各等级的划分标准。等级标准可使用主导因素法结合综合分析确定，也可以使用主成分分析法、层次分析法等方法确定。等级的确定决定了归并的次数，标准的确定决定了比较的内容和尺度。

4）归并。自下而上归并法强调归并，也就是将同类或特征相近的小区域合并成更大的区域，分层次进行，直到完成分区任务。区域归并的重点是划定边界线，具体做法是：在图上擦除内部单元边界线，保留最外部单元边界线，得到更大区域的边界线。擦除边界线建立在单元的分区要素和指标比较的基础上，如果只有一个要素和指标，各比较单元是同类还是不同类就能够一眼看出，这个过程比较简单；如果是多个要素和指标，则需要叠加分析。

自下而上归并法与自上而下划分法的区别是，自下而上归并法是从小到大，逐步合并，即从最小单元入手，先确定最小单元，然后逐步合并；自上而下划分法是从大到小，逐步划分，先确定等级、标准，然后逐级切分。

4. 图上作业法

图上作业法不是完整的分区方法，而是在分区过程中的某个环节使用的方法。由于分区的主要工作之一是绘制分区图，并从图中提取相关信息，以供分析评价使用，因此，分区都必须落实在图上。图上作业法正是根据这一特点，将分区过程放在地图上进行。该方法强调在地图上直接进行相关工作，其做法如下。

1）选择工作底图，如 1∶10 000 地形图，并进行地图坐标等校正。

2）将分区要素指标化，并按区域单元标注区域的指标数据等属性值。

3）将各要素绘制成等值线或等值面图，然后进行叠加，分析边界重叠情况。

4）根据分区层次、数量和等级的界定，初步确定分区界线，并直接在地图上勾绘分区界线。

5）开展野外调查验证，校核分区边界，修改完善分区图。

6）提取区域属性信息，分析介绍分区情况。

前述自上而下划分法、自下而上归并法都可以采用图上作业法。

5. 指数叠加分析法

指数叠加分析法是指将分区问题要素化，并筛选出主导因素，将其在空间上进行叠加、分析后，确定区域界线，进行分区的方法。它是一种十分常用的分区方法。

指数叠加分析法主要与图上作业法等结合使用。例如，将土地利用现状与坡度、降雨量等因素叠加，可以分析水土流失的因素的空间组合状态，进而分析水土流失的潜在大小和基本区域功能，揭示区域差异，编制水土流失区划图。

六、规划分区的层次与数量

分区层次是指根据区域等级而确定的分区次数。分区从逻辑上可以分为一次划分、二次划分、再次划分等。一次划分是一次性将区域分割开，不再往下继续进行分区，即分区只进行一次。二次划分是在一次划分的基础上，对分出来的区域（子区域）进行第二次划分，总共两次，二次划分得到两个等级的区域。再次划分则是在二次划分的基础上再进行第三次或更多次数的划分，如果只进行一次，则为三次划分；如果还要继续，则依次是四次划分、五次划分等；以此类推。

一般来说，区域划分的层次不宜太多。以国家为对象的分区，一般最多进行五次划分，以省级为范围的三次划分已经足够，以地区和市、县为范围的一般进行一次划分或二次划分即可。例如，自然地理区划，将区域分为大区、亚区、地区、亚地区、小区或者自然带、亚带、自然地带、亚地带等，行政区划分为省级、地州、市县、乡镇、村。

分层次进行区域划分的原因如下。一方面是要确保分出来的区域不要太大，如分区空间范围较大，而一次性划分后得到的子区域空间范围不大，则一次划分就行。反之，如果区域太大，一次划分后的子区域内部差异仍然较大，一次划分难以完全揭示区域差异，则需要进行二次划分。另一方面，如果要保证充分揭示区域差异，则分区要素（依据）较多，分区时难度较大，而且分出来的区域数量也会相对较多，数量太多不利于对区域的认识和分区成果的使用。

在实际操作过程中，如果区域范围不是太大，分区影响因素不是太多，一般只进行一次划分即可，反之则需要进行二次划分甚至再次划分。当然，如果虽然范围较大，但分区要求不高、精度较粗，也可以将分区简单化，只做一次划分或二次划分即可。例如，根据方位，将全国分为东、南、西、北四个区块进行行政管理。又如，为简化层级、便于统筹，以及考虑防范对象的一致性等，将我国划分为东部、南部、西部、北部和中部五个战区，即为一次划分为五个区域。

七、规划分区命名

分区命名是指对划分出来的区域进行命名。分区命名有两种方法：一是科学命名法，二是习惯命名法。

1）科学命名法通过命名，直观地展现分区的依据和区域的特征，方便人们对区域的认识和分区成果的运用。科学命名法常采用多级前缀连接法，如气候分区中的亚热带高原湿润季风气候区涉及四个方面——亚热带、高原、湿润、季风气候（四个前缀），水土保持区划中的南方喀斯特蓄水保水区涉及三个方面——南方、喀斯特、蓄水保水（三个前缀）。科学命名法一般由"方位+要素（往往是几个）+区域"构成，也可以由"要素+区域"构成。其中，要素特征根据需要进行选择，常采用并列法进行组合。

2）习惯命名法根据当地人的习惯进行命名，如黔中地区、藏南地区、长江三角洲地区、云贵高原区等。习惯命名法一般按地名直接命名，其优点是简单明了，缺点是难以从名称中看出区域特征。在区域划分的实际操作中，如果一个区域只有一个显著的地方，则用该地名命名该区域，如成都平原区、鲁尔工业区等；如果有几个显著的地方，则可以采取串联法、对角线法等进行命名，如长（沙）株（洲）潭（湘潭）经济区、贵（阳）安（顺）新区等。有时为了方便，可简单地用方位对区域进行命名，如东北地区、西南地区，但这种分区的内涵不清楚，因此，除非是约定俗成或者大家非常熟悉或习惯了该称谓，一般不宜这样分区命名。

科学命名法与习惯命名法的区别可用如下示例说明：珠三角经济区是按习惯命名的，科学命名需要在地名后增加相应的经济类型特征，如珠江三角洲外向型经济区，外向型三个字用来揭示区域经济特征。

需要注意的是，有的分区命名无法使用习惯命名，如气候区域划分，需要对区域的温度、湿度进行描述，才能揭示区域气候特征，使用习惯命名无法做到，区域划分的意义也就显现不出。又如，贵州西北部的赤水河谷地带，在贵州气候区划中，如果采用习惯命名法，则应称为赤水河谷区，或者称为黔西北气候区，很显然这样无法明了该区域的气候特点，因此，只能采用科学命名法，称为赤水河谷南亚热带干热气候区或者黔西北河谷南亚热带干热气候区等。

在实际的区划工作中，如果已经有技术规范，就应按技术规范的要求进行命名；如果没有技术规范，则应根据区划的特点和实际需要，采用科学命名法或习惯命名法进行区划命名。

八、分区特征简介

进行区域划分后，需要对所分出来的子区域的基本情况进行介绍，简称分区特征概述。在各种区域规划和区域划分中，分区特征概述是必不可少的一个内容。从内容上看，分区特征概述包括区域位置、范围，区域自然、社会、经济概况和区划对象特征。

区域的位置包括地理坐标位置、地理方位等，也包括相关位置即区位。范围则多指行政区范围，即该区的行政区划、面积。区域自然条件概况，从地形地貌、气候、水文、植被、土壤等方面进行介绍，包括类型和主要的特征、基本数量和空间分布与差异等，一定要突出区域差异。区域的自然资源概况，从土地资源、矿产资源、水资源、生物资源、气候资源或者农业资源、旅游资源等分别进行介绍，包括资源的数量、质量和空间分布与差异、开发利用条件等内容。区域社会方面的情况，从人口、民族、劳动力等要素的数量、结构、增长和分布等方面进行介绍，也包括交通、医疗卫生等基础设施的介绍；区域的经济情况，从发展水平、产业结构、增长速度和效率等方面进行介绍。

区划对象特征与分区有关，包括区域划分要素、对象的组成、结构、数量、质量、空间分布、空间差异等方面。

值得注意的是，区域概述一定要突出区域特征和空间差异性，以便相关人员对区域有比较全面充分的了解。

第二节　空间布局

一、空间布局的理论基础

（一）空间布局的概念

空间布局是人类为了实现区域开发、促进区域协调发展等，将规划事项布置到不同的区域的过程。空间布局是区域规划的标志性内容，也是与其他规划相区别的重要方面。空间布局基于规划区域的空间差异性，按照因地制宜原则和区域协调的整体思路，将规划项目或规划要素科学合理地安排部署到相应的区域，从而形成和优化规划事项的区域分布格局。空间布局是将规划的各类项目分配到区域的过程，但有时也指布局后的空间格局。

空间布局是一个整体思考的过程，也是一种总体安排，需要多方面考虑，进行全局部署。

（二）空间布局的基础理论

从理论上看，规划布局问题实际上是规划项目选址问题。选址问题是区域经济学和经济地理学的传统的研究领域，区位论是地理学的经典选址理论或空间布局理论。传统的区位论包括杜伦的农业区位理论、韦伯的工业区位理论和克里斯塔勒等的中心地理论。

农业区位理论是最早的区位理论，也就是同心环带理论。该理论认为，农业生产受自然条件限制较严，同时也受到保鲜等的巨大限制，因此易损的蔬菜、鲜花等应靠近城市（城郊）（第一环）；粮食等具有较好的保存条件，运输也相对方便，可以离城市更远一些（第二环）；木材等不存在保鲜等问题，对运输的要求也不高，可以远离城市（第三环）。尽管随着现代保鲜、运输技术的大幅度提升，这些限制因素的作用已经大幅降低，但农业区位理论的影响仍然存在，至今仍有其合理性，可以结合现代农业特征和布局要求进行使用。总之，农业受自然条件影响较大，也受到保鲜要求等因素制约的情况未发生改变，因此，进行农业布局需要考虑自然条件、成本、新鲜程度等，可根据不同农产品的生长要求和市场特性为某区域选择合适的区域农业类型或项目。

韦伯的工业区位理论认为工业生产虽然同农业有较大区别，但受原料、燃料、市场三个因素的制约和影响，工业企业的空间格局是这三个因素共同作用的结果，工业企业的选址需要充分考虑三者的关系，寻求最经济的点位进行布局。现代工业的影响因素除了前述三个之外，还包括熟练劳动力、产业配套、仓储物流等生产因素，政策、市场竞争等非生产因素。工业企业的布局选址需要综合考虑多方面的因素，规划布局时应根据不同性质和类型的工矿企业，按照不同的影响因素及其作用，运用不同的布局理论进行安排，尤其是现代工业的园区化趋势十分明显，其规划布局需要新的理论与方法。第三产业等参与的规划布局，则根据相应的区位理论展开。

城镇体系规划布局受地形条件和已有城镇格局的影响较大。在分析研究西欧地区城镇体系空间格局和布局问题时，德国地理学家克里斯塔勒（Christaller）和廖什（Lösch）提出了城镇体系布局的中心地（central place）理论。根据该理论，中心地是向居住在它周围地域（尤指农村地域）的居民提供各种货物和服务的地方。从定义上看，中心地基本上就是各类城市。生产者为谋取最大利润，致使生产者之间的间隔距离尽可能地大，而消费者为尽可能减少旅行费用，必然到距离最近的中心地购买货物或服务，因此，在区域内就形成了大小不同、等级有别的中心地。在城镇体系演化过程中，每一个大的中心地的周边会在六边形的顶点出现次一级的中心地即卫星城，以此类推，地表空间就逐步城市化并在空间格局上形成类似于蜂巢的城镇六边形结构体系。按照中心地理论，规划布局城镇时，应充分考虑经济效益的最大化和居民的消费方便度，构建大大小小的六边形城镇体系。不过，六边形布局的条件比较苛刻，不宜广泛运用，但可以将其规划布局的思想运用于现代城镇体系规划，也就是要以经济、高效为原则，规划不同的城镇，做到分出层次、相互联系、区域协同等。

二、空间布局的基本方式

区域上各类事物的分布，形成各种空间布局，有的特征明显，有的无规律可循。空间布局的基本方式如下。

1. 规则型布局和随机布局

规则布局是按照一定的空间规则进行布局，形成规则的区域空间结构，规划项目或要素在区域空间上形成某种分布规则，如"均匀""对称"等规则性的空间分布格局。

随机布局无须考虑空间规则，根据规划者的意愿随机布置、随意安排，布局的结果是规划项目在区域空间上随机分布，没有规则的空间结构形态，也不产生空间的有机联系。

从区域规划来看，是进行规则布局还是进行随机布局，主要看规划事项在布局后是否有利于区域管理和区域形象等。对于布局没有特别要求的规划事项，采取随机布局和规则布局都是可以的，可根据情况选用。

2. 均衡布局与非均衡布局

均衡布局是将规划项目或要素按区域进行平均或均衡，然后安排到各个小区域上。均衡布局强调区域之间的平衡，布局能够促使区域之间的发展或相关事物的分布更加均衡，区域差异进一步缩小。均衡布局不等于均匀布局，相反，它需要根据原有要素的空间分布特点，实行非均匀的安排，即：原来项目密度较低的区域，规划时安排的项目要多一点；原来项目密度较高的区域，规划安排的项目要少一点。如此均衡布局后，项目或要素的空间分布更加均衡，区域间的差异更小。

非均衡布局与均衡布局相反，布局时很少或者根本不考虑布局后的空间均衡问题。在操作层面，非均衡布局是将规划事项或要素大量或集中布局在某些区域，其他区域较少布局。非均衡布局会进一步拉大规划事项的区域差异。

均衡布局与非均衡布局适用于区域发展的不同阶段。非均衡布局适合区域发展的初期，通过非均衡布局将项目集中于区位、交通、资源、社会经济基础等较好的区域，可以产生极化效应，形成区域增长极，刺激区域迅速发展。非均衡布局是权宜之计，是集中力量办大事的体现，也是以点带面、重点突破的思想在空间布局中的体现。人类进行区域规划的目的是促进区域协调发展，但当区域发展导致区域差异越来越大时，开展均衡布局就十分必要。也就是说，均衡布局更适合于区域发展的后期阶段。

均衡布局和非均衡布局对规划的影响较大，应根据区域发展阶段和规划目的与任务等进行认真分析研究后，慎重选择。

3. 对称型布局和非对称型布局

对称型布局是指在区域空间上确定一个中心点，然后以此点为中心按照方位对规划项目或要素进行对称性的布局，如东西方向、南北方向对称布局，布局的结果是形成以中心点为对称点的一种对称型空间结构形态。非对称型布局不考虑这些要求，布局结果不存在对称性。

从空间结构和事物的相互关联上看，对称型布局和非对称型布局大多数情况下并没有什么特别的地理意义，更多的是视觉上和美学上的价值，只有少部分情况才具有区域空间系统的功能联系和相关性。因此，规划时，采用对称型布局还是非对称型布局差别不大，可根据规划人员的偏好进行选择。但如果布局结构会影响区域功能或者影响区域发展，则应慎重对待。

4. 点状布局、线状布局和面状布局

点、线、面是空间的基本几何要素，按照点、线、面进行规划布局是顺应区域空间基本特点的要求。点状布局是将空间分成若干个点，将规划项目或要素分散安排到各个点，每个点安排的项目只有一个或者几个（较少），布局的结果是形成若干点状分布的事物和以点为基础的空间结构。线状布局就是按照现有的或规划的线状地物（如河流、道路等）进行项目布局，每条线又分成若干点，在每个点上安排一个或几个项目，从而形成一条或多条规划项目的密集分布的线状区域，线状布局实际上是按线条进行点状布局。面状布局又称块状布局，是将规划项目集中布置在几个区块，从而形成规划项目的面状或块状的空间结构。

三种布局的结构对区域社会经济发展影响较大，在进行规划布局时应认真研究，科学选择。三种布局各有特点，应根据区域形状、大小和自然、社会经济要素分布格局，或选择一种方式进行布局，或将几种方式结合起来进行空间布局。具体如何进行，应根据规划本身的要求和规划区域特点来定。

5. 圈式布局、串珠状布局和条带状布局

圈式布局一般针对中心城市进行，以中心城市为核心，一圈一圈地安排项目，从而形成围绕城市的环带状或圈状空间结构。圈式布局是顺应城市功能分化的基本规律，以城市为中心进行区域规划布局。

串珠状布局与线状地物有关，布局方式与线状布局一致，但又不是简单的线状布局。串珠状布局是以线状地物为基础，在线上选择某些条件较好的点，然后以点为核心划定一个规则或不规则的区域，得到沿线分布的若干块区域，在这些区域上集中布局规划项目，形成串珠状空间结构形态。例如，沿河流布局规模不等的城镇，就会形成串珠状的城镇体系结构。如果按照等距离布局同等规模的城镇，则会形成十分规则的串珠状结构；如果不按等距离布局或者布局的城市规模等级不同，则会出现不规则的串珠状结构。串珠状布局与线状布局十分相似，有时甚至没有区别。串珠状布局是流域开发特有的布局方式。

条带状布局是线状布局的拓展，即沿线向两侧扩展一定的空间范围后进行项目布局，结果是形成有一定宽度的空间条带地物。条带状布局一般沿交通线布局，适用于空间开发规划，这样可以将分散的城市连成一片，有利于形成经济走廊。

6. 重力模型布局、钟摆式布局和六边形布局等

重力模型布局、钟摆式布局和六边形布局等是根据经济地理学的区位理论进行的空间经济布局方式。

重力模型布局是按照资源地、能源地、市场三者的空间关系，运用重力模型，

计算区域重心，布局相应生产企业的一种方式，一般形成三角形的空间格局。重力模型布局是传统的工业布局方式，对处理原料、能源和市场的空间布局关系具有较好作用，适合于钢铁工业、有色金属开采、冶炼等高耗能、原料消耗较大的产业的空间布局。

钟摆式布局是主要针对钢铁、煤炭行业特点形成的一种布局方式。例如，四川的攀枝花市与贵州省的六盘水市，一个有铁矿但缺煤炭，一个有煤炭但缺铁矿，按照钟摆式布局，分别在攀枝花市、六盘水市布置钢铁企业（攀枝花钢铁公司和水城钢铁公司），并在二者之间开通运输铁路，形成"一线两点"的钟摆式布局（从六盘水市将煤炭运到攀枝花市供其冶铁、炼钢之需，同时回程的时候将攀枝花市的铁矿运到六盘水市满足六盘水市钢铁企业的需要），这样，既可以充分利用两地的资源优势，双向发展，又可以节约成本，形成并促进空间开发和地方经济发展。

六边形结构是经济地理学家在研究巴黎等平原区城市空间结构时发现的一种城镇体系基本结构。按照六边形结构进行空间布局是指以大中城市为核心，按照六边形的空间转折点布局其卫星城市，每一级布局六个，逐级进行。在实际的规划布局中，由于影响城镇空间布局的因子较多，因此城镇的空间格局往往会出现一些偏差，不一定是规整的六边形。在区域规划中，城镇体系规划等可以吸收这种规划布局原理和思路，开展相应布局规划。

三、空间布局的基本原则

1. 遵循地域分异规律、服从空间经济原理原则

从自然地理角度来看，进行空间布局必须遵循地域分异规律；从经济的角度来看，空间布局必须服从空间经济原理。只有这样，空间布局才科学、合理。

地球表面的自然地理要素的空间分布受地域分异规律的制约和影响。在区域规划中进行的相关事项的空间布局必须遵循自然规律，如果布局时违背自然规律，就必然会受到自然的惩罚，使布局的项目不能顺应自然规律的要求，最终不能产生应有的效益，甚至适得其反。例如，对于我国来说，从东南向西北，降雨逐渐减少、气候逐渐干燥，农业生产布局也必须服从这一规律，不能反其道而行之，否则，不仅达不到优化空间布局的规划目的，还会导致农业生产困难甚至损失巨大。

经济活动在空间分布上存在各种空间经济联系，空间布局的经济目的是通过规划布局寻求最佳的经济区位，形成最优的空间经济联系，从而促进区域经济的协调发展。因此，空间布局必须符合空间经济原理，这也是基本的要求。空间布局需要符合空间经济原理的各种要求，否则成本将大幅度上升，效益会大幅度下降。

2. 因地制宜原则

因地制宜原则是指根据区域具体的自然、社会、经济等情况，有选择地制定相应的适于当地条件的对策、措施。因地制宜是所有空间布局的基本原则和要求，也是自然规律和社会经济规律作用于区域的具体体现。遵循和服从自然、社会经济规律，就必须因地制宜；要因地制宜，就必须遵循地域分异规律和空间经济原理。

3. 区域协调发展原则

空间布局的主要目的之一是协调区域发展，因此空间布局必须遵循区域协调发展的原则，该原则是区域规划的总体要求，是空间布局的方向。

4. 符合空间管制要求、提高空间利用效率原则

1）空间布局是基本的空间社会经济活动，需要符合区域空间管制的基本要求，布局要服从空间管制的方向和目标，在有条件建设区域需要认真分析区域容量等限制，在禁止建设区域需要慎重考虑项目布局。

2）空间布局要提高空间利用效率，这既是空间管制的要求，也是空间布局的必需。适度集中布局是提高空间利用效率的基本途径和有效手段。

5. 总体性、全局性和战略性原则

空间布局是一项涉及全局、长远的安排，实施后影响深远，需要从区域整体进行全局性、战略性、长期性的通盘考虑。只有这样，才能使空间布局的科学性得到提高，确保区域的可持续发展。

空间布局一旦落地，就很难再改变，其影响通常是几十年甚至上百年。规划布局一旦出错，改正的难度非常大，改错成本也非常高。所以，在进行规划布局时必须十分谨慎。

6. 突出重点、兼顾一般原则

突出重点、兼顾一般原则是一项指导具体布局的原则，即在布局时既要突出重点，也要兼顾一般。重点包括重点区域和重点项目。只有突出重点，布局才有较强的针对性，才有利于区域问题的解决。但如果只强调重点，忽略一般，就会导致空缺和失衡，不利于区域的协调发展。

7. 尊重当地意愿原则

某项建设项目具体安排在哪个区域，与这些区域的公众意愿和领导意愿有重要关联，如果当地没有接纳该项目的意愿，甚至排斥该项目，则规划布局的项目

是无法落地的，所以，当地人的意愿对规划布局影响巨大。根据当地人的意愿进行布局，不失为一种简单、实用的思路。

四、空间布局的过程与方法

（一）空间布局的过程

空间布局需要在分区的基础上进行。从空间布局的过程来看，大致分五步进行：选择工作底图、进行区域划分、进行现状调研、初拟方案、优化方案。具体如下。

1. 选择工作底图

工作底图是规划布局的基础，没有底图就无法进行规划布局。工作底图涉及地图的种类、比例尺等地图要素。选择合适的地图类别和适当的比例尺的工作底图是做好规划布局的前提。

工作底图包括两类地图：一类是地形图，另一类是专题地图。地形图具有通用性，是大多数规划的工作底图，尤其适用于专题地图不全的区域。专题地图较多，如行政区图、土地利用图、水土流失图、人口分布图、交通图等，需要根据规划的事项进行慎重选择。从以往规划看，行政区图和土地利用图是很多规划布局的工作底图。有时，需要将行政区图与某项专题地图叠加形成规划布局的底图，如将行政区图与土地利用图叠加是土地利用规划等许多规划布局的首选方式。有时，叠加的要素还不止一个，如前述土地利用规划底图可以叠加交通、人口等要素，构成多要素叠加的工作底图。

比例尺是底图反映地物的尺度，比例尺越大，地物的缩小程度越低，反之则越高。适当的比例尺是规划布局的要求。所选的底图比例尺越小，规划布局事项落地的点的情况越模糊，规划布局就越粗糙。工作底图的比例尺应根据规划范围来确定，一般来说，规划区域范围越大，所用工作底图的比例尺越小。省级规划一般用 1∶50 000、1∶100 000 或更小的比例尺地图作为工作底图；县级规划一般用 1∶10 000、1∶50 000，最多 1∶100 000 的比例尺。如果再小，规划布局就只能是示意图了。

2. 进行区域划分

区域划分在前述章节已有较多叙述，在此不再赘述。需要注意的是，布局以分区为基础，以便因地制宜，分区的时候要考虑布局的需要，包括分区的层次和区域数量等。如果分区工作已经完成，但在规划布局阶段，发现分区成果不能满足规划布局需要，则应该重新进行区域划分，直至满足规划布局需要为止。

3. 进行现状调研

在规划布局环节，现状调研是指现状布局情况或者要素、项目空间分布情况的调研。调研工作既可以在规划布局以前的调研中统一进行，也可以在原有的调研基础上，再次进行专项调研。弄清楚规划事项的分布现状并绘制现状图，是开展规划布局必不可少的步骤。现状调研主要是调研布局对象的现状布局情况，以及区域之间的关联、发展态势等。此处的调研与规划工作前的区域调研类似，但对象较少，集中在布局内容方面。

在开展规划布局调研前，应设计调查方案，印制调查表格、底图等。进行现场调研时，除规划布局人员的现场调查、观测等工作外，还需要开展专题座谈会等，了解区域布局的对象情况和存在问题，并探讨布局的思路与要求等。

4. 初拟方案

初拟方案时，首先选择布局区域，然后确定布局方式，最后选择布局点位。初拟方案是规划布局人员在调研基础上，初步将规划对象布局到区域上，形成空间布局的初步方案。空间布局的方法有经验法和数理方法。前者主要靠规划布局人员的经验进行选址布局；后者通过相关模型、公式计算分析后进行选址布局。常用的方法有图上作业法等。

初拟方案一定要做到思路清楚、依据充分、方法得当。特别是布局的依据一定要明确，理由要充分，既要遵循空间经济等科学原理，也要符合当地实际，还要考虑当地公众的意愿。

5. 优化方案

规划布局的初拟方案多数是规划人员的想法，因此，需要人们更多地从科学角度去思考和布局。拟出方案后，要广泛征求意见，做好解释说明工作，尽量说服当地公众服从规划。如果当地有新的需求，且不明显违背相关原理，则可以采纳当地意见。

最后，根据征求意见的结果，对布局方案进行复核优化，形成最后的布局方案，包括总体布局图和相关文字说明，即布局的介绍、说明。

（二）空间布局的方法

空间布局的具体方法因规划布局类型不同而有所差异，但基本的方法是通用的，常用的方法为图上作业法。

图上作业法是传统的规划布局方法，空间布局的选址、选线等均常使用该方法。图上作业法以地形图等图件为工作底图，在图上进行选址、选线和规划布局作业，然后进行实地考察核实、修正，最终确定选址、选线和规划布局方案。

采用图上作业法进行规划布局作业时，首先要根据规划区域的大小选择适当比例尺的地形图。图上作业法的工作基础是地形图，地形图的比例尺有大有小，常见的为1∶10 000、1∶50 000、1∶100 000；更大比例尺的则需要进行工程测图，常见的是1∶2000、1∶1000、1∶500。

图上作业法是一种基于地图要素判断布局的方法。地图上一般标有地理坐标、等高线、地形地物等基础地图要素及其高程数据、地名等地图标注。根据等高线、河流、道路等的走线和空间组合情况，可以判断出基本的地形形态、高低起伏状况，也可以从图上看出土地利用类型以及聚落、道路、河流等的空间分布情况。结合这些要素的空间分布格局，可以将规划对象布局在地图上。如果是点状要素，则归入选址一项；如果是线状要素，则纳入选线范畴；如果是面状要素，则属于分区之列。

选址适用于工矿企业等点状对象的规划布局，一般根据区位理论进行选择。根据工业区位论构建的重力模型布局常用于工矿企业选址。因国民经济产业类型较多，影响选址的因素复杂，因此，不同类别的行业、企业的选址制约因素和选址条件不同，选址原则和依据也不同，应分类进行选址布局。

选线多用于交通、输变电线路、供水管线等项目的规划布局。这些"线路"的选线是指确定线路在区域中的走线，即从哪里开始（起点）、经过哪些地方（途经）、最终到哪里（终点）。通常来说，起点和终点一般在图上作业选线前已经规划确定，但途经哪些地方在作业前则只有大概的方向，具体经过哪些地方需要在图上进行比较、选择。选线工作包括图上作业和实地验证两个阶段。首先是图上作业，在室内进行：规划布局人员在选定的规划区域地图上，根据规划布局的原则和相关要求，快速地做出几条可供选择的线路，并进行室内分析评估。其次是实地验证，在室内作业完成后进行：规划人员带上在室内完成的附有初步规划布局选线的底图，到实地进行考察、核实，验证选线的合理性和科学性，或者邀请当地的相关行业、部门人员一道考察、调研。最后，回到室内经过技术经济论证，选出最优线路。

面状要素的布局如土地利用规划、水土保持规划等的布局，在使用图上作业法时，首先要准备的地图与前述不同，需要准备土地利用现状图、水土保持现状图等专题地图，然后才能开始图上布局作业。在图上进行布局规划作业时，一般是先对各地块的属性进行判读，明确现状地类和空间分布情况；然后根据规划目标要求，将符合规划用地需要的地块规划为某种用途的地类。具体做法是：如果现状地类与规划用途一致，则保留现状地类不变，仅在规划属性表中填写地类名称，完成地块规划；如果现状地类与规划用途不一致，则根据规划用途进行地类更改、合并，并填写规划属性表，按地类颜色进行规划作业。

　　传统的图上作业是在印刷的纸质地图上手工勾绘完成，现在图上作业法大多在安装有 GIS、CAD 等制图软件的计算机上完成，即通过计算机制图完成相关规划布局任务。虽然大多数情况下计算机制图已经取代了传统的纸上手工作业，但有时也需要在纸质图纸上进行勾画，尤其是在做规划布局草图、进行规划布局讨论时，手工作业起到很大的作用。

　　规划布局需要考虑的因素较多，专业性较强。不同的事物，不同的规划，图上作业的内容、要求均不同，规划布局的过程和做法也有所区别。其中，交通规划的选线比较典型，可以代表大部分规划的布局过程和方式。交通选线的图上作业法流程如图 10-1（崔功豪等，2006）所示。

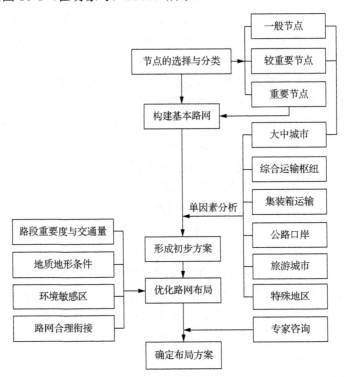

图 10-1　交通选线的图上作业法流程

第十一章　规划实施进度安排
与时序规划

任何规划都有确定的规划期限，实现目标的各项规划事项，需要在规划期内实施。规划目标和规划事项的时间安排也是规划方案的重要内容。规划的时间安排包括两方面，一是实施进度安排，二是实施顺序安排，即时序规划，二者结合即为规划的时间方案。作为区域规划的重要内容，时间安排与空间布局一样重要，需要规划人员高度重视和认真处理。

实施进度安排包括对规划目标实现的时间进行估测，提出实现规划目标的进度和节点以及对规划事项实施时间和进度做出相关安排，重点是分析实现目标需要的时间和确定每个时间节点需要完成的规划事项。时序规划则是根据事物的因果联系和相互制约情况，确定规划事项实施的先后顺序。二者都是处理规划实施的时间问题，但各有侧重：实施进度安排包括实现规划目标的时间安排和实施规划事项的时间安排，时序规划只涉及规划事项的实施时间安排。

第一节　规划实施进度安排

一、规划实施进度安排的影响因素

影响规划实施进度安排的因素较多，既有规划自身的影响，也有规划区域和规划事项的影响，还与规划环境的变化有关。具体来看，主要有以下几个方面。

1. 规划本身

从规划本身来说，进行规划实施的进度安排，需要考虑规划的特点、实施的难易程度和规划实施需要的社会经济条件等。不同类型和不同深度的规划，规划实施进度安排的要求不同，但总体看，规划实施进度安排首先取决于规划目标的阶段划分与实现要求。此外，规划事项实施的急迫性、项目数量、工程复杂程度、单个项目规模、资金需求量等，也会影响规划实施进度安排。

2. 资金投入能力及其可能的变化

规划实施离不开资金投入，资金投入能力对规划实施进度安排有很大的影响。区域的资金投入能力强，实施进度可以快一些；反之，则慢一些。

区域的资金投入能力既与本地的经济发达程度有关，也与国家转移支付政策等有关。如果自身投入能力弱，但国家转移支付力度大，则规划实施所需资金也有来源。

规划实施进度安排不仅要分析现状投资能力，还要看未来规划期的投资能力变化。如果投资能力增长，规划实施就会比较顺利；反之则将面临资金紧张的局面。规划时需要对投资能力进行分析，并将其作为规划实施安排的前置条件。正常情况下，随着时间的推移，区域与投资能力是增长的，但有时政策变化导致投资额度下降和经济不景气导致投资能力不足等情况也会出现。这些对规划实施有不利影响，需要在规划实施进度安排时认真地分析预判，规划时留有余地和空间。

3. 国家政策变化

与资金一样，国家政策及其变化将影响规划实施进度的安排。与规划实施有关的现在执行的政策是影响规划编制的重要因素，也会影响规划的实施安排，但未来政策的变化对规划实施的影响更大。规划期政策的变化主要有以下几种情况：不变、增强、减弱、停止、停止后又重新执行（如退耕还林政策就是如此，经历过多次反复）。

如果政策不变或者有所增强，则对规划实施有利；如果政策减弱或停止执行，则对规划实施不利。对有利影响可以不进行预测分析，对不利影响则需要进行科学预测分析。具体来说，如果现有政策在规划期内延续不变，则可根据现有政策制定相关规划事项和进行实施进度安排；如果政策力度逐渐加强，规划时可以考虑加快实施进度，缩短规划目标实现的时间；反之，如果相关政策逐渐减弱直至停止，规划实施安排则必须考虑政策的影响，进度安排需要先快后慢、先多后少，抓紧政策的尾巴，享受政策红利。最后一种情况比较复杂，分析预测也比较困难，规划实施安排可暂不考虑，可酌情调整进度安排。

4. 公众意愿

公众意愿是对规划有重大影响的因素，也是对规划实施有重大影响的因素。在进行规划实施安排时，需要征求当地公众的意见，并考虑公众对规划的态度、参与度、积极性等因子。如果公众参与积极性高，赞成比例大，期盼规划实施，则可以加快实施进度；反之，应放缓进度，先做试点，然后逐步推开。

在进行规划时，规划设计人员需要针对以上各方面，进行认真的调查研究和预测分析，尽可能弄清楚规划实施的影响因素及其作用的大小，同时，科学地预测相关因素在规划期内的未来变化趋势、特点，拟定对策，做出相应安排。

二、规划实施进度安排的基本方法

如前所述，规划实施进度安排包括目标进度安排（实际上就是将目标按阶段分解，明确阶段目标任务）和规划事项实施进度安排。目标进度安排先于规划事项实施进度安排。规划初期要先制定好规划总目标和总任务，然后根据影响目标实现的各种因素确定各阶段目标。在规划研究阶段，要开展规划实施进度安排的条件和影响因素及其变化的相关分析研究。研究工作的深入与否，直接影响规划进度安排的科学性。经过研究，弄清楚规划实施进度安排的影响因素及其作用以及未来的变化后，可以进入规划实施进度安排环节。

规划实施进度安排的思路和方法分为以下几种情况：一是根据时间长短，平均安排规划实施内容、目标进度，即等额进度安排；二是逐步增加任务量，即逐步递增安排进度；三是逐步递减任务量，即逐步递减安排进度；四是根据事物发展演化的因果关系，按先因后果的实施顺序安排进度，即因果关联进度安排。

1. 等额进度安排

等额进度安排是常见且用得较多的一种进度安排方式，也是较简单的一种安排。等额即为单位时间目标任务量相同，具体做法是将目标、任务按规划期的时间进行平均，计算出规划期内每年需要完成的目标值、任务量，然后根据规划期的长短来分配各规划期的工作任务、需要实现的目标值。

等额进度安排的优点是简单、方便；其缺点是安排的理由和依据不太充分，不考虑影响规划实施的各种条件、因素及其变化可能产生的影响，规划实施时可能会出现较大偏差。

2. 逐步递增进度安排

逐步递增进度安排的思路如下：按照从近到远的时间顺序，逐年加大规划实施力度，逐步增加每年规划实施的目标量和任务量。安排依据是，随着社会经济的逐步发展，规划实施的区域投资能力等会逐步增加，规划实施的有利因素会越来越多、条件会越来越好。

显然，逐步递增进度安排法符合一般的社会经济发展规律，但社会经济发展总是有起有伏的，其轨迹多数是一条曲线，而不是一条直线。若只简单按照发展趋势进行进度安排，虽然在大方向上不会错，但在某些时候会出现较大偏差，尤其是政策变化等因素可能会打乱进度安排，导致实施出现困难。

3. 逐步递减进度安排

逐步递减进度安排与逐步递增进度安排相反，其任务量是逐年递减的，越往后，任务量越少。在进行规划实施安排时，尽量将规划期要实现的目标提前到近期，甚至是规划实施的近几年。之所以采用逐步递减进度安排是因为规划时期较长，随着时间的推移，规划实施的影响因素及其导致的变数会增加。

从以往相关规划的实施情况看，在我国，有的规划刚实施几年，甚至有的地方规划刚编制出来还没有得以实施，就需要进行规划的修编，从而导致规划的目标任务无法实现。因此，尽可能地将规划目标任务提前，符合我国规划实施的现状，对规划实施具有较大的现实意义。当然，随着规划法律法规的逐步完善，随意修改规划的情况将变得越来越困难，时间间隔也会越来越长，逐步递减进度安排的有效性也将会越来越差。

4. 因果关联进度安排

因果关联进度安排是根据规划事项的相互影响、相互制约的关系，按先后顺序进行进度安排的一种方法。因果关联进度安排是一种比较科学的方法，能将规划事项与进度安排有机结合。进行因果关联进度安排，首先需要进行相当深入的因果关系分析，真正弄清楚规划目标、任务及其涉及的具体规划项目等，然后进行项目时序规划，最后进行规划的总体进度安排。

第二节　时　序　规　划

一、时序规划及影响因素

根据因果关系或者规划需要，对规划目标和实现目标的各事项的实施顺序进行分析，确定规划事项实施的先后顺序，即为时序规划。影响时序规划的因素主要有因果关系、项目的重要性和迫切性，以及区域已有条件、投资能力和公众的意愿等。

因果关系是指事物之间的前因后果的相互影响和前因制约后果的关系。例如，很多偏远落后山区具有丰富的旅游资源，但要开发利用该资源或者发挥旅游资源的经济作用，必须首先解决交通问题，交通建设是旅游开发的前置条件。交通问题不解决，很多美好的东西不是藏在深山人未识，就是不能转变为经济效益。这种因果制约或者开发的条件制约，产生了区域开发建设的顺序问题。类似情况在区域规划中很多。根据事物之间的因果关系，先安排属于"因"的事项，后安排属于"果"的事项,是不得不采取的时序安排。有些区域问题,虽然没有因果联系性,但有空间上的联系性,这样也会产生规划事项实施时间上的先后顺序问题。例如,水土流失、生态环境治理,从流域上看存在上下游的密切关系,必须按"上游—中游—下游"的空间顺序进行治理,才能取得较好的治理效果。如果不按这个顺序开展治理工作,治理效果就不会理想,甚至会出现相互抵消的情况。所以,在项目时序规划方面,如果资金有限就需要先安排上游地区的治理项目,再安排中游地区的治理项目,最后安排下游地区的治理项目。如果资金有保障,同步进行治理效果会更好。

有很多区域规划问题,虽然不存在上述时间上的顺序关系,但存在重要性、迫切性等区别,有些项目对整个规划目标的完成有重要的促进或制约作用,是规划的关键或者瓶颈,有的则属于一般项目,影响不大。显然,从规划的时序安排来看,应优先安排重要性或迫切性大的事项,后安排一般性的项目。

区域已有条件、投资能力和公众的意愿对规划的时序安排也有影响。是否具备规划实施需要的条件是规划事项安排的一个不可忽略的因素。显然,已具备条件的应该优先安排,不具备条件的往后安排,无论是空间布局还是时间安排都需要这样处理,才有利于规划的实施。同样,具备较强投资能力的区域和事项应该先安排实施,不具备的则后延。公众意愿对项目实施影响很大,需要规划人员给予足够重视。如果公众反对,规划项目就无法顺利实施。因此,公众支持的规划事项应优先安排实施,反之则后延。

二、时序规划的分类

区域规划事项的时序安排可以分以下几种情况。

1)存在因果关联的,严格按先后顺序进行规划安排。从规划的实施顺序上看,如果规划对象尤其是规划的事项之间存在因果关联,即事项一的完成是事项二实施的前置条件,则应严格按照先后顺序进行规划安排,即在事项实施顺序上先安排事项一,再安排事项二。在实施时间上,事项一要在事项二之前,且需要考虑实施事项一所需时间,事项二的实施要安排在事项一完成之后。

2)不存在因果关联的,按重要性、迫切性进行时序安排。如果规划事项之间不存在因果关联限制,则先安排实施哪个事项都可以。在这种情况下,应遵循实施的重要性、迫切性原则,即按照规划事项实施对规划目标实现的重要性或者对当地社会经济、生态等影响的重要性来进行时序安排。另外,也可以按规划或区域对事项实施的迫切性来进行时序安排。

按重要性或迫切性进行规划时序安排,重要的是甄别事项的重要性或迫切性。二者的含义相近,但不完全等同。例如,水土流失治理的重要性主要与水土流失影响的对象有关，而同等重要的水土流失治理区域，水土流失治理的迫切性可能不同，水土流失严重的区域治理的迫切性要高于水土流失程度较低的区域。另外，相对于水土流失虽然严重但不存在明显危害的区域来说，如果水土流失不严重但已经造成或存在潜在的较大危害的区域，则水土流失治理十分迫切。

3）按照区域投资能力等进行安排。项目实施的时序可以根据区域投资能力来进行安排。投资能力强的区域，同等情况下可以优先安排；反之，则可以滞后安排。因为，即使优先安排了项目，如果没有资金用于建设，则项目也实施不下去。但有时事项的时序规划思路恰好相反，如扶贫。为了加大扶贫攻坚力度，即使当地没有投资能力也应优先安排国家相关规划项目，以促进社会经济发展，帮助当地脱贫致富，不过资金不是本地自筹而是来自国家财政专项。从本质上看，因其为国家的投入，该区域的实际投资能力并不弱，因此，也不违反"按照区域投资能力"进行时序规划的原则要求。

4）根据公众对项目实施的态度进行安排。规划事项的实施必须得到当地的大力支持和积极参与，如果当地公众不愿意，对规划实施的态度冷淡，安排的事项在实施过程中就会出现较大的阻力和障碍，因此，可以优先安排公众态度积极的规划事项，然后再逐步安排其他事项。

5）根据已有条件安排。规划事项实施的时序安排，也可以考虑立项、建设的前期条件，已经基本具备各项条件的可以先安排，暂不具备条件的后安排。

通过时序规划，得到的基本成果是规划目标实现的进度安排和项目实施的时序安排，并在规划文本中以进度安排的形式表现出来。

第十二章 投资估算与规划实施的效益分析

第一节 投 资 估 算

一、投资估算的依据

规划的投资估算就是对规划实施所需资金的一个总测算。从严格意义上来说，规划的投资估算只能是投资匡算，还不是估算，也就是大致的资金估计。一般情况下，区域规划需要进行投资估算，但也不是所有的规划都需要进行投资估算。

区域规划的投资估算需要依照相关法律法规和技术规范，主要包括以下几个方面。

（一）法律法规

规划投资估算所依据的法律法规是具有法律效应的各种规定，既包括规划本身涉及的法律法规、技术规范等，也包括与投资估算相关的法律法规和技术规范，特别是有关财政资金使用的相关规定。

规划投资估算涉及国家、地方政府、行业的相关规定、管理办法，以及投资估算的相关规范等。全国性规划由国家投资和组织实施，适用于国家和中央层面的管理办法，包括《国家级专项规划管理暂行办法》、《国家级区域规划管理暂行办法》（发改地区〔2015〕1521 号）、《城市规划编制办法实施细则》等规划编制管理办法，以及《中央预算内直接投资项目管理办法》（国家发展改革委令第 7号）、《市政工程投资估算编制办法》（建标〔2007〕164 号）、《水电工程投资估算编制规定》（NB/T 35034—2014）等相关投资管理规定、办法；区域性规划由各级地方政府组织编制和实施，其规划投资来源既有国家层面，也有地方层面，分别适用于不同层次的管理办法，需要加以注意。

（二）标准、定额

规划对象的行业部门、项目所在地工程造价管理机构等编制的投资概估算取费项目、定额、标准（可以统称为概估算的技术规范）等，如《水土保持工程概算定额》、《水土保持业务经费定额标准（试行）》、《公路工程预算定额（上、下册）》（JTG/T B06-02—2007）等，是进行投资估算的重要依据，也是进行投资估算编制的直接依据。

（三）造价信息

投资估算的依据还包括规划实施地区相关部门定期发布的各种造价信息，如贵州省建设工程造价信息、贵州省交通造价信息等。

（四）规划文件

规划文件包括规划设计文件、典型设计等，为投资估算提供各方面的主要工程量。

二、投资估算的工作内容

（一）工程量估算

投资与工程量密切相关，投资总额是各工程量与单价的乘积之和。因此，进行规划的投资估算，必须结合规划设计，确定规划实施的内容、项目的数量与工程量，这样才能进行后续工作。

规划阶段投资估算涉及的建设内容或者实施内容，多数情况只需要确定数量即可。例如，水土保持规划中的坡改梯项目，只要确定坡改梯面积即可进行估算，因为，坡改梯工程有投资额度标准或工程实施投资惯例，坡改梯的投资单价是确定的，无须再进行相关工程量及其单价的测算。当然，为了更好地估算规划项目的投资额度，也可以根据区域实际选取典型区域进行实际调查、测算，得出规划区域的单位工程量投资需求，再进行规划的项目投资估算。一般情况下，规划的投资估算都不需要全面测算工程量，只有比较详细的建设规划才需要全面测算建设工程量。例如，修建性详细规划，进行规划投资估算时就需要进行工程量的全面测算，以便于后期建设资金安排。

进行规划投资估算，需要编制工程数量表或工程量表作为规划投资估算的基础，同时也作为投资估算工作的成果，附在规划投资估算报告中。

（二）确定基础单价

基础单价是计算工程单价的基础，包括人工单价、材料单价、机械台时费单价和风水电等。

规划阶段的人工单价，根据项目类别用工类型来确定，包括工种和级别，工种按行业分类确定，级别按人力和社会保障部的规定确定，如技工、普工或高级工、中级工、低级工等。如果使用临时工，则按当地的最低工资标准来确定人工单价。

材料单价、机械台时费单价、风水电单价以当地相关部门定期发布的造价信息中的计费单价为依据，也可以按照当地当时的市场价来确定。

（三）计费项目的确定

一般来说，规划中的项目投资计费项目包括建设项目的工程建设费、独立费、预备费等。工程建设费包括各项子工程的建设费，独立费包括管理费、勘察设计费、咨询服务费等，预备费包括基本预备费、价差预备费。

规划建设的计费项目既与估算方法有关，也与规划本身的设计内容有关，是二者的结合。例如，一般的县级水土保持规划，包括治理规划、预防保护规划、监测规划、综合监督管理能力建设规划，每种规划又有相应的子规划，如治理规划包括坡耕地综合治理规划、泥沙量大的沟道—小流域综合治理规划、退化迹地等侵蚀劣地治理规划等，需要逐项进行投资估算。进一步细分，坡耕地综合治理规划由坡改梯工程、田间道路工程、农田水利工程、植物工程和耕种制度调整工程等构成，坡改梯工程又由梯坎工程、田面平整工程等构成。在进行规划投资估算时，如果做得更细致，就需要逐项、逐层地进行估算；即使做得较粗糙，也需要分区域进行典型项目的逐项投资估算，这样才能得出相关规划实施的投资需求。

（四）取费标准和费率的确定

规划投资估算的费率和取费标准一般按照估算定额、行业或行政部门的相关投资估算编制规定来确定，如果没有定额、标准，则参照相关工程来确定。

规划时值得注意的是，国家会根据社会经济的发展，不断调整收费项目、取费标准和费率，因此，在编制规划时，一定要及时调整、更新，使用最新规定，特别是要及时从规划投资估算中剔除取消收费的部分。此外，有时规划涉及的事项较多，分属不同行业，需要分别按照不同的行业规定、标准和费率进行投资估算，在此情况下，不能笼统地匡算投资和估算资金需求，要分开进行。

在进行规划投资估算时，需要编制项目单价，确定收费项目的取费标准和费率。

（五）投资估算

规划投资估算的最后一项内容，就是将以上步骤确定的相关工程量与各单价相乘，得出各单项工程投资需求，然后计算各项费用，最后根据规定逐项加总，得到规划所需投资总额。

根据规划的特点和要求，投资估算一般需要分项目加总、分区域加总、分规划期加总。

投资估算一般包括文字说明和投资估算表格两部分，先做表格，再编写文字说明。

三、投资估算的方法

规划投资估算的方法主要是指规划项目单价的确定方法，常用的有系数估算法、比例估算法、指标估算/定额法等。

1. 系数估算法

系数估算法是指按照已有项目的规模和投资，计算形成"规模-投资"系数，然后用于新项目投资估算——据其规模乘以这一系数，推算总投资的方法。例如，在农田水利工程中，小水池建设费用可按水池容积进行推算：根据对已有水池的调查，可得出单位容积的小水池建设投资额，即投资系数，在进行新的项目建设时，可以根据新规划的小水池的容积乘以投资系数，即可简单地推算出所需投资。

2. 比例估算法

比例估算法类似于系数法，是指利用已有同类项目的各计费项目投资占总投资的比重，推算新项目相关投资的一种方法。比例估算法不需要逐项计算。例如，某水土保持工程，已知梯坎工程投资额为1000万元，而同类项目梯坎投资占总投资的比重一般为40%，则可以用本项目已知投资额及其同类项目占总投资的比重来推算总投资额，即1000/ 0.4=2500（万元）。

3. 指标估算/定额法

指标估算/定额法是指利用已有的技术规范的定额指标进行投资推算的方法。例如，国家投资进行石漠化综合治理，国家发展改革委及财政部等根据各方面的实践，以及资金使用效率等，给出的治理投资定额为1300万元/km^2，则在进行区域规划时，就可以直接引用该定额指标推算相关工程的投资需求。其他方面也可以进行类似投资推算。

四、资金来源与筹措安排

规划的资金来源可以分为国家投资、地方政府投资和其他来源。

1）国家投资主要集中在生态、环保、基础设施等关乎国计民生的方面。规划投资估算时需要明确国家投资的比例和额度。

2）地方投资包括两方面：一是地方配套，二是独立投资。从配套看，根据国家相关项目建设的经验和要求，国家对地方相关建设项目的投资，都需要一定比例的省、市、县级配套投入，因此，对规划中涉及国家投资的部分，严格按规定的比例编制地方配套投资。如果没有相关规定或者没有国家投资的，则按照独立投资考虑。

3）其他资金来源包括银行贷款、资本金、民间资金投入等。

编制规划投资时，在明确资金来源后，需要进行资金筹措的分析说明，尤其是地方政府投资部分，需要分析说明资金筹措的途径和措施及其可行性。

第二节　规划实施的效益分析

一、规划实施的效益构成

规划实施的效益由经济效益、社会效益和生态效益三项构成，是三者的有机统一。其中，经济效益在三大效益中一直以来都居于首位，没有一定的经济效益，实施规划的意义将大打折扣。当然，不同的规划，追求的目的不同，经济效益并不是所有规划的第一目标，有些规划的社会效益远远大于经济效益，有些规划则是生态效益远远大于经济效益。

规划实施的经济效益包括规划实施产生的直接经济效益和间接经济效益。前者是规划项目实施后产生的经济收益与成本比较后的净收入，主要估算实施后的实物、货币收入，并统一以现值（折现后）进行计算和比较；后者是规划实施后带动其他产业或者改善区域规划条件后引起的其他项目产出。直接经济效益较好界定，间接效益较难确定，且估算误差也较大。

规划实施的社会效益是指规划实施可能产生的社会影响和作用，涉及面较复杂，也不好估算。一般来说，社会效益包括促进就业、帮助脱贫致富、改善生产生活条件、促进社会公平、提高公共安全等方面。具体的构成应根据规划对象来选择，并按相关规范进行相应的分析评价。

规划实施的生态效益是规划实施后产生的对生态环境的促进作用，如蓄水保土效益、生物多样性、植被覆盖度、碳排放、全球气候变化等。生态效益更多的是长远效益，计算出的数值都较大，在效益估算的时候应说明清楚，否则易引起误会。

效益分析必须根据规划本身和相关效益评价技术规范，如《水利建设项目经济评价规范》（SL 72—2013）、《水土保持综合治理　效益计算方法》（GB/ T 15774—2008）等，界定效益构成，但并不固化。

二、规划实施的效益评价

规划实施的效益评价包括规划的经济效益评价、社会效益评价和生态效益评价三个方面,可以根据行业建设项目效益估算评价相关规定进行,没有行业规范时,可参考已有规划或相关项目效益评价。

（一）经济效益评价

经济效益评价一般采用定量方法进行,主要包括国民经济评价和财务评价两个方面。

1）国民经济评价基本上已经有固定的评价内容和计算公式,主要包括内部收益率、净现值、效益费用比三大指标。国民经济评价就是按照相关规定对规划实施的经济效益进行计算并评价其合理性。一般地,如果内部收益率大于等于折现率、净现值大于零、效益费用比大于 1,则项目国民经济可行;反之则不可行。国民经济评价三大指标的定义、计算公式和计算过程可以参考相关文献。

2）财务评价是指分析成本、费用的合理性和可接受程度,属于成本-费用分析。规划的项目建设费用往往都较大,需要对规划项目的单位成本与现实工程项目建设的单位成本进行比较。原则上,规划项目的单位成本不应高于现实的项目建设成本,当然,如果实施时间安排在远期,可以考虑劳动力成本和材料成本等的适度增加,但不宜太高。

此外,项目的经济效益评价也经常根据规划实施后产生的实物产出乘以产品单价来推算可能的经济收入。间接经济效益估算不宜太宽、太松,估算收益应实事求是。

（二）社会效益评价

规划的社会效益评价包括定量评价和定性评价。社会效益中的定量部分,如就业岗位、脱贫致富等可进行定量评价;难以定量的部分,如改善生产生活条件、促进社会公平、提高公共安全等,可进行定性评价。

凡是有助于改善生产生活条件、促进社会公平、提高公共安全等的影响和效果,都属于规划实施的社会效益。根据规划实施程度,可划分规划的规模、任务等,然后结合区域情况进行分析。

（三）生态效益评价

有些生态效益的计算已有较明确的、公认的计算公式和方法,有的尚无明确的、公认的计算方法。前者如蓄水保土效益、生物多样性、植被覆盖度变化等,可以直接引用相关计算公式进行效益计算；后者如气候变化等，可以开展相关研究，或者通过分析选择已有的适当的研究成果作为规划实施效益计算的方法。

生态效益与经济效益等相比，往往起效时间晚，影响深远，受益者广泛。因此，如果用经济效益进行衡量，生态效益通常较大，有时会令人难以接受。在分析评价生态效益时，要实事求是，不要夸大，但也不要忌讳和过于在意别人的感受，只要计算过程、数据、相关技术参数的取值依据充分、计算过程正确，所得数据均可采用。

第十三章　区域规划成果及其编制

区域规划的成果包括规划报告、规划图和规划表格三大部分，其中规划报告是核心和关键，是整个规划成果的纲领；规划图和规划表格均依附于规划报告而存在，没有规划报告，规划图和规划表格也将失去存在的价值。

规划成果的编制是在规划事项完成之后，按照规划技术规范或标准的规定对规划确定的目标、事项、布局和时间安排等内容进行编排，形成规划报告、规划图、规划表格等规划成果的过程。

编制规划成果是对规划的总结，代表了规划的水平，所以应高度重视。规划成果的编制强调内容全面、符合规范要求，外表美观、整齐。

第一节　区域规划报告

一、区域规划报告的构成

根据技术规范的要求，有的区域规划报告由规划报告、规划报告说明（简称规划说明）两个独立成果组成，其中规划报告只陈述规划的主要结论，简明扼要，规划思路、指标等的阐述放在规划说明中；有的则只有规划报告，没有规划说明，规划报告融合了规划说明的相关内容。

规划报告是规划的重要成果，不同的规划报告的组成部分各有不同，但基本上都由封面、扉页、前言、目录、规划综述或总论、规划区概况、规划分区（区划）、专项规划、空间布局（有时为了与区划衔接，空间布局安排在项目规划之前）、实施进度安排、投资估算、实施保障、附件（技术审核、行政审批意见等）、附表（有的单独成册）、附图（有的单独成册）几个部分组成。规划报告的具体格式、内容按相应的规划技术规范来确定。

二、区域规划报告的编制要求

1. 封面

封面是规划文本的首页和门面，需要按照规划技术规范要求，确定其颜色、字体、字号等格式。如果没有技术规定，则以"方便阅读、协调整齐、美观大方"的原则进行编排。

封面的颜色不要太鲜艳，也不要采用过深的颜色，如黑色等。应该使用较明快、稳重、能够突出文字的底色。

封面的字体一般为宋体或者黑体、隶书、魏碑等，这些字体能给人稳重、大气的感觉。字号根据报告的大小确定，一般报告为 A4 版面（A3 的偶尔也有）。A4 版面的报告的标题用小初或一号字体，编制单位、时间等多采用二号或三号字体。

2. 扉页

规划报告一般有扉页（有的报告没有），包括规划领导小组、规划编制单位和人员等内容。

3. 前言

前言同扉页一样，有的规划有，有的规划没有。如果有前言，则简明扼要地说明规划的来龙去脉和编制过程、规划的目标任务、规划的主要内容和规划安排。

4. 目录

目录由规划具体内容抽取，本部分不再详细叙述。

5. 规划综述或总论

规划综述是很多规划的一个组成部分，编写的主要目的是将规划内容进行简化、浓缩，以方便相关人员快速查询和了解规划基本内容与规划安排。具体要求是：一方面要浓缩，只要结论性的和规划安排部分的简要文字；另一方面要全面，不要缺项。

规划综述必须首先明确规划的范围、期限、目标任务。区域规划的范围一般是指行政区划范围，包括所涉及的行政区域范围及下辖的行政单位区域面积。区域规划的期限包括规划起始年和终止年、规划的分期、规划基期年。其中，规划基期年一般是规划基础数据截止日期，早于规划期起始年，如规划期是 2016～2030 年，规划基期年一般是 2015 年。但有时候，由于基础资料等限制，可以更早于起始年，如前述规划，规划基期年可以是 2014 年。区域规划的目标任务需要分为总目标、分期目标及总任务、分期任务来进行说明。

6. 规划区概况

规划区概况是规划报告的必不可少的组成部分，它是对规划区域的介绍，应简明扼要、内容齐全。从内容上看，规划区概况包括四个部分：一是区位条件，二是自然条件和自然资源情况，三是区域社会经济概况，四是规划对象涉及的事项或领域概况。

（1）区位条件

区位条件主要说明规划区域的地理坐标位置、社会经济的相对位置。若有必要，可附上地理位置图或区位分析图。

（2）区域自然条件和自然资源情况

1）区域自然条件。

区域自然条件一般从地质、地形地貌、气候、水文、植被、土壤几个方面进行介绍。

① 地质情况主要介绍区域所处大地构造单元、主要地质构造体系、出露地层和主要岩石岩性。

② 地形地貌主要包括区域所属地貌类型区、主要地貌类型、区域地势情况等。例如，贵州地处我国第二阶梯向东部丘陵平原区的过渡区域，属于西南云贵高原地貌区，主要地貌类型为喀斯特高原、山地地貌，地表破碎、起伏较大，平均海拔 1100 m，地势西部高东部低、中部高、南北低，海拔从西部的 2200 m 逐步过渡到中部的 1000～1200 m，然后再降低到东部的 800～900 m；省内最高点为水城县与赫章县交界处的韭菜坪，海拔 2900 m，最低点为黎平县东南出省界的 137 m，相对高差一般为 300～700 m，最大相对高差达 2763 m，主要山脉有乌蒙山、苗岭、武陵山等。

③ 气候主要说明所属气候类型区、主要气候类型和主要的气候特征。气候特征一般从温度、湿度、降雨、光照、风、主要气候灾害等方面进行说明。温度一般介绍平均温度，如最高、最低温度，积温等；降雨一般要说明年均降雨量，如降雨季节分配、雨季、极端降雨情况等。

④ 水文情况主要介绍所属流域水系，境内主要河流及其基本情况，如干流长度、流域面积、流量、流速、支流条数等。有时有的区域还需要介绍洪、枯水情况和洪涝灾害情况。

⑤ 植被、土壤情况主要包括所属植被区和土壤区，植被和土壤类型、数量、空间分布等。

2）区域自然资源。

区域自然资源情况介绍一般按资源组成要素的类型来展开，包括土地资源、矿产资源、水资源、生物资源、气候资源五大类。有时，为考虑资源的利用问题，会从资源所属行业和利用方向，如农业资源、旅游资源等方面进行介绍。有的规划将按利用方向分类的旅游资源等放在按组成要素分类的资源类别中进行介绍，这样做虽实用但不符合逻辑。

① 土地资源。区域规划中的土地资源概况主要介绍土地总面积、土地类型和各类土地面积及其占比。有时需要对主要地类的空间分布等进行介绍，如耕地主要集中分布在区域的哪些地方等。

② 矿产资源。区域矿产资源概况（包括化石能源）主要介绍区内已经探明的矿产资源种类、数量（储量）、质量（品位等）和空间分布，尤其是要介绍优势矿种和主要矿种的数量、质量和分布，说明区域优势矿种的优势级别和程度。主要矿种开采条件的说明在有些规划中也是十分必要的。需要注意的是，矿产资源开采时间越长，所剩储量就越少。在进行区域矿产资源概况介绍时，需要使用最新资料，不要介绍已经枯竭的资源。例如，贵州省的汞矿资源，历史上长期是贵州省的优势矿种，储量占全国的绝大多数，但随着开采时间的不断延长，资源储量早已衰竭，加上其使用价值降低，汞矿已经不再是贵州的优势矿种，因此在介绍贵州的优势矿种时，就不必介绍汞矿。

③ 水资源、气候资源、生物资源等资源概况。相对于前述土地资源和矿产资源，水资源、气候资源、生物资源等资源概况介绍一般要简单一些，但要根据规划有区别地进行详略介绍。水资源主要介绍水资源总量、季节和空间分布情况、开发利用条件三个方面，有时候需要说明供需关系和缺水情况。气候资源主要介绍热能、光能、风能等情况，降水量和季节分配情况，旅游气候资源情况等。生物资源主要介绍资源种类、优势资源情况。其中，种类介绍中强调各类保护资源的数量。

（3）区域社会经济概况

区域社会经济概况一般包括行政区划、人口与劳动力、基础设施等社会情况及经济情况。其中，行政区划不做详细介绍。

1）在人口与劳动力介绍中，需要介绍总人口数量、民族构成、劳动力数量、人口受教育程度、人口老龄化等情况，有时会对城市化程度进行简单说明。

2）基础设施包括交通、电力、供水供电、医疗、卫生等方面，在区域规划条件的介绍中，无须过于详尽，只需要简单介绍即可。一般包括数量组成、结构和分布情况，并结合供需关系进行说明。

3）经济情况包括经济总量、经济增速、产业结构、优势产业、支柱产业和主导产业等。有时，还需要对主要产品、优势产业产品等进行介绍。产业结构一般按三大产业划分，介绍第一、第二、第三产业占比。

（4）规划对象所涉事项或领域概况

规划对象所涉事项或领域依据不同的规划而定，如城镇体系规划即为城镇建设，而土地利用规划就是土地利用，水土保持规划则是水土流失防治、水土保持监测和监督执法等。

相对于区域规划条件介绍来说，规划对象所涉事项或领域概况应该介绍得更详细一些，但不要过于繁杂，篇幅也不要过多。规划对象情况介绍主要是现状介绍，但对发展过程和动态情况也需要进行简要的说明。例如，对于区域水土保持情况，既要介绍目前已经开展的水土保持工作，包括水土流失治理情况、水土保持监测工作情况等，也要介绍水土保持工作开展的历史情况和所取得的成果，以及当前存在的问题。

7. 规划分区（区划）

规划分区的编写是在前述区域划分相关工作基础上的文字编辑和内容介绍，主要包括分区原则和依据、分区方法、分区结果及各级分区介绍几个部分。

1）分区原则和依据的编写，要求简明扼要，不要罗列所有的原则和无关的依据，只写基本的、主要的原则，只列与分区有直接关联的依据。在分区方法方面，需要较详细地介绍分区方式、数量、等级、指标与标准、命名方式等。分区结果既可以以表格的形式进行介绍，辅以文字说明，也可以只用文字说明。但无论何种形式，都需要说明区域的等级、数量和名称，以及所包括的行政区域、范围。

2）分区介绍是规划的必需，要突出重点，介绍的内容包括区域名称、范围、面积、区域基本特征等。基本特征可以是前述的区域概况所涉及的方面，但不要过于全面和复杂化，应简明扼要；也可以简化介绍，只说明区域自然条件等，但需要重点介绍与规划对象相关的特征和各分区指标数值、特征情况。这是与前述章节的区域概况完全不同的地方，也是分区的区域介绍的重点。例如，水土保持规划的分区，重点要介绍与水土保持有关的特征，既包括自然条件中的地形地貌、降雨、植被和土壤情况，也包括水土保持重要性方面的要素的特点。如果分区只进行一次，则各区情况介绍就比较明确，按区域进行介绍即可；如果有二级分区甚至三级分区，则需要根据规划情况来确定是只介绍一级分区还是对全部分区都进行介绍。

8. 专项规划

区域规划的专项规划与规划本身的规定和要求有关，不同的区域规划，其专项规划对象和内容不同，如水土保持规划的专项规划包括水土流失预防保护规划、水土流失综合治理规划、水土保持监测规划以及水土保持能力建设规划四个专项规划；土地利用规划则包括建设用地规划、耕地保护规划、土地整治规划等专项规划；旅游发展规划包括旅游资源开发利用规划、旅游产品规划、旅游线路规划、旅游市场规划等专项规划。

专项规划的编写没有固定的格式和内容，需要分别根据不同规划的技术规范来确定，但要写清楚规划对象、范围并明确规划项目及项目的数量等。考虑规划的整体协调性，专项规划的编写不要按规划的全部内容来写，应简化。例如，一般的专项规划都不列出规划的原则、依据等或只简要介绍，空间布局和时间安排也不在此进行介绍。

9. 空间布局

空间布局的编写内容包括布局的总体思路与原则、布局安排两个部分。前者主要介绍规划布局的总体想法、主要方法和布局重点考虑的因素，后者主要介绍具体的空间布局情况，包括分项目介绍布局的区域、布局项目的工程量等。具体布置可以分区域进行说明，也可以分项目进行说明。如果规划报告是将报告与说明分开的，报告中就不要过多介绍布局过程、方法，而要重点介绍布局的结果，即什么区域布置什么项目或事项、布置多少。

空间布局介绍要与规划布局图相结合，报告文字内容、结果要与布局图完全一致，不要出现图文不一致的情况。

10. 实施进度安排

实施进度安排部分的编写比较简单，根据规划安排，先介绍分期和进度，然后说明各时期的任务量和事项安排即可。实施进度中关于项目实施的时序安排，一般通过列表反映，文字中可简要说明。

11. 投资估算

投资估算部分的编写，按编制原则、依据、编制方法、基础单价、投资估算结果和效益分析来编写。具体内容参见前述章节。

规划投资比较粗，因此估算不要求精准但依据必须充分，所以，编写时要尽可能将编制依据写清楚、写全。单价的计算过程、各项取费标准的确定要进行全面、细致的说明。工程量部分也需要进行典型调查和核定，也就是要写清楚单价计算依据和来源。效益分析部分不要写得太复杂，列出计算依据或公式，给出计算结果并进行分析评价即可。

12. 实施保障

实施保障措施一般有两种写法：一是分类编写，即将保障措施分为法律法规、政策保障、技术保障、资金保障、人员和组织领导等方面，对各方面分别提出保障措施；二是综合编写，即不分类别，只按条款进行编写。

分类编写和综合编写都属于常见的编写方式。分类编写相对来说更细、更明确；综合编写则相对较模糊。如果规划事项比较复杂、多样，实施难度较大，可采用分类编写，反之，则可采用综合编写。

13. 附件

作为规划的依据文件，规划附件必不可少。一般来说，规划附件至少需要有规划立项文件或纪要、规划技术评审意见等组件。

14. 附表、附图

附表、附图编制要求参考本章第二节和第三节。

三、区域规划说明的编制要求

（一）区域规划说明的内容

规划说明是规划报告的补充，基本内容包括规划编制过程中涉及的一些基本概念的界定、说明，编制方法的选择说明，计算参数取值方法、依据的说明，编制过程的说明，规划图件编制的说明，以及编制中存在的一些问题的说明。例如，规划的编制过程、调研情况，规划方法的比选，参数选择的依据和过程等没有必要编写进规划报告中，如果写入，规划报告就会十分冗长，因此，将这些在规划报告中不便编写的内容放在规划说明中编写，是对规划报告的有益补充。

一般来说，规划报告可以单独使用，规划说明则大多与规划报告一并使用。

（二）区域规划说明的编写要求

相对于区域规划报告，规划说明的编写没有什么特别的要求。编写规划说明要立足于规划报告，对规划报告中不明确、不便写入的内容可以在区域规划说明中加以介绍。

第二节　区域规划图

区域规划图可以分为两大部分：一是规划基础图，包括区域基础图、规划现状图和规划分析图；二是规划成果图，包括区划图、总体布局图、专项规划图、典型设计图。

一、区域规划图的构成

（一）规划基础图

1. 区域基础图

区域基础图是描述和反映区域基本特征的图，也是规划必不可少的部分，主要包括区域地理位置图、交通图、行政区图、水系图等，有时候还包括植被图、土壤图、地貌图等自然地理图，以及人口分布图、城镇分布图等，具体因规划而定。

2. 规划现状图

规划现状图又称规划对象现状图，如旅游资源规划的旅游资源分布现状图、开发利用现状图、景区分布现状图等，水土保持规划的水土流失现状图、高覆盖林草区域分布图、水源地分布图、水土保持工程分布现状图等。这些图是规划的重要基础，可以称为规划底图。

需要注意的是，多数情况下并没有现成的规划现状图，需要规划编制人员在调查研究后进行编制，大多属专项地图。

3. 规划分析图

规划分析图是反映规划对象相互关系的图，如区位分析图、游客来源地分析图、坡度图、水土流失强度图、城镇分布与水源地空间关系图、客货流量流向图等。

规划分析图是根据规划需要，分析提取相关因素做出的图，用于规划分析研究，对编制规划和理解规划安排具有重要意义。

（二）规划成果图

1. 区划图

进行区域规划一般要进行分区，因此一般都有区划图。区划图具有双重属性，它既是基础图，又是成果图。作为基础图，区划图是规划总体布局的基础，也是分区进行规划安排的前提。作为成果图，分区图本身是一项重要的区域规划内容，不同的规划有不同的区域划分目的和要求，划分出来的区域图都是具有相应功能的专业地图。例如，水土保持区划、水土流失重点防治区划、土地利用分区、主体功能区划等，各自分区的目的不同、划分依据和方法不同，分区的结果也不同，区域描述的内容要求也不同。

2. 空间布局图

空间布局图是所有区域规划都必须有的图，用于反映规划内容在区域上的总的安排与布局，能较直观地反映规划布局。空间布局图可以是全部规划要素的总的布局图，也可以进行细分。也就是说，可以只有一张图，也可以既有总体布局图，又有若干张单个要素的空间布局图。前者为狭义的总体布局图，后者为广义的总体布局图，可以分别称为总体布局图和规划要素布局图。

3. 专项规划图

专项规划是指规划中针对某一项规划内容、要素进行的规划，专项规划图包括两种：一是前面所述的规划要素的规划图，如坡耕地综合治理项目规划图、农业生产基地规划图、工业园区规划图等；二是规划要素细分的特定内容的规划图，如水土保持的治理措施布置图、旅游规划的旅游线路规划图、城镇规划的城镇类型规划图及各专项规划图（如交通规划图、旅游规划图、绿地系统规划图、学校医院规划图、供水供电规划图等）。

专项规划图与空间布局图有时存在重合现象，但更多的情况是空间布局图只进行规划事项的空间安排，强调将事项分配到区域空间位置上；专项规划图不仅要将规划事项安排到空间上，还要反映建设的内容。例如，水土保持的空间布局图，是将水土保持规划所涉及的规划事项全部安排到区域空间上，不细化建设内容；专项规划图的安排则更细化，是将水土保持规划的各个事项分别进行规划，如前述的坡耕地综合整治规划是水土保持规划中的水土流失防治规划的一个子项，相当于第三层次的规划，因此，规划内容更细，包括坡改梯、林草保护、农田水利等建设内容，规划图不仅要将项目布局到各区域，还要反映各区域的建设内容。

从数量上看，规划布局图只有一两张，而专项规划图可以有很多张、很多类。

4. 典型设计图

典型设计图是规划布局图、专项规划图的有益补充。一般区域工程类规划常需要有典型设计图作为规划编制的依据和支撑。例如，对于水土保持规划、石漠化防治规划、土地整治规划等规划，为使规划设计的内容、方式等更符合实际，能更好地解决规划问题，在规划项目选择、规划措施布设、投资估算等方面都需要开展典型设计，典型设计的成果作为规划设计的依据与技术支撑。典型设计图是典型设计的重要组成部分。

典型设计图的编制，其核心是典型的选择。典型包括典型地域、典型项目等，在选择时一定要按照前述章节关于选择典型的要求进行。

二、区域规划图的编制要求

（一）区域基础图的编制要求

区位图、行政区划图、交通图等区域基础图，一般情况下都有现成的，可以直接引用，但需要注意以下几个方面的问题。

1）地图的比例尺、图幅大小要满足规划的要求，不能随意引用。

2）地图的颜色、图框、图例等要与其他规划图相协调，不要出现巨大反差。

3）图名、图签要与其他规划图协调一致。

如果没有可以直接引用的区域基础图，规划人员应自行编绘。

编绘区域基础图时应先统一设定制图标准（包括地图的颜色的色标，符号、文字的形式、规格等，比例尺、图框、图名等），并按照制图标准进行绘制。编绘的地图要求图名醒目，色调明快，线条简洁，符号清晰，内容繁简得当，主题突出，图幅大小适宜，图框、比例尺、图例放置协调、美观，坐标、名称等标注清楚。

（二）规划现状图和规划分析图的编制要求

规划现状图和分析图一般需要规划人员自行编绘。

1）在资料上，首先要收集最新数据，地图反映的应该是区域最新情况；其次要注意资料来源的可靠性和权威性，不要使用道听途说的数据和资料，也不要使用来源不明、真伪难辨的数据资料。例如，国土部的土地数据属于合法的、权威的数据，其他的都不是正确的渠道或者属间接来源；经区域政府部门审核公告的水土流失数据是法定数据，其他的则是非法定数据；统计部门的经济数据是合法数据；等等。

2）在各种图的编绘上，首先要求目的明确、主题突出。对于专题地图，需要反映的事项在地图中居于主要地位，地图应充分、鲜明地反映规划安排事项的要素，其余的应作为背景处理。其次，地图基本要素必须齐全、规范。地图基本要素包括图名、比例尺、图例、图框等。具体是否需要图签，根据制图规范确定。如果有图签，则签名必须规范，该手签的必须手签。如果有坐标，则应按规范标注坐标数字等。最后，地图要具有可读性，这主要体现在内容和符号、颜色等方面。地图的内容不要太多、太烦琐，应当简洁。如果内容较多，可以拆分为多张地图。图的比例尺大小要适宜，制图的符号、颜色等要符合一般规定和查阅习惯。

点状符号大小适宜，线状符号走线圆润、线条清晰、层次清楚。

3）在图的印制方面，要注重纸张的质量和印刷质量。

（三）规划成果图的编制要求

规划成果图的编制要求同前述各图，其他要求主要体现在研究阶段和成果表达方面。

1）在研究阶段，一定要科学分析，全面弄清楚要素之间的关系，没有研究清楚之前，不要盲目编绘。例如，在没有进行科学的分区之前，绘制的任何分区图都是没有意义的。科学的分区是编绘分区图的基本要求，也是该图编绘的最关键一步。

2）在成果表达方面，编绘该类图时，要进行地图表达的分析研究，寻找最佳表达方式。有些关系、有些现象较难被表达，需要用心探讨，找到一种直观、形象、简单的地图表达形式来反映规划成果，如探讨采用底色法还是符号法，若采用符号法应用什么形状的符号、粗线条还是细线条、彩色还是黑白，采用组合符号还是独立符号，组合符号又采用哪些符号、数字的组合等。

（四）典型设计图的编制要求

典型设计图的编制要求有平面图和剖面图。首先，确定典型断面或区域，并标注在平面图上；其次，按照设计要求，绘制纵、横剖面图；最后，编制细部的设计图。

编绘设计图的基本要求是符号、标注要清楚、规范，如果是工程类的应符合相应工程设计类别的设计要求和技术规范。

三、区域规划图编制工作流程

区域规划图的编制必须遵循一定的工作流程，具体如下。

第一步，收集、整理绘图资料。绘制各类专题规划图，需要收集整理相关资料和底图；绘制区域基础图，需要收集区域基础资料和地形图等工作底图；绘制专题地图，需要收集专项资料和工作底图。区域规划图则在相关资料和工作底图的基础上，根据规划安排和部署进行编制。

第二步，分析研究资料。需要对收集到的相关资料进行真实性、可用性等的分析研究，以去伪存真，同时，需要进行适当的处理，如归档、汇总、计算等。通过分析研究，得到用于制图的相关信息和数据。

第三步，提出初步方案。根据前述相关研究进行制图的方案构思，对地图的形式、内容等提出初步想法，并进行试点等。

第四步，讨论。草图出来后，需要进行集体讨论，包括编制单位技术人员之间的技术研讨，以及向当地相关部门征求意见。

第五步，确定正式的制图方案。

第六步，编制草图。绘制草图后，如果得到大家的认可，技术可行，内容科学，则进入下一环节；如果不可行，则回到前述相关环节，重新开展制图研究，直到达到要求为止。

第七步，正式制图。按照研究成果，正式编制相关规划。

区域规划图编制的工作流程如图 13-1 所示。

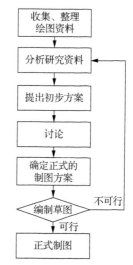

图 13-1　区域规划图编制的工作流程

第三节　区域规划表格

一、区域规划表格的构成

区域规划表格与区域规划图一样，都是区域规划的有机组成部分。区域规划表格分为文内插表和附表。附表又分两种情况：一种是作为规划报告的附件，一种是单独成册装订。前者一般表格不多，报告不厚，装订在一起不影响报告的使用和阅读，反而方便报告的保管；后者一般表格较多，规划报告较厚，不能装订在一起，或者装订在一起会导致报告太厚，不方便使用和阅读。

文内插表与附表有所区别。插表一般不应超过一页，否则与文字的关联较大时，易对阅读理解造成较大困难。附表一般不是与文本的直接联系较小，就是表格内容较多，篇幅较大，不宜插在报告文本中。

从内容上看，区域规划表格同区域规划图类似，包括区域基础信息、规划对象现状、规划分析、规划成果等部分。规划表格按其反映的内容特点，可分为区域基础数据表格、规划过程表格和规划成果表格三大类。

区域基础数据表格反映区域规划条件，与区域基础图一起，为相关文本服务，提供具体的数据支撑。区域基础数据表格包括自然条件、自然资源、社会经济等方面的数据表格，以及规划对象、要素现状等方面的数据表格。

规划过程表格涉及的面较宽，也不确定，最多的是规划设计分析中产生的各种数据表格，如各种划分、评价、计算的指标表、标准表、工程量计算表、单价分析表等中间成果表格。

规划成果表格则是分区表、规划项目表、重点项目表、进度安排表、投资估算表等规划设计、安排的成果表格。

二、区域规划表格的编制要求

区域规划表格的编制，结合文本报告和区域规划图进行，表格的数据一般来源于基础资料整理，以及规划文本和区域规划图。从区域规划图中提取的数据，需要以表格的形式来反映相应的特征、信息，图表基本上是关联使用的，即有图有表。

区域规划表格的编制，根据其来源有所不同，但总体上有共同的要求，具体如下。

1. 数据来源清楚、真实可靠

表格编制问题首先是数据问题，数据来源一定要清楚，如果是引用统计资料等，要标明出处和来源、年份。如果是气候情况表，数据来源必须是气象部门，在表格的下方标注数据来源和年份；如果是社会经济数据，应该采用正式的统计部门公告的数据，同样需要在表格下方标注出处、来源和年份。如果是规划设计数据，则既可以不标注，也可以标注。如果是从图上提取的数据，则应简单说明。

表格的质量好坏取决于数据是否真实可靠。因此，应认真核实数据的真实性和可靠性，尤其是引用数据，必须进行真实性和可靠性的复核、检查。在以往的规划中，经常会出现前后数据不一致的情况，究其原因，就是原始数据本身有误或者引用数据的来源渠道不同。如果规划时所做的表格，数据来源于规划安排和设计，则要注意图、文、表的数据的一致性，经常出现的错误是小数点取舍不一致导致数据不一致，或者汇总统计时缺项、漏项等。

2. 要素齐全，格式统一、规范

表格的形式有多种，如三线表、封闭表等，选用的时候既要考虑数据情况，又要考虑规范要求，尽量采用统一的表格形式。

表格的基本组成包括标题和表体，其中表体又包括表头、数据、表尾，表头包括编号、栏目、汇总、备注等。表格还涉及框线和表线，如果不是封闭的表格，表线分为顶线、表线和底线。一个规范的表格，必须各要素齐全、格式统一、编号、栏目设置、字号字体、数据格式、框线等协调一致，美观大方。不要在一个表格中出现不同的形式。

3. 大小、长短适当

表格的大小、长短要适宜，与纸张大小相协调，一张表格尽量安放在同一页纸上。如果表格栏目较多，可采用横向排版；如果统计对象较多，可以按区域、类别拆分表格。有时可以调整字号，以调整表格大小。

4. 简洁明了、阅读方便

表格除了正确表达相关内容外，方便阅读也是基本要求。

参 考 文 献

埃德加·M. 胡佛，1990. 区域经济学导论[M]. 王翼龙，译. 北京：商务印书馆.

陈磊，李晓松，姚伟召，2013. 系统工程基本理论[M]. 北京：北京邮电大学出版社.

陈龙桂，2011. 区域发展评价方法研究[M]. 北京：中国市场出版社.

程理民，吴江，张玉林，2000. 运筹学模型与方法教程[M]. 北京：清华大学出版社.

崔功豪，魏清泉，刘科伟，2006. 区域分析与规划[M]. 2 版. 北京：高等教育出版社.

地质部书刊编辑室，1981. 区域地质调查野外工作方法（第 5 分册）：重砂测量、物探、探矿工程、室内整理及报
  告编写[M]. 北京：地质出版社.

付晓东，胡铁成，2004. 区域融资与投资环境评价[M]. 北京：商务印书馆.

海热提，王文兴，2004. 生态环境评价、规划与管理[M]. 北京：中国环境科学出版社.

侯学煜，1988. 中国自然地理 植物地理（下册）（中国植被地理）[M]. 北京：科学出版社.

胡永宏，贺思辉，2000. 综合评价方法[M]. 北京：科学出版社.

环境保护部环境工程评估中心，2010. 环境影响评价技术方法[M]. 北京：中国环境科学出版社.

黄威廉，屠玉麟，杨龙，1988. 贵州植被[M]. 贵阳：贵州人民出版社.

机械工业部政策研究室，1984. 预测方法与实践[M]. 北京：机械工业出版社.

郎富平，2011. 旅游资源调查与评价[M]. 北京：中国旅游出版社.

李和平，李浩，2004. 城市规划社会调查方法[M]. 北京：中国建筑工业出版社.

李锦宏，2011. 区域规划理论方法及其应用：基于欠发达、欠开发地区视角[M]. 北京：经济管理出版社.

李万，1990. 自然地理区划概论[M]. 长沙：湖南科学技术出版社.

李王鸣，等，2007. 城市总体规划实施评价研究[M]. 杭州：浙江大学出版社.

梁耀开，2002. 环境评价与管理[M]. 北京：中国轻工业出版社.

林正大，2000. KJ法：实用问题解决工具[J]. 中外管理（6）：78-79.

刘明光，2010. 中国自然地理图集[M]. 3 版. 北京：中国地图出版社.

刘思峰，等，2010. 灰色系统理论及其应用[M]. 5 版. 北京：科学出版社.

刘卫东，1988. 经济区划与地区发展战略理论和研究方法[M]. 武汉：中国地质大学出版社.

罗积玉，邢瑛，1987. 经济统计分析方法及预测：附实用计算机程序[M]. 北京：清华大学出版社.

马俊，王政，2011. 决策分析[M]. 北京：对外经济贸易大学出版社.

彭震伟，1998. 区域研究与区域规划[M]. 上海：同济大学出版社.

孙明玺，1986. 预测和评价[M]. 杭州：浙江教育出版社.

谭文垦，袁也，冯月，2019. 城市规划实施评价的基本类型及分析途径：西方代表性文献的评述及启示[J]. 规划
  师，35（3）：75-81.

田家官，1993. 经济定量分析和经济预测方法[M]. 北京：当代中国出版社.

王新平，2011. 管理系统工程方法论及建模[M]. 北京：机械工业出版社.

魏清泉，1994. 区域规划原理和方法[M]. 广州：中山大学出版社.

吴殿廷，1999. 区域分析与规划[M]. 北京：北京师范大学出版社.

吴国玺，2008. 区域调查的理论与方法[M]. 西安：西安地图出版社.

吴恒安，1998. 财务评价、国民经济评价、社会评价、后评价理论与方法[M]. 北京：中国水利水电出版社.

吴仁群，2012. 常用决策方法及应用[M]. 北京：中国经济出版社.

伍光和，蔡运龙，2005. 综合自然地理学[M]. 3版. 北京：高等教育出版社.

武吉华，1999. 自然资源评价基础[M]. 北京：北京师范大学出版社.

武吉华，张绅，1979. 植物地理学[M]. 北京：人民教育出版社.

肖艳玲，2012. 系统工程理论与方法[M]. 2版. 北京：石油工业出版社.

袁柏瑞，等，1993. 农业资源开发生态效益评价及应用[M]. 北京：气象出版社.

袁方，1995. 社会指标与社会发展评价[M]. 北京：中国劳动出版社.

赵蔚，赵民，汪军，等，2013. 城市重点地区空间发展的规划实施评估[M]. 南京：东南大学出版社.

中国城市规划设计研究院《市域规划编制方法与理论研究》课题组，1992. 市域规划编制方法与理论[M]. 北京：中国建筑工业出版社.

中国科学院植物研究所，1960. 中国植被区划：初稿[M]. 北京：科学出版社.

周国富，2010. 系统自然地理学：理论与方法[M]. 北京：气象出版社.

朱红，张克军，齐正欣，2009. 社会科学评价方法的实践与应用[M]. 天津：天津大学出版社.

朱红章，2010. 工程项目经济评价[M]. 武汉：武汉大学出版社.

左大康，1990. 现代地理学辞典[M]. 北京：商务印书馆.